从悬疑深入现实

穆戈

著

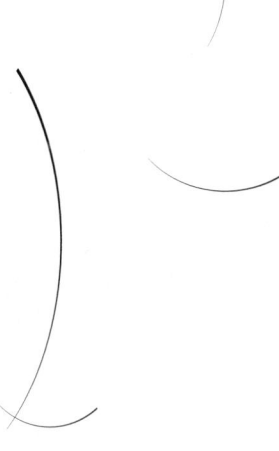

疯人说

精神病院
医生手记

金城出版社
GOLD WALL PRESS

中国·北京

图书在版编目（CIP）数据

疯人说：精神病院医生手记 / 穆戈著 . — 北京：
金城出版社有限公司 , 2021.6（2025 年 5 月重印）
ISBN 978-7-5155-2071-1

Ⅰ.①疯… Ⅱ.①穆… Ⅲ.①心理咨询—案例
Ⅳ.① B849.1

中国版本图书馆 CIP 数据核字 (2020) 第 199695 号

疯人说：精神病院医生手记

著　者	穆　戈	
责任编辑	李轶武	
文字编辑	许　姗　高　虹	
责任校对	岳　伟	
责任印制	李仕杰	
开　　本	710 毫米 ×1000 毫米　1/16	
印　　张	23	
字　　数	397 千字	
版　　次	2021 年 6 月第 1 版	
印　　次	2025 年 5 月第 20 次印刷	
印　　刷	天津旭丰源印刷有限公司	
书　　号	ISBN 978-7-5155-2071-1	
定　　价	49.80 元	

出版发行	金城出版社有限公司　北京市朝阳区利泽东二路 3 号　邮编：100102	
发 行 部	(010) 84254364	
编 辑 部	(010) 64391966	
总 编 室	(010) 64228516	
网　　址	http://www.jccb.com.cn	
电子邮箱	jinchengchuban@163.com	
法律顾问	北京植德律师事务所　18911105819	

我走着，
发现这条走过无数次的病房过道里，打进来冬日的
阳光。

穆戈，
你也要向着光，
冲。

序言

当我和穆戈成为密友、见识过她许多作品后,再看到《疯人说》——一个我完全没料到的,力发千钧的叙事系统,我会想:她这就敢处理这么深刻的命题了吗?她已经能操作如此复杂的剧情了吗?

如果你也试图做讲故事的人,就会明白这背后的考量。

人人都有讲故事的愿望,但大多数人都止于零碎的片段,或模模糊糊地描述出自己脑中的印象。不是因为大家缺乏什么,恐怕这就是"故事"的原生形态。所谓的天赋之能,不是上天将丰沛曲折的情节化作一张精妙的地图展开在谁的眼前一样,没有那种"老天爷赏饭",讲故事的天赋与才能是倾尽努力积攒、搭建素材,完成持久高效作业的功率和动能。

一个能把故事讲得复杂精细的人,是无论如何都能穷思竭虑找到出路,却并不满足于此,进而再将路绕成迷宫继续给自己走的人。一个能把故事讲得庞杂宏大的人,是一个有起重爱好的人,他操控着的巨型铲斗就是要一箩筐一箩筐地吃泥沙,挖得深、装得满才能让他产生安全感。

在此意义上,我知晓她的天才,既不玄乎,又不可多得。

我脑中的穆戈只长了张大嘴。我这么说并不是因为没见过真人——她虽属于"蛙系"的长相，但嘴并不大。我脑中的她是个无需眼睛鼻子的卡通人，有一张嘴巴用来大笑，再把尘世间的喜怒哀惧吸进去大口咀嚼，足够了。

她是个能量极强的人。初识她时，她早年身处一片混沌中的经历已让我足够吃惊。那种感觉，就好像眼看着一个矮矮的小女孩安静又狂热地暴食。我会想：这也是你能吃下的吗？这也是你能消化的吗？

因为，就在她书中所写的这段时期，我眼看着她把自己的生活过得千头万绪、一团乱麻。她，每天都像开着破冰船在航行。当时，我是那个在她耳边吹风，提醒她"你明明知道怎么更容易"的人。我甚至还煽情地说：我知道你或许习惯了承受重压、力挽狂澜，但过去你是不得已的，现在你已经有给自己规划出更轻松的生活的选择权，为什么要麻木于简单模式，而去走一条更难的路呢？

这种话一出，我的心头忽然盈满了怜爱和感动。但如果让我再说一遍，我必不会操着同情的口吻。我应当说：她，就是很强。就算让她平稳地过日子，她也会拿这股跌宕劲儿写小说。

我在此与大家沟通，是万万不想读者朋友们沉浸在精彩的故事中便忘记写作者的才能，一方面，本就该重视她个人的技艺：故事好看是因为她写得好，她还将写得更好；另一方面，虽然这些故事都有严肃的真实背景，但它们并不是照搬生活。

描述精神病症的作品会更令人处在焦灼的境地。看到这样的作品，我们比往常更想知道，这个故事，是真的还是假的？有多少是真的，又有多少是假的？如果这个诡异而深刻的故事是真的，那么，我是不是又往世界的未知黑暗里前进了一步——我知道前方会发生什么，下次若是迎面撞上是不是就不至于那么慌张？我能不能拿这些故事来衡量身边的人和我自己？

也许你能在这本书中找到自己的影子，但值得明确的是，这本书是穆戈以现实案例为基础，辅以心理学知识和艺术加工的手法写作的。她塑造了如男护士小栗子、催眠大师韩依依、心理学大拿齐素这些血肉丰满的人物形象，大胆触摸原生家庭、校园暴力等社会问题，重新审视精神疾病和社会的联系。我想，这些故事最震撼人心的地方，不是治愈疾病的过程，而是揭露病因。穆戈是一名心理学硕士，也确实曾是精神卫生中心的从业者，但当得知她的这些故事会被一些读者赋予心理学科普意义，我最初还有些担心。但当我仔细看过全文后，我的判断是，她已尽力负责。书中素材没有胡编乱造，征引的学说毫不含糊，每一则故事的心理学脉络都是真实可信的，为了情节完备而补充的部分也尽力遵照科学。另外还有一些明显是制造戏剧冲突的手法，我想没有谁要以此来质疑全书的可信程度。我们自然不希望书里的内容被当作学习或私自诊断的材料，尽管所有的科普性表述她都负责任地传达，为帮助理解，还根据故事和病症制作了通俗易懂的病历，但心理学以及精神病学的研究成果几乎无一不是片面的、没有定论的；我们也不希望故事里的戏剧冲突让过于在意真实性的您变得不信任这些故事，真的有渴望死在美里、又担心自己死状不美的艺术家，真的有可以为了母亲的哀伤而扮演一只小动物的小女孩，真的有钻研了一辈子精神病学却恨不得取消这个残酷学科的大教授。援引我曾亲耳听过的一句话——来自一位钻研了一辈子精神病学的大教授——"现在，全世界都触到了精神病学的瓶颈"。

当 DSM（《精神障碍诊断与统计手册》）诊断标准从第一版到第五版纳入越来越多疾病，有些疾病之间的区分度越来越低；当诸如抑郁症的一些常见病症的诊断范围在默默扩大；当正念疗法、积极心理学等占据了显要位置，比起传统的治疗来说更能得到大众信任……凡此种种，都像在对高傲苛刻的精神病学施以反叛和嘲笑：你真的以为自己很懂吗？你以为我们一定要接受你的挑刺才能解决自身的问题吗？

我第一次深刻地认识到精神病诊断标准只是一定结构内的社会规范，是当我在中产者的世界里浸淫过一番后再回到农村的家乡，我发现，那里的患病率远远高于一线城市，而人们不以为奇，甚至不以为病。你可以悲观地说，这表明精神疾病的本质是贫穷和挣扎。但说实话，那一下子，我感到世界特别开阔，心里特别轻松。我也曾痛苦于我来自一个异样的家庭，好像我们"怪物"在正常人中格格不入，可那天我忽然明白了，我们就是我们那个世界的普通人，而另一个世界更为严格的标准，是为了将大家整理得都不那么麻烦，以达到高效生产生活的要求。这种标准虽有它的好处，但毕竟不是自然的公理。

最有趣也最深沉的即是这最后一点。书中的齐素是穆戈本人某方面观念的戏剧性外化。而这个观念，不仅毫不偏颇，甚至可以说十分前沿。要说这是什么，可以从最底层的认知说起。当你去和一个你以为最缺乏知识结构的人聊起心理学，他可能会不屑一顾，觉得所谓的心理治疗根本就是糊弄人的、啥也治不了，说一个人有这病那病也是吓唬人的，"照你这么说，谁没病"。

刚进入这个学科不久的学习者可能不会对此反感，因为他们刚尝到给"变态心理"分门别类的快乐，他们说得出每一条判断都是有依据的，令人感到充实的知识都是前人智慧的结晶。但是，只要他们一直往前走，恐怕会验证到，无知者看似粗暴的判断几乎是对的。

这就是我所理解的，齐素说，疾病来自社会与关系。以及谢必的悲剧，表面上看很像现下流行的"舆论暴力"，实质上也是个人与环境的对抗。但是，这个人真的没什么问题，无病更无罪。如果可以的话，希望你向上走、向下走、向外走，在你身边解决不了的问题，可能在别处就会得到解决，甚至变得不再是问题。只有当你留在原有的不适的社会关系中，又感到痛苦，你才需要治疗。治疗也不是因为你有问题，只是为了帮助你在不那么痛苦的状态下，保住你现有的生活和你自己。

穆戈写这本书，投入了很高浓度的对人类的爱与热诚，好多次看到书中小实习生莽撞又利落的质问，我仿佛看到了她本人在我面前眼含热泪地发出"天问"。从这热切的初衷里，我祝愿你看完此书，收获的是自由，因为压迫本没有意义。而另一面，从她精心结撰的作品里，祝愿你收获阅读的快乐，因为故事本身很精彩。

书中某人

猫女	161
红色恐怖症	178
压抑的性欲望	197
纵火癖	218
一个叫虹的木偶	243
人类清除计划	275
快乐王子和痛苦王子	301
年轻时的齐志国	338
后记	350

目 录

大提琴家 001

躁狂症 017

水鬼的眼睛 032

请帮帮我妈妈 053

微笑抑郁症 078

神经性厌食症 093

遗忘和被遗忘的 111

恋爱症 125

无法量刑的罪恶 141

大提琴家
——双相情感障碍

Story-1

午休结束时,我看见三两个护士推推搡搡地往康复科走,她们面色潮红,脸上透着难掩的兴奋。

擦身而过时,我听到她们在说:"开始了,开始了,他又开始了!"

我心里了然,知道她们要去干什么。她们去看一位病人,一位应当是整个医院里最受喜爱的病人。

我走了两步,没按捺住好奇,也跟着去了。

前些日子,康复科来了位特殊的患者,一位大提琴家。说他特殊,不是因为职业,而是因为病种。他是双相情感障碍患者,这是一种在抑郁和躁狂之间来回交替的精神疾病。

从他的状态来看,其实不算特别严重,许多程度和他差不多的双相或抑郁患者会选择自主用药物干预,而不是住院。他却主动要求住院看管。他不符合重症,又拒绝去心身科,医院只得把他安排在不上不下的康复科。

我还记得他来门诊的那天,我跟着主任旁听。他清醒极了,知道自己身上发生了什么,也清楚该怎么解决。但那场门诊我没能听完,他礼貌地要求清场,我被请了出去,只有主任和他聊了许久。

我等在候诊室外,想着他优雅得体的模样和浓厚的艺术家气质。

他出来后冲我歉意地笑了一下,这让我有些张皇。清场和隐私管理是病人问诊的权利,他完全不需要对我抱歉,该是我唐突了才对。

他说:"介意送我出去吗?"

我摇头,立刻给他带路,先去药房,然后出院。其实没多少路,是他在照顾我的尴尬,让我总算能做点什么。

到门口,天下起了雨,是急雨,歪歪斜斜地打进来,被什么吸引了一般。

我看他好像没带伞,问:"您要打个车吗?"

他任雨斜在身上,望了会儿,笑道:"不用,太麻烦,谢谢你。"

说完,他直挺挺地走进雨里,雨更大了些,像因融入了同类而壮大。

因为清场了,我不知道主任对他病情的最终判断,也不知道他是否被收治入院。他看起来太清醒了,又从事需要个人空间的艺术职业,我没想过他愿意住院,和别人共享病房。

一周后我在康复科见到他时,以为是看错了,可确确实实是他,他身边围着护士,她们正在说笑,我远远看了一眼,没有过去打招呼。

我去确认了他的病案,问主任他为什么需要住院。

主任是重症临床一科的一把手,年过半百的小老头,总是一副严肃的模样,经常接诊VIP病人,就是他把这位演奏家安排在康复科的。

主任只是抬了下眼皮,问:"你打听这个干什么?"

我觉得奇怪,我是个实习生,不懂就问很正常,主任怎么好像有点防备?我又想到了那日的清场,或许是涉及病人隐私,我不该过问。

我没继续问,倒是主任突然提了一句:"你别离他太近。"

我追问:"为什么?"

主任没再说什么,把我赶去看病案了。

没多久,我明白了主任的意思。

别离他太近,别对他好奇,你不知道你在凝视深渊。

我跟着护士们走去熟悉的病房,还没到,远远就听到里面慷慨激昂的声音。果然,这位双相患者进入了躁狂状态。

如往常一样,他的房间聚了四五个护士,都在"各司其职",有些人在病房外频繁路过,有些人慢条斯理地照料着其他病人,名正言顺看管他的护士就自在得多,看他表情生动激昂,滔滔不绝地演讲。

她们用目光表达着迷恋,这不是秘密,整个康复科都喜欢他,如果人类有个穴位是专司喜欢的，那他一定不偏不倚地长在那里头。

但她们的迷恋里似乎又藏着别的什么，恐惧？抗拒？我不确定。

我也算名正言顺的那类，站在门边看，只要手上拿着病历本，再按出笔头，谁也不能把我从那里赶走。

大提琴家叫贺秉（化名），他此刻精神焕发，身上的病服也敛不去他的锋芒，他口若悬河，滔滔不绝，仿佛自己是世界上最厉害的演奏家。他讲自己的演出，讲他那梦幻的第一次登台，讲冥冥中接收到从舞台灯光飘下来的启示——他被赋予了演奏终生的神旨。

我看着他的模样，哪有半点门诊时见过的谦和优雅，他的眼神火热得如一位吉卜赛女郎，而观众都是他虔诚的士兵，我仿佛听见《卡门》的奏乐响起了。

这是典型的躁狂状态，被称为"三高"：情绪高，思维反应快，行动速度快。他思维奔逸跳脱，语速极快，舌头跟不上脑子。

患者在躁狂时，自我感觉是极度良好的，他会觉得自己做什么都能成功，聪明至极，是个毋庸置疑的能力者。这和抑郁状态正好相反。抑郁是"三低"：情绪低落，思维缓慢，意志活动减弱。所以双相患者一旦从躁狂状态跌入抑郁状态时，绝望和消极感会因为反差大而更强烈，他们就更痛苦。

他看到我了，热情地招着手道："来这里，过来听。"

我控制住了自己的脚，没有过去，这个距离是条安全线。

他毫不在意，只是声音更大了些，让我这位不听话的观众能听得更清楚些。

贺秉说："我可以用大提琴拉出人话来，抑扬顿挫一模一样，你们给我找把琴来，我拉给你们听，你们说什么我都拉给你们。我在台上表演过这个，你们能想象吗，那是交响音乐会，我却拥有无伴奏大提琴表演的机会，我和其他三位大提琴演奏家，他们不是碍手碍脚的人，我觉得不是，那样的合奏还不错。网站上有我的独奏，你们可以去听，虽然不及现场的万分之一，演奏一定要听现场。朋友们，不要被数字压缩的产物的便捷所蛊惑，别成为懒人！懒人会失去一切感官！他们把享乐和感官搞混了，没有感官的享乐不是享乐……对，你们去听吧，没办法，你们只能听网站上的了，但别评论，别评论，请当面对我说喜欢，然后将'喜欢'从你们匮乏无脑的评论字眼里抹去，那太傻了，说真的……"

他的注意力极快地从一件事飞跃到另一件事，护士们笑着应承，做他嚣张样子的俘虏，尽管我不觉得她们领会了，但不需要领会，她们只需要对他的魅力即时反馈就可以了。他们彼此满足着，像一道江南名菜——糯米莲藕，糯米填进莲藕，莲藕填进糯米，盘子都是齁甜的。

护士们是被前来查房的康复科医生赶回前台的，其中一位护士还理直气壮，说是贺秉不肯吃药，她才在这看着他好让他吃药。

患者躁狂时的服药依从性确实很差，因为他们不愿意从躁狂的巅峰体验中离开，任何人都无法抗拒躁狂时极度自信自得的舒适感。

护士们回了前台，劝服贺秉吃药的任务落在了康复科医生身上，她问贺秉："怎么又不吃药？"

贺秉笑道："现在好像不需要。"

女医生说："需不需要是我来决定的。"

贺秉说："可是吃药让我痛苦，我好不容易暂时结束那种糟糕的体验，你要把我再推回去吗？"

我心下一凛，觉得贺秉太会拿捏人心了。

女医生果然犹豫了，虽然那犹豫很短暂，几乎让人遗漏，但贺秉一定发现了。

女医生说："短期的痛苦和长期的痛苦你选择哪个？你来这里是希望寻求帮助的，那你得习惯延迟满足。"

贺秉说："怎么总有人让我延迟满足。"

女医生说："总有人，是指谁？"

贺秉笑眯眯地说："那些把我推入深渊的人。"

女医生说："贺秉，我们讨论过这个问题，没有谁把你推入深渊，是你自己走下去的，你现在希望再走出来对吗？"

贺秉点头。

女医生说："你发现依靠自己办不到，所以来找了我们，我十分赞赏你的选择，这需要很大的勇气，但你若只想依赖我们的力量，自己却停滞不前，你的勇气就毫无作用，你甘心吗？你不是一个孱弱的人。"

贺秉说："您高看我了，万一我是呢。"

女医生说："那就把高看变成事实，现在吃药？"

贺秉说："可我故事才讲到一半，吃了药，就讲不完了。你听我讲完，我再吃，可以吗？"

女医生又犹豫了，贺秉熟稔地见缝插针问道："我推荐给你的歌单听了吗？你最喜欢哪支曲子?"

女医生顺着他聊下去了。

贺秉成功地为自己迎来了新的观众,他又激昂起来,却与方才同护士讲话时的嚣张恣意不同,多了一分谦逊可爱,阅历丰富的女医生显然很吃这一套。

贺秉游刃有余,他似乎总能叫任何一个前来探究他的人被他俘虏,面对兔子女士,他是嚣张傲娇的狮子;面对豹子女士,他是狡黠讨喜的狐狸。论如何博取欢心,他像一位心理学博士,但又那么真诚,只要在他面前,看着他的眼睛,你相信什么都是真的。

他的笑是真的,痛苦也是真的,谁也无法坐视不理。

我没再听下去,离开了,不知道贺秉的故事究竟讲了多久,才肯吃药。

隔天,贺秉就陷入了抑郁,我并没有去探望他,我是从护士和同事的状态上感知到他抑郁的。

实习生同事忧心忡忡,整个上午病案没有翻过一页,我问她怎么了,她说贺秉抑郁了。

我好笑道:"他抑郁,你绝望什么啊。"

她说:"不知道,就看他那样,心情好差啊……我都要抑郁了。"

下班前我去康复科还病历本,一进去就被前台的低气压镇住了,没有一个人说话,动作都很缓慢,空气中有被什么碾碎过的压抑感。

我问:"你们怎么了?"

护士们没心情搭理我:"贺秉抑郁了。"

他抑郁不是很正常吗?他不抑郁在这待着干吗?你们见过的抑郁患者还少吗?你们能专业点吗?我忍着没把这些话问出来,想起了主任说的"别离他太近"。

护士说:"李医生已经进去一个多小时了,怎么还没出来,这次这么严重吗?"

李医生是昨天劝贺秉吃药,专门负责他的那位康复科女医生。

我蹙眉,一个小时,就是心理咨询都已经超时了,她不该还在里面。有一位能如此影响医务人员的患者,我不知这是好是坏。一位极富魅力的患者,"魅力"会大于"患者"。

可奇怪的是,这群说着担心的护士们,谁都没有真的去看望贺秉,什么东西把她们拘在这里,我确信不是什么爱岗心一类的东西。

我问她们:"你们为什么不自己去看呢?"

护士们陷入了奇怪的安静,其中一位叹气道:"去多了要着魔的,真的是恨不得替他疼……贺秉这个人,有点可怕。"

另一位护士道:"要是真陷进去那可麻烦大了,迷恋还不打紧,心疼多了,真是要出事的。"

我倒是有点惊讶,原来她们是知道"别离他太近"这一点的。又一位护士故作打趣道:"我只是单纯怕他这会儿的样子劝退我,难得有个赏心悦目的患者,我可不想被这一眼毁了。"

她们东拉西扯了几句,又安静下来,仿佛所有对话都是沉默的倒计时,终点依旧是无声的恍惚,她们陷入了某种类似集体焦虑中。

我有时觉得,她们的这种焦虑,或许是对生命之神的一种探究,她们看到了旺盛和毁灭的力量在一个人身上同时出现,她们摸到了可能关于精神本质的东西,并恐惧于此——她们处于哪,又将去向哪。

贺秉在这里就是这么一位特殊的病人,大家都迷恋他,又抗拒他,想接近,又害怕接近,始终在清醒和浑浊间来回刺探,像个无伤大雅的游戏。

每当他开始躁狂,康复科就如同沐浴在狂欢的酒神祭中,他疯癫,她们就陪他摘掉脑子;每当他陷入抑郁,康复科就裹在溃烂的羊脂里,眼睛淹没了,思想窒息,神经游不出去,身体泡得萎缩。

贺秉每周有一次拉大提琴的机会,两个小时,在医院的戏剧心理治疗室,这是他哀求了许久得来的。大提琴算高危物品,不允许有冲动倾向的患者接触,躁狂状态是典型的冲动时刻。

但贺秉的表现太好了,他的职业又特殊,不能长时间荒废大提琴,而且碰不到琴会加重他的抑郁。总之不论因为什么,医院都对他网开一面了,允许他在躁狂和抑郁的间歇期去拉琴,但他似乎觉得这很寻常。

贺秉在处于躁狂状态时曾说过:"天赋者拥有特权不是吗?规则应当不断地向天赋者妥协。"

他说这话时,是一种睥睨天地的语气,但饶是如此,也不让人厌恶,而是令人瞩目。李医生放弃了与他沟通这个机会多么来之不易,只让他谨记慎行,别给她惹麻烦。

跟贺秉打交道久了，李医生也用贺秉的方式去牵制他，一种以自己为筹码的手段。

假如贺秉说："我不想吃药，你忍心让我吃了药再回到痛苦吗？"

李医生会说："你拉大提琴若是出了事，我要负全责，你忍心让我因为你受责难吗？"

那瞬间，贺秉的脸上似乎出现了抗拒，他显然不愿意背负责任，但那抗拒稍纵即逝。

李医生为贺秉拉琴出了很大力，还挨了批评，我看见她被康复科主任叫去办公室，她面容颓丧，门没关严，一瞥间，我看到她捂着脸对主任崩溃道："我好像疯了一样。"

贺秉第一次去拉大提琴时，我和实习生同事跟着去了，同行的除了李医生，还有社工科的两位男性医生。

处在躁狂和抑郁间歇期的贺秉，恢复了我初见他时的优雅谦和，眸光清洌又清醒，好像连同那位躁狂时的自己都一同宽容了。

我当时不太理解为何要去这么多人，可两位社工似乎挺紧张地盯住贺秉，连主任都半道来看了一会儿。

贺秉进房间第一句话是："没有镜子吗？"

李医生一愣，道："没有。"

贺秉没说什么，熟练地调了弦，坐下开始拉琴。我感到李医生松了口气，她似乎是怕贺秉对琴或椅子或这个房间——对她的任何一项安排感到不满。

但贺秉什么都没说，闲适地拉起了琴，安然接受了这一切，他确实体贴而绅士。

如果说他躁狂的状态是吸引人，那他拉琴的时候，你会相信他躁狂时说的每一句话都是真的。

他拉了一组巴赫的《无伴奏大提琴曲》，拉到后面，他开始过分激昂起来，我不清楚是曲子本身如此还是他的状态问题，我明显感受到李医生的僵硬，她似乎下个瞬间就要冲上前去阻止他。

贺秉拉了两个小时，没有谁上前阻拦，他停下来时，喘着气，面色红润，目光赤红，像是抵达了高潮，战栗不已。

我明白过来，他在拉琴的时候进入躁狂了。

他似乎下意识去找什么，但没找到。后来我才知道，他在找镜子。

他许久没有从椅子上站起来,在某个瞬间,我眼睁睁地看着他开始陷入绝望,那个过程触目惊心,我不知道原来有人崩溃起来,是这么迅猛而无声的。

贺秉是被两名社工扶回去的,我没再跟着,没敢跟着。

实习生同事回去之后就有些着魔,她哭了,眼泪哗哗地掉,我不知如何安慰,傻愣在那里。我一直认为,在音乐会上哭泣的人,别去碰她。

她哭了许久,忽然疯魔般地盯住自己的手腕,将指甲横了上去。

我看着她,状如寻常地轻拍她一下说:"你在干什么?"

她回神般拿开了指甲,仿佛被烫到了一样。

她似乎也觉得自己不正常,说:"就……想知道一下那种绝望是什么感觉……真的有这么绝望吗?"

她摇头,似乎想甩开这些念头:"我跟疯了一样。"

听到这句,我眼里,她的脸和李医生对着康复科主任崩溃的脸重合了。

偶然的机会,我终于见到了一次贺秉的抑郁状态。

我当时是去访谈他房间另一位病人的,刚进去,就走不动路了,我的目光定在了贺秉身上,我无法形容那种痛苦具象化后的模样。

他脆弱极了,好像空气里只要再多一口呼吸,就能把他压垮。

我也不自觉屏住了呼吸。

护士们、实习生同事和李医生着魔般感同身受,我领会了,这样一个在躁狂状态时张扬到极致的魅力者所展现出的脆弱,能把人逼疯。

我想起了护士们的话:"你恨不得替他去痛啊……太可怕了。"

没错,我面前有一只被雨淋湿的小狗,而我手上恰好有毛巾,有什么办法能阻止我上前替它擦干?

他的哭声听着很像大提琴,让我想起了实习生同事贴近手腕的指甲。

抑郁者把深渊展现给人们看,他们不得不看那些原始的黑暗,于是他们背过身去,假装看不到。而抑郁的演奏家,把深渊演奏给人们听,他们终于从大提琴悲怆的声音里听到了原始的黑暗,去到比荒芜更荒芜的地方,所以他们不得不去思考,去共情。

像那个缩回去的好奇的指甲,我朝着黑暗摸索一步,然后落荒而逃。

没几天,我听说李医生不再是贺秉的主治医师了,她主动要求的,换了一位黄医生。我看着那位黄医生,觉得她不过是下一个李医生。

趁李医生休假前我去找了她,她的状态似乎不太好,但轻松了不少。

我问她贺秉为什么想住院。

李医生说:"你主任没让你别好奇吗?"

我有些窘,还是问:"他是不是想自杀?"

李医生没否认:"他是有严重的自杀意向,他怕自己哪天没忍住自杀了,所以要求住院管理。"

我点头,双相是所有心境障碍中自杀率最高的,超过重度抑郁,在那样两极的反复中交替极乐和极悲,痛苦会被无限放大,撑不下来太正常了。

我说:"他想自杀,为什么来寻求帮助?我是说,他明明可以顺应自己。"

李医生没回答,我就这么等着她。良久,李医生说:"他死不了。"我十分不解。李医生说:"他觉得死了,遗体就不美了,他不能接受这点。"

我愣了好一会儿。

李医生接着说:"他就是怕失手杀了自己,产生了不美的遗体,所以要求住院管理。"

我恍然大悟道:"所以他不是怕死,而是怕遗体不美?"

李医生说:"这要怎么说得清。因为怕遗体不美,所以不敢死,可他的抑郁症让他又想死,他在这两种反差的情绪里煎熬着。"

我说:"无论什么死法,只要是死了,他就觉得遗体不美?"

李医生"嗯"了一声。

我一时不知该说什么,不可思议的是,李医生的这个描述竟然让我觉得很惊艳,而不是忧虑。

贺秉接受了一次转病房问诊,看是否有必要从康复科转入重症男病区。这次他没有要求清场,我旁听了,实习生同事没敢来,她开始有意识地回避贺秉。

这是一次常规问检,我没有准备笔记本,怕冒犯他,很老实地旁听。

来的贺秉是间歇期的贺秉,温和有礼,主任按精神检查的标准顺序查问了意识、感知觉、思维、情感、意志、行为等问题。

主任问:"一个人时会听到什么声音吗?"

贺秉说:"没有。"

主任问："吃饭嘴里有怪味？"

贺秉说："没有。"

主任问："身上感觉小虫爬？"

贺秉说："没有。"

主任问："看东西会忽大忽小吗？"

贺秉说："不会。"

主任问："自己的脸一直在变？"

贺秉说："没有。"

主任问："时间会忽快忽慢吗？"

贺秉听到这，似乎是觉得问题滑稽，笑了一声。这笑声明明带着冒犯的意思，但就是让人讨厌不起来。

主任问完了例行问题，在电子病历里写上"未引出错觉、幻觉，未见明显思维联想障碍"，然后开始问个人化的问题。

主任说："平常喜欢在什么位置拉大提琴？舞台之外的时候。"

我听到这句，愣了一下，想起我考研面试时，主考老师问我："平常习惯在什么位置写作？"

我顿了一会儿才回答："床上，靠着。"

我至今不知道他问这个的意义，但这个问题似乎有助于他看穿我，他问了相当多这样让我惴惴不安的问题，感觉他能从我任何一个回答里轻易获取令我羞耻的底细。那场面试让我有了心理阴影，在学院看到那位老师我都会低头走。

贺秉显然比我镇定多了，他毫不犹豫道："镜子前。"

主任问："为什么是镜子前？"

贺秉说："我喜欢看自己拉琴，以一个观众的身份。"

主任说："可以详细说说那时的体验吗？"

贺秉想了想，说："我坐在镜子前，很大的镜子，能把我和我的背景全都囊括，我看着自己，一边拉琴，一边幻想我在乐曲高潮中死去的样子，清醒后，看到自己还活着，后悔极了，又有些庆幸，没看到我丑陋的尸体。"

房间陷入了一刻安静。主任很快淡定地把问询继续下去了，我在一旁听得如坠云雾，心不在焉。

结束前，主任问："你现在还是想死吗？"

贺秉说得很真诚："想啊。"

我跟主任请求能访谈贺秉，本以为要费一番嘴皮子，没想到主任一口答应了。

主任说："你知道儿童性教育科普的重要性之一是什么吗？"

他跳跃的思维让我显得有些笨拙，但我还是老老实实地回答："越压制越好奇，与其让孩子通过私人或不正当渠道去满足好奇，不如直截了当告诉他，一旦意识到性不是一件不可言说的事，好奇心就不会那么蹦跶。"

小老头两手一摊，耸肩道："去吧，孩子。"

我抱着本子去了，挑的是患者活动时间，病房里就他一个人，间歇期的他让我没那么紧张。我见着他就先鞠躬："老师您好，我是医院的实习生，专业是心理学，对您很好奇，想与您交流一下，希望不会冒犯到您。"

贺秉语气浅淡，浅淡里似有一分不以为然："心理学？"

我知道许多艺术家对心理学都有些诟病，可能是将精神量化的学科让他们自由的灵魂深感抵触。科学界就相反，他们永远嫌心理学量化得不够彻底，可检验性不够高。哲学家的诟病可能就简单得多，单纯嫌它浅薄而已。

我真诚道："对，如果在交流过程中您感到任何不适，您随时可以终止交流。"

贺秉问："为什么对我好奇？"

我说："艺术家离我的生活不那么近。"

贺秉说："你迷恋艺术家啊。"

我说："未知全貌，不敢说迷恋。"

贺秉问："你应该毫不犹豫地说是，否则我是为什么而演奏？"

我没回答他，只是拿出手机说："老师，我可以录音吗？"

贺秉沉默片刻，温和地摇头："最好不要，手机的录音音质都很差，我不希望我的声音以这种音质呈现。"

我立刻收了手机说："您拉大提琴，对嗓音也很关注啊？"

"众多乐器中，大提琴的声音是最接近人声的，所以听起来，它总是如泣如诉。"他指了指自己的喉咙，继续道，"人人这儿都有一把'大提琴'，请谅解。"

我点头如捣蒜，寒暄得差不多了，我打算抛弃所有心理预设或是问话技巧类的东西，直接进入正题。

我做咨询时比较怕遇到的，是我人生阅历无法覆盖到的人，我不能在这些人手上讨到一点好，在他们眼里我浅薄得如同襁褓婴儿，贺秉显然正是这一类人。

那怎么办呢？只有真诚了，真诚地袒露我的愚蠢，并不可耻。

我开始提问："老师，您说独自演奏时喜欢对着镜子，这句话让我想到了一个人，他叫纳西索斯，您或许自己有想到过吗？"

纳西索斯是希腊神话里自恋的神，爱上了自己在水中的倒影。

贺秉笑了，说："你是想说我自恋？"

我解释道："就是想到了，来征询一下您……想知道，您不想见到的丑陋尸体，是真实的自己，还是镜子里的自己。"

自杀干预的第一课，就是不要讳忌和自杀意向者讨论自杀的问题，不只要问，还可以详细地讨论，知道他的自杀决定到哪一步了，只是个想法，还是准备好操作的工具了，或是已经实际操作过了。

不同阶段的自杀者危险性也不同，已经实践过一次自杀的人，无疑是最危险的。

贺秉这次沉默了片刻才道："这倒是个有意思的问题，我没有想过。"

我说："我也只是瞎想，您一方面想死，这种想法对自我是有强烈破坏性的，可另一方面又不愿意破坏身体形象，这其中有明显的矛盾，除了审美原因……单从我的专业角度，我想会不会是您想杀死的是真实的自己，而想保护的是镜中的自己。毕竟镜中的自己，只是身体形象的化身。或者倒过来，您其实厌恶身体形象？想杀的是镜中的自己？"

贺秉陷入了长久的沉默。

"我不是道林·格雷。"

我局促不安起来："这只是我不成熟的猜测，我觉得也许跟您讨论一下这些问题，对您理清楚矛盾有帮助，我不确定您的抑郁是否包括这种自我拉扯的痛苦，所以擅自决定跟您聊这些……您完全可以忽略它们，我只是个不成熟的实习生，我的话没什么分量。"

贺秉恍惚片刻，看着我笑了笑说："没事，在我还不成熟的时候，也很喜欢到处给人拉琴，特别喜欢给前辈拉琴，等着他们评价我。"

我顿时松了口气，觉得他给了我讲下去的勇气，贺秉真的太温柔了。我闭了闭眼，心一横，决定继续说下去，可接下来的话可能更冒犯。

我说："老师，您似乎很喜欢笑。"

贺秉说："这有什么奇怪吗？"

我说:"就是觉得您笑得越好看,您在抑郁状态时让别人越崩溃。"

"别人。"贺秉咀嚼了一下这两个字,浅笑轻言,"我还得为别人负责吗?"

我说:"老师,您或许听说过反社会人格障碍吗?"

贺秉说:"略有所闻,你说说?"

我说:"反社会人格有一种核心特质,叫精神变态,这是个术语名词,和常态作区分而已,没有冒犯的意思。"

贺秉看着我,示意我说下去。

我说:"'精神变态'的特征是,喜欢欺骗,不愿承担责任,无道德感,追求刺激。反社会人格者都是极具欺骗性的,更好理解的说法是,他们其实都很有魅力,很聪明,能让听他们说话的人都相信他们所说为真,轻而易举被他们骗到,反社会人格者是非常擅长博取欢心的。"

贺秉说:"那他们似乎很适合做演员。"

我一愣,说:"……这是我第一次听到的说法,也挺有意思的。"

贺秉说:"然后呢,好欺骗,擅长博取欢心,你觉得我是?"

我说:"因为有研究发现,男性的反社会人格特质和女性的自恋人格特质之间是有关联的,有学者认为反社会人格和自恋型人格只是同一个人格在不同性别上的表征……就是想说,精神变态的特质和自恋特质,也许是有关系的。"

贺秉歪着头道:"而我好像都具备,所以你怀疑我反社会啊?"

我摇头,讨好道:"不是,我说这个主要是想问,精神变态的好欺骗,都是有目的的,或许是为了骗取钱财,或许是获取精神刺激,老师,您的目的是什么呢?"

贺秉看着我。

我说:"您来这里,是希望我们帮您什么?"

我继续道:"您想让这些对您迷恋不已的人,帮您取消自杀念头,保住美的身体,还是,您希望她们帮您克服不美的念头,送您去死?"

贺秉盯住我许久,笑问:"我不能是单纯来治疗双相的吗?没了这病,这些念头自然迎刃而解了。"

我站了片刻,朝他鞠了一躬,说:"如果是这样,请您原谅我所有冒犯的猜测。"

贺秉看了我一会,又道:"我既然来了医院,医院会同意第二种选择,让我去死?"

他的语气有些奇怪,有些讽刺反问,又似乎带着认真。

我立刻摇头。贺秉没说什么，但他的表情似乎跟我透了底。

我恍惚着想，李医生知道吗？主任知道吗？贺秉来这里，不是来找医生的，可能是来找凶手杀死自己的。

离开前，他撑着下巴忽然对我说道："但你好像不是来劝我的。"

我僵了一下，慌不择路地逃跑，那一刻，我隐隐意识到，我好像犯了一个错误。

"开始了，开始了，他又开始了。"

这一天，熟悉的声音响起，贺秉的演出时间又到了，但这次好像不是在躁狂期。我问走得急促的护士："这回又怎么了？"

护士说："外面下雨了，他说想去外面拉琴，正闹着呢，黄医生劝不住他。"

我看了看外面的瓢泼大雨，想起初见他时，他走入雨里的样子，他似乎很喜欢雨。

今天本来也是他一周一次的拉琴时间。

我到那里时，他们似乎已经谈妥了，只是要换一个拉琴地点。换哪里好呢，哪里既能看到雨又不会吵到别人。

我谨慎地开口："要不就去实习生休息室那里？离病区挺远的，那儿有个小花园。"

事情很快就这么定下了。我拿着钥匙跟他们同去，摆椅子，摆谱，找避免琴被雨淋到的最佳位置。谱被贺秉潇洒地移开了，他又开腿，坐上去，摆好琴就开始演奏，琴声混着雨声，我觉得这一幕太疯狂了。

这么多的医护人员，怎么能让一个患者如此称心如意呢？他是怎么做到的，好神奇。

雨越来越大，他越拉越欢畅，琴声听着不似以往的悲怆，他拉出了祭典的味道。但他没能拉多久，雨太大了，还时不时打雷，雨飘进来打到琴上了。

我们只得再次转移地点，回到戏剧心理治疗室。进去时，我惊讶地发现那儿摆着一面镜子，虽然不大，不像贺秉说过的能容纳他和他的背景，但也足以容纳他自己了。

他第一次拉琴之后，我没再跟着来过，所以不知道这面镜子何时摆在这儿的，看贺秉习以为常的模样，该是很久了。

椅子就置于那面镜子前，贺秉走过去，坐下，继续刚才的音乐，乐声却从祭典般的欢快变成了月下独酌的凄楚，悲怆感又蔓延开来。

也许是大提琴的特质，再喜悦的曲子都能拉得很悲伤。

我听他拉得越来越急，越来越急，我的脑海中有了一些画面，像是《欢乐颂》里，人们在酒神祭上撕裂自己身体的画面。

我有了不好的预感，只能紧盯着他，在旁的两名社工也往前走了一步，面带防备。然后在某一时刻，我什么都听不到了，只能看到黄医生面色惊恐地张大嘴喊着什么，两名社工冲上前去。

贺秉在乐曲高潮中，忽然面目狰狞地折断琴弓，朝自己的胸口狠狠扎去。

慌乱，挣扎，制伏，所有一切在我眼里都成了慢动作，我愣在那里，不会动了。

贺秉在尖叫，用他曾说过的第二把"大提琴"，发出了可怕的、非人的声音。

他没有成功，他被拦了下来，社工的手被断裂的琴弓扎伤了。

贺秉不再被允许拉琴。

贺秉开始计划出院。

贺秉的经纪人来和医院周旋这些事，医院以他有严重自杀倾向为理由不肯放行。

贺秉的粉丝给医院寄来了恐吓信。

贺秉成功出院了。

他出院那天，又是雨天，他一如往昔，直挺挺地走入了雨里，像赴一场雨的约会。他的深渊依旧在他脚下，只是我看不到了，医院看不到了。

我有个朋友，写作上天分很高，她曾常年处于死亡阴影中，总是想死去。她认为死亡倾向是不可纠正的，是终极的，它像个巨人那样横亘在她的头顶，她时刻受着死亡的恐吓，需要做些事来缓冲这种恐吓。死亡的威胁有时会成为她的写作趣味，她也会为了写作而放大这种趣味，但死亡比写作大。讨论两者的关系时，她说："写作就好像是一个露台，令人感受自己的夕阳，然后才能对黑夜抹去一点恐惧。"

刚认识时，我还会像其他人一样劝她，可收效甚微，后来有一日，我对她说："你想死就死吧，在死之前，尽可能地留下作品，等你觉得留够了，就去死吧。"

她哭了，说我的话让她第一次从死亡阴影中有了解脱，她从没有对任何一句死亡劝解产生过反应。

从那天起，我好像就失去了劝慰一个想死的人的能力。

她现在过得很好，刚从北大中文系硕士毕业，成了一名图书编辑，尽管死亡这个巨人依旧在她身边，但她不那么无力了，活得很阳光，文字作品也更加宽厚有力量。

也许这些艺术追求者们，和生命争夺的不是死亡，而只是一个，邂逅死亡的权利。

NO.:

精神卫生中心
住院记录

入院时间 2015/8/17 17:30

科 室 康复科	病 区 男病区	床位号 3	住院号 520
姓 名 烦某	性 别 男	年 龄 35	
监护人 贺祥	关 系 父		

主述

严重抑郁，有自杀倾向。

个人史

育乐家，出生本地，未到外地居住，无特殊精场接触史，预防接种不详。无咽喉大事变，患有欺骗性，无烟、酒药频率不良嗜好。

病程和治疗

3个月前，患者在镜子前拉提琴，叙次萌生强烈的自杀倾向，自愿入院接受治疗。有抑郁和躁狂来回切换的表现，躁狂时，患者自我感觉极度良好，抑郁时情绪低、思维反应慢、行动迟缓，对自己的评价极端消极。

精神检查

查问意识、感知觉、思维、情感、意志、行为等问题，未引出错觉、幻觉，现明显思维联想障碍，患者有明显的抑郁和躁狂来回切换症状。诊断依据。

初步诊断

双相情感障碍，不符合重症，建议收入康复科。

签名：李瑶

2015、10、11

躁狂症——家庭系统疗法

Story-2

"该死的,我真想辞职。"临床二科女病房的护士小栗子说。

小栗子是女病房唯一的男护士,因为他一头褐发烫得蓬蓬卷,像个栗子,我们都亲切地唤他小栗子。

我正坐在他的位置上翻看病案,打着哈欠问:"又怎么了?"

小栗子简直快把他的栗子头抓爆,吐槽道:"还不是那个于美娟(化名),我要疯了,世上怎么会有这么难搞的女人!"

我心不在焉,应承道:"不然你以为你在哪儿。"

被我吐槽后,小栗子开启了静音骂人,没骂两句,护士台的呼叫铃又响了。小栗子下意识地抖了一下,一看房间号和床位,立刻面如死灰。

"又是她,第六次了,今早的第六次了,我要辞职,我今天就要辞职……"

我笑了笑,毫不在意,这句话是小栗子的口头禅,他说了半年了,到现在还是老老实实待着。

小栗子几乎是飘过去的,飘到一半,又回来了,哭丧着脸说:"穆姐,要不你去吧,我真的搞不定她。"

我摊手道:"我也不行啊。"

小栗子双手合十说:"整个医院也就你肯听她叨叨,救救我吧。"

我捏开他的"爪子",老神在在地说:"嘻,这不都是修炼吗,少年人,要敢于直面生活的暴击。"

小栗子瞪大了眼睛，叫道："暴击？她那是天雷！核爆炸！彗星撞击地球！"

一来二去，我耐不过纠缠，还是被他拉去了。

我们到了于美娟的房间，就见她双手抱胸，站得跟杆枪似的，皱眉盯着一旁的床位。见到小栗子进来，她立刻像只斗鸡一样地戳了过来。

小栗子下意识想往我背后钻，但碍于男人的面子，他勉强稳住了。

于美娟指着隔壁的床位说："我之前说过，这个尿壶放的位置不合理，这位老太太尿频尿急，经常下床来回走动，我的床位和她就这么点距离，尿壶放在这，能不碰到吗？今天她不小心把尿壶踢过来了，明天万一踢倒了呢？！"

小栗子解释说："这些床位的距离都是固定的，不好调整，我已经向上面申请了……"

于美娟一挥手说："你前天就说去申请了，效率这么低的吗？挪个床位而已，非要人催着，你们自己就没这个意识吗？"

小栗子憋着气道："你来之前就没人说不合理。"

于美娟冷笑道："那我现在说了，我就不是人吗？"

小栗子不说话了。于美娟气焰高涨起来："没人提你们就不去关注，这么懒散，况且这里是精神病院，一些病人根本都意识不到要反映，察觉病人无法表达的情绪难道不是你们的本职吗？！"

小栗子这下不愿意了："不好意思，每天光是病人说出来的问题我们已经很忙了，顾不上表达不出来和自己想太多的。"

我拉了一下小栗子。

于美娟露出得逞的笑容，说："那你们到底忙出了个什么东西？上周我说要在病房放盆植物，植物呢？床位的事情好几天前就说了，反馈呢？"

小栗子深吸口气道："于女士，植物的事我跟您已经说过很多次了，一些患者会把土当成食物，您房间就有一位，这是高危物品，不能放在房间。床位的事我确实已经上报了，这些都要走流程的，您能不能有点耐心。"

于美娟说："那你们应该把乱吃东西的病人弄去一个房间，把希望看到绿植的患者都分在另一个房间，不然成天这么死气腾腾的，病人心情怎么会好？"

小栗子已在抓狂边缘，说："床位分配哪有你说得这么容易……"

我知道，他确实摆不平了。

我把小栗子拽到了身后，挂上笑，道："不好意思啊，于姐，你再等等吧，医院的摆设都是经过考量设计的，我们也希望最大程度给病人提供方便，但极少数人提出异议的话，我们也确实要商议，我们很重视你的建议的。"

于美娟消停了一会儿，看着我说："你今天来挺晚。"

我有点惊讶，我说过要来吗？想了好一会儿，我才恍惚记起来，上周好像答应过她，今天要来找她。

我顺着她的话说："啊，因为要看的案例比较多，所以晚了些，你知道的，主任给我的任务。"

于美娟皱眉道："你们主任就是个木的，成天看案例有什么用，要多跟活人交流啊，我们这不都在吗，不比你研究那几个破字管用？"

我忙点头说："对对对……那于姐你等下，我去把桌上的案例收收，还摊在那儿呢，顺便跟主任再反馈一下你床位的问题，一会儿来跟你好好聊。"

于美娟摆摆手道："嗯，去吧。"

出了病房，小栗子长舒口气，学着于美娟的语气作怪腔道："嗯，去吧。还当自己是领导似的，真受不了。"

我没搭腔，走了几步，停下步子说："你以后不要再说'你能不能有点耐心'这种话，没礼貌。她是躁狂症，本来就没有耐心。"

小栗子撇了撇嘴，不太高兴。

我点了下他的头说："这话她在外面听得够多了，不想来了这里还要听，你越说她越来劲。"

小栗子"哦"了一声，还是不解气地说："那她出去啊，早可以走了，我们比她还盼着她出去呢。"

我摇摇头，走快了些，收拾完病案想去找主任说床位的事，走了两步又停下了，折返去于美娟的病房。

医院说是会反馈，但一两次后没做出实际行动，也不用再去说第三次了，大家都是如此，没过多精力耗在一件事上。

我们都不是于美娟。

于美娟是两个月前来医院的，因为闯到别人公司大吵大闹"发起了疯"，扰乱公共场所秩序被警察送来的。照她自己的话说是：当时不知怎的，身体不受控制，意识出走了。

她是轻度躁狂，诊断过后早就可以出院了，但没有家人来接她，于是一拖就是两个多月。这两个多月，她每天都在向医生询问，自己到底什么时候能出院。

也是，任何一个认为自己没病的人都想立刻从这里出去。

但医生总也不放行，因为没人来接她。联系是联系上了，她有三个哥哥一个弟弟，但联系之后，也都没了后续。

医生都对她感到头疼极了，因为她言辞犀利，爱上纲上线，总认为自己早就该出院了，是医生工作没做到位。她手上积压着一堆的工作，根本耽误不起。

于美娟之前是一家上市公司的领导，生意做得不小，头脑活络，严肃强势，这种习惯也带到了医院里，一有什么不满意就和医生护士辩论。她声音很大，又有理有据，每次挑刺都像一片阴影压在医生护士身上。谁都不待见她，又不得不处理她的诉求，都盼着她早点出院。

我第一次见她，是她入院后的第二周。当时是为了毕业论文，需要访谈几个意识清晰的患者，主任带我去见了她，没说几句，主任就溜了，留我一人跟她大眼瞪小眼。

我其实紧张极了，来之前就知道，这个女人很难搞，现在见到主任跑得这么快，我心里更加紧张了。

于美娟本来还在跟主任严肃地磋商出院的事，说到一半时主任借口走了，她的话来不及收，很不满意，追了两步继续喊。主任走得更快，开门后警报声响起，红色的灯喧哗着。

她发现自己的声音被警报声盖住，喊得更大声，直到门关上，警报声消失，于美娟的尾音还重重地回荡在病区。

场面其实有点尴尬，但于美娟不在意，她摆出一副胜利者的架势，对我这个见证者稍显和颜悦色起来。

和她接触了一阵后，我觉得她不难搞，可能全医院只有我一个人这么觉得。

摆平她的办法很简单，只需要闭嘴，听她说话就可以了。她一个人就能把对话延续下去。我不用担心交流间隙的空白和稍显局促的回应，她的表达欲会帮我把那些局促一笔带过。

躁狂的特点便是如此，话多、思维快、语速快。

于美娟说话确实带有很强的攻击性，无论说什么都像在批评和说教，但只要不反馈那些攻击性的词汇，她就不会失控，而我正擅长于此，自然地袒露柔软、回避刀刃。

也许是阅历的关系，我确实把她的话当成了教育，诚恳地听，也会认同，于是她对我也软了下来，认真地教，我们达到了某种互补，关系还算和谐。

她家算是书香门第，祖上是做茶生意的，她能如数家珍地列举任何一种茶的发展史，跟我说她做过的茶叶买卖，遇过的茶商骗子，并教我如何通过观察茶色来区分真伪。

她的病服口袋里偷藏着前几日剥下的橘子皮，用纸巾包着吸收水分，摊开时，已经干了许多。她拿了一片递到我嘴边说："嚼嚼，挺甜的。"

我顿了一下，就着她的手吃了。她的手很柔软，闻着有一股橘子清香，和她的强势性格不同。

喂完我，她自己也嚼了一片，再看了看门外，小心地藏起了橘子皮，抱怨道："你们这地方也是，这个不许那个不许，藏个橘子皮都不行，别跟他们说啊。"

我笑着点头。

主任知道我吃了她的橘子皮，匪夷所思地看着我说："病人给的东西你怎么能随便吃？"

我说："她递过来了……"

主任微笑道："她给你递把刀子你也撞上去啊。"

我写了五千字的检讨，于美娟的橘子皮被没收了。不出所料，这一日的女病房又不太平，护士台的呼叫铃快被按疯了。小栗子说得口干舌燥，跑得腿都软了，最后没人再去理她。

于是，于美娟又开始写信往院长信箱里投，痛斥医院规矩的"不合理不人道"。写了一次后，她似乎发掘了新的乐趣，开始一天一封地写，常年无人使用的院长信箱几乎被她填满了。

后来院长真的来见了她一次。那次我没在，听说院长在交锋中也败下阵来，灰溜溜地逃遁了。

于美娟像只旗开得胜的孔雀，只不过欣赏她美丽尾羽的只有她自己。

再后来，病区的院长信箱，不知怎么的就被撬掉了，只剩了两颗生了铁锈的螺丝钉在墙上。拿着信过去的于美娟，手没能抬起来，她立在原地，盯了那空置的墙面很久，一动不动。

我正好撞见这幅画面，那样安静立在信箱前的于美娟，头顶灯光昏暗。

没了院长信箱，护士台的呼叫铃又热闹了起来。

我每周会去见她两次，她总有不同的经历与我说道。她做过建筑行业，跟我讲建筑保险，讲烂尾楼工程，讲她怎么虎虎生威地带着一票人去堵那些偷工减料又把账做平了的工程贪污商，讲她如何利用法律惩治那些逃避责任的开发商。

她也会讲一些年轻时南下的穷游经历，去了哪里，见了什么，遇到什么匪夷所思的故事，但那些匪夷所思只是对我来说，于她而言好像寻常极了。

她鼓励我多出去跑跑，我说穷，跑不了，她就不屑极了："现在的年轻人越来越不懂穷游的魅力，谁说要钱才能玩了，没钱也能玩出很多花样，你们不懂。"

她阅历丰富，经验老到，尽管带着一些妄想的成分，但在听她讲话时，我并不怎么能分辨得出来。从她的言辞听来，她是一位很会生活的女强人，对现状有强烈的不满：手上要处理的工作太多了，在医院每拖延一天都在损失，这份损失我们赔不起。

但她并没有显得太过焦虑，她明理道："我也知道你们要走流程讲规矩，我不为难你们，只希望你们效率高点，我特别受不了低效率，你们要是在我手下工作早就被我开掉了。"

小栗子听了极其不屑道："什么女强人，女强人能混到这里来？都百八十年前的事了还成天拿出来说，真的是有病。"

我一直都没有去看于美娟的病案，不知道为什么，也许是不想戳穿她跟我说的一切，也许只是出于对"朋友"的本分，不去窥探她不愿袒露的隐私。

于美娟跟我说得最多的，是她三个事业有成的哥哥和弟弟，兄弟们似乎都很光宗耀祖，她说她是受宠的妹妹。

小栗子不屑道："受宠？受宠怎么没人来接她？电话倒是都打了，就是一个都没空，今天拖明天，明天拖下周，估计她明年都还待在这儿。"

于美娟最常提起的是弟弟，弟弟长弟弟短，但她不怎么形容弟弟，只会说一些细枝末节的事情。

我问："你弟弟是个什么样的人？"

于美娟就笑笑，神色温和下来说："他啊，是个好过头的人。"

好过头？那为什么不来接你？

我没有问出口。

有于美娟在的地方就是战场,这是近日里临床二科女病房公认的事实。

她身为斗士,不光据理力争自己的权益,还帮其他患者争取权益。

有位患者因为病情发作被绑在椅子上,在开放公共区域活动的时候消停了,他开始哭诉,但没人发现。于美娟气势汹汹地冲去护士台,要求护士给患者松绑。

小栗子说:"松绑出了事你负责吗?"

于美娟说:"能出什么事?你就在旁边盯着,你是废的吗?哪有人需要二十四小时绑着的,绑猪呢!"

小栗子说:"那……我也做不得主,医生说了算。"

于美娟冷笑道:"你们除了会把医生搬出来还会做什么?什么事都是医生背锅,那要你们来干吗?"

小栗子说:"你说话能不能不这么难听!"

于美娟说:"那也比不得你们做的事难看。"

小栗子差点撸袖子了,几个护士把他拦住,他静音骂了好久,还是去问了主任。主任耐不过,来看了一下,又走了,避开了于美娟,只让小栗子传话:"这个患者的发作间歇期很短,不能松绑。"

于美娟转身就走,脚步有力,拖鞋走出了高跟鞋的动静。

上午的晨会时间,一群患者拥在阅读室看新闻联播,但他们聊天的聊天,看书的看书,发呆的发呆,几乎没人在看电视。只有于美娟认真在看,还做了笔记。

晨会结束后,她拿着笔记去找小栗子,说根据国家出台的某某医疗政策,病房应该做出以下改进,并开始朗读记录下的条款。

小栗子听得头晕眼花,哪里有这样的政策,都是于美娟在强词夺理。

被驳回之后,于美娟还杵在那里,高声道:"那晨会时间的电视能不能换换,那电视是给病人看的还是给护士看的?怎么都是护士在转频道,不是病人在转?"

几个护士面上露出了不愉,小栗子还是一板一眼地说出那句老话:"我去反映一下。"

于美娟冷笑一声,也学小栗子的静音骂,对他做出口型:"废物。"

小栗子又撸袖子了。

中午吃饭,我们脱了白大褂堆在门口,再进去食堂,小栗子无精打采,像颗干瘪的黄豆。

排队时他"啊"了一声,抓着他的栗子头道:"我忘拿饭卡了……穆姐,借我你的刷吧。"

我有心敲打他,问:"你最近怎么像游魂似的?"

小栗子叹气道:"太累了……于美娟到底什么时候能出院?我觉得我会比她先出院……肉打多点穆姐,那个蹄髈也要,还有鸭腿。"

小栗子吃了两大盘肉,心情似乎好了点,但还是目光呆滞。

他问我:"穆姐,你觉得我适合在这里工作吗?"

我耸耸肩,说:"我不知道,我也只是个实习生。"

小栗子又陷入了呆滞,差点把筷子往鼻孔里戳。吃到一半来了电话,是主任,小栗子接起,"嗯"了几声后,渐渐容光焕发。

"真的吗?好好好,我吃完饭就去弄!"

我问他:"怎么了?"

小栗子高兴道:"上面同意了,给于美娟房间的那个异食症患者换房间,然后给普通病房引进植物。"

我很开心地说:"太好了。"

小栗子用大拇指戳着自己说:"这个是我办成的!我一直跟上面反映呢!本来都快放弃了,没想到居然成功了,好神奇!"

我笑着揪他的栗子头说:"嗯,真厉害。"

小栗子高兴得又去添了碗肉,我一周的饭钱都被他吃光了。其他护士也顺着他开玩笑,或许是医院男护士稀少的缘故,大家都爱凑小栗子的热闹,也不知道是把他当儿子还是当"姐妹"打趣。

吃完饭,小栗子就去处理换房间的事了,换完回来继续骂骂咧咧,说于美娟又提了什么让人窒息的要求。

虽然骂得凶狠,但呼叫铃一响,小栗子还是飞速冲去了于美娟房间。

我发现于美娟好像特别喜欢折腾小栗子。

临床二科因为有于美娟的存在,每天都鸡飞狗跳,但也因为她的存在,病区活络了不少。

护士和医生都要打起十二万分的精神应对于美娟的随时发难。他们必须修炼得牙尖嘴利,扛起唇枪舌剑,去应对她的"奇葩"症状。

一些具备良好意识的患者也被于美娟感染,开始向医院反映他们的需求。临床二科于是更忙了,护士台的呼叫铃坏了两次。

年末的时候,临床二科被评上了先进集体,护士们都没时间反应或者高兴什么,因为呼叫铃没停过。

于美娟来来回回地奔波,拖鞋打在走道上像是击鼓的动静,她横冲直撞的身影,看着像个女战士,觉醒了这个地方。

平安夜,医院搞了个小晚会,医生护士们都去参加了,我没去,因为跟于美娟约好了,去了她病房。其他患者在活动室庆祝,病房里就她一个。

于美娟看了看我身后,问:"小栗子呢?"

我说:"哦,他啊,参加晚会去了。"

于美娟好像不太高兴,但没说什么。

我扯了个谎:"他晚上有节目。"

于美娟一如既往地嘲讽道:"他?能表演什么?上台炒栗子吗?"

我笑了。

我们也没做什么,就是坐在床边,只剩了一盏她的床顶灯,听她讲故事。窗外因为温差结起了雾气,看不清晰。

于美娟说:"你那个论文,可以找这几个人去聊聊,我观察过,她们还可以的,这里厉害的人多得很,我不喜欢叫她们病友,应该叫神友,精神病,不就是该叫'神友',为什么非要叫病友?"

她的说法很惊艳,我立刻应承了。

于美娟讲着讲着,忽然不出声了,她看着模糊不清的窗外,喃喃道:"冬天来了啊。"

我也看过去说:"嗯。"

于美娟说:"以前,冬天一来,我就给我弟弟织毛衣,他穿不惯买来的,就觉得我织的舒服。"

我没出声。良久,于美娟问:"这里可以织毛衣吗?"

我刚想说不可以,就听于美娟道:"我想给你们织两件,过冬。"

我有些鼻酸。

于美娟的毛衣没织成,医院不可能给她织针这种高危物品。

于美娟的弟弟来了，一起来的还有她的弟媳。他们没有去探望于美娟，只是去了前台和主任那里。

我从一科赶来时，先看到的是站在前台的弟媳，穿着打扮都很时髦，讲话和风细雨的，和于美娟截然不同。

弟媳掩嘴一笑，道："听你们这么说，那这里还蛮适合她的。"

护士们疑问，她笑道："相处了一段时间，你们大概也知道了，她吧，特别喜欢命令别人，在外头做不到了，没想到在这里倒是可以实现作威作福。"

护士们的表情不太好看。

弟媳拿起手中的水果递给她们，说："真的麻烦你们啦，我也知道她很难相处的，不然也不至于到这里来，你们不能收东西，我只能买点水果给你们，有什么事你们随时跟我讲的呀，医院真的辛苦，什么人都得接待。"

小栗子问："你们什么时候能接她回家？"

弟媳笑了笑，说："这个嘛，其实不太方便……"

小栗子说："哦，水果你拿回去吧，我们没时间吃的。她挺好相处的，照顾病人我们倒是不怎么辛苦，麻烦的是一些自说自话的家属。"

小栗子就晾着她递水果的手没去接，低头认真看起病案，当她完全不存在似的。

弟媳尴尬了一会儿，收回了水果，没趣地走了。

我去办公室旁听，小栗子跟着一起来了。

于美娟的弟弟也是一头蓬蓬的卷发，是黑色的，像是自然卷。

我指着于美娟的弟弟说："看，你哥大栗子来了。"

小栗子观察了一会儿说："还是我小栗子好看。"

于美娟的弟弟叫于明朗（化名），他跟主任打听了一下情况，态度很好，跟他妻子不一样。但当主任问他什么时候可以接于美娟出院时，于明朗就不出声了。

最后他们还是没有把她接走，临走前，于明朗对主任说："别跟她说我来过。"

小栗子冷哼出声，被他听到了，转头看了我们一眼。小栗子翻着白眼直接走了，路上不断无声地骂骂咧咧。

于明朗的妻子去支付医药费了。于明朗坐在主任办公室外，身体前倾，弓背，似乎被什么压着，一动不动。

我走过去，在他身边坐下了，也许是从于美娟嘴里听到他太多的事，于明朗对于我来说并不陌生，甚至还有些亲切。

于明朗看到我坐下，朝我和善地点了下头，又陷入了沉思。

我问他："怎么不去看她呢？"

于明朗沉默了好一会儿才说："我不知道她想不想见我。"

我愣了一下，问道："她为什么不想见你？"

于明朗这次沉默得更久，似是觉得不知道怎么开口："她应该，是想待在这儿的。"

我说："她很急着出院。"

于明朗说："我知道，这样说可能很奇怪……但我觉得她是自己想来的……她在家里闹，没成功，于是去外面闹。"

他抹了把脸说："她自己可能没有意识到，我不知道如果她看到我，意识到了，会不会不好，她一直是个有进取心的人……抱歉，我不知道怎么解释这种感觉……请不要告诉她我来过，谢谢。"

他站起来朝我鞠了一躬，走了。

我看着他的背影，久久没能回神。

我没忍住，还是去看了于美娟的病案。

病案显示，于美娟在五年前就已经离职，中间断断续续做了些生意，全都失败了。

从里面记录的对话来看，于美娟似乎是无法接受自己"无能"的现状，比起积极进取，她入院前的状态更偏向于逃避失败，当避无可避，她就让自己"疯了"。

于明朗说她想待在这里，或许是对的，这里是她逃避的终点，而她大概自己都没想到来了医院，除了有逃避自我的初级获益，还能有"作威作福"的次级获益。这里对她来说，或许一定程度上，是此岸天堂，她在这里展示出的进取心，已经"还原"成那个她认可的自己了。

她终日嚷着要离开，是她进取心的目的地，但这只是个叶公好龙般的进取心。

于明朗若是见到她，该如何向她问出那句："跟我走吧。"

她的自尊心又会怎样破碎，当她见到于明朗，发现这个目的地就在眼前，而她发现自己想跑，于美娟这么要强的人，会崩溃吧。

小栗子还是不解道："那别带她走，好好说，就说她还不适合出院，只是正常探视不行吗？他一眼都没来看过啊。"

我忆起于明朗像被什么压着的背影，想到了家庭治疗的起源。

家庭治疗和精神分裂症有很大的渊源，那个时代，还没有家庭系统的说法，病人的症状只被孤立地看待。

有一个精神分裂症患者，他的病情有很大改善，医生安排了他和母亲见面，希望进一步缓和症状。他看到母亲，很高兴地跑上前，想要拥抱她，但母亲下意识后退了一步，显得有些怕他。

患者愣在那里没再上前，随即母亲又撑起笑脸，上前亲亲密密地抱了他一下，然后离开了。当天，患者症状就加重了。这件事被精神医学界重视起来，他们发现，患者的症状不是孤立的，不能只从生物取向割裂地看待精神疾病，不是只治疗"疯了的人"就可以，症状还会受他人的影响而加重，症状是流动的，应该放到关系里去看。

当时的场景里发生了什么？母亲害怕他，母亲笑着抱了他。他接收到了两个矛盾的信息，他混乱了。

精神医学界总结为三个重点：一是存在对患者极为重要亲密的人；二是这个人给出了患者两个截然相反的矛盾信息；三是这两个信息没有对错之分，患者无法判断该相信哪个。

这三点导致了患者症状加重，也让精神医学界开始关注家庭系统的问题，把患者的症状放到家庭里去看。

于明朗方才所说无法解释的感觉，虽与之不同，但具备了这个意识。

他比于美娟更早发现了她的两种矛盾观念，她想出去，但她不敢出去。他想带她走，但他也不敢带她走。他带着这两种截然相反的观点来见她时，表现大抵也就像那个母亲，下意识流露恐惧后，补偿般地展示亲密。他可以不问出那句"跟我出去吧"，可以配合她装作她还不适合出院，但他们很亲密，于美娟了解他，她会感知到这种矛盾，感知到虚伪。

意识到他带着怎样的骗局来的，或许比她意识到自己的怯懦更可悲，弟弟是怎么看她的，提醒着她此刻有多失败，这或许会加重她的分裂感。

于明朗选择把矛盾压制在他这里。

我又忆起美娟温柔地说："他啊，是个好过头的人。"

又是一周过去了，到了我去找于美娟的日子。新年新气象，于美娟心情不错，风风火火地在活动室撕红纸，指挥着大家贴窗上。

我去了之后，也被她指挥着干活，小栗子面如苦瓜地任她差遣来差遣去。我有些想笑，见过于明朗的栗子头后，我隐约觉得，于美娟或许也把小栗子当弟弟了，所以总喜欢折腾他。

全部张贴完，白色的医院总算添了点生气。于美娟笑着哈气，和我讲往年的新年是怎么过的。

她问我："过年是回家的吧，不在医院吧？"

我回答："嗯。"

她笑了笑说："回家好，回家好。"

我犹豫了很久，还是说了："于姐，你弟弟前天来了。"

于美娟顿住了，没有骂骂咧咧说怎么才来，没有指责我怎么没告诉她，就只是顿住了。

约莫是五天后，于美娟向主任请示，想给家里打个电话，这也被禁止了。患者不被允许自己联系家属。

主任还是给于明朗打了个电话，说明了于美娟的意思，于明朗来了一次医院，他们俩见了面。

然后安排就出来了，这周六，于明朗来接于美娟出院。

还剩三天，这三天我本想一直陪着她，可第一天后，我就没再过去。

于美娟肉眼可见地焦虑着，她焦虑得甚至都不说话了，我感觉她在避着我，哪怕面对面，也在避着我，她不想我看到这样的她。

到周五晚上，我还是偷偷去看了她一眼。她站在窗前，不停地踱步，小栗子说她已经两天没有睡过了。病房的患者反映她晚上很吵，一直在碎碎念，但她明天就要走了，大家都忍了。

我偷偷站在病房外看她，她走来走去，看看窗外，不知道嘴里念了什么，一会儿又趴回床上，蒙上被子，蜷缩成一团。

我虽然很想抱抱她，还是忍着没有进去。她就要被赶去"可怕的尘世"了，得去面对她的失败和"无能"，她太焦虑了。可她是于美娟，于美娟怎么能怕呢，于美娟什么都不能怕的。

我恍惚觉得，这个世界对人有多不友善呢？明明是新年，我却从朋友那儿得到许多噩耗，面临被裁员的，疾病缠身的，离婚独育的，要卖房抵债却突然得知房子陷入烂尾楼困境的……

数不清的磨难在朝世人碾过去,但人除了硬着头皮撞出一条血路,还能如何?人时时刻刻在面临着"于美娟"的困境,又不得不去成为"于美娟"。

我刚要离开,却突然听到病房里,一句很小声的,压在被子里,自我打气的声音。

"于美娟,向着光,冲。"

我破涕为笑,轻手轻脚地离开了。

周六天气很好,于美娟出院了。

于明朗来接的她,临床二科的门打开,警报声又喧闹起来,于美娟站到门口,没有立刻踏出去,她看了那门好一会儿。

我喊道:"姐!"

于美娟回头看我一眼,和往常一样摆摆手,踏了出去。这一步跨得太快,我没能收拾好心情。

最先崩溃的是小栗子,他在一片保险门开关的警报声中哭得稀里哗啦:"她终于走了,我是不是受虐狂啊,怎么还觉得舍不得,不行,我得去找主任诊断诊断。"

我拽住他的衣领把他拖走了,说:"别秀了,整理床铺去,下一个病人要进来了。"

小栗子哭哭丧丧地被我拎走了,临床二科的门也关上了,警报骤停,那个有着比警报声更响亮嗓音的女"战士"离开了。

我走着,发现这条走过无数次的病房过道里,打进来冬日的阳光。窗上有一片火红的手工纸,映在地上也是红的。

穆戈,你也要向着光,冲。

NO.:

精神卫生中心
住院记录

入院时间 2015.10.9 9:30

科 室 临床二科	病 区 女病区	床位号 3	住院号 534
姓 名 于美娟	性 别 女	年 龄 34	
监护人 于明朗	关 系 弟		

主 述
焦虑，脾气暴躁，情绪不稳定。

个人史
生于上海，目前无业，从小生长发育可，受教育程度高，做过企业高管，无工业毒物、粉尘、放射性物质接触史，无烟、酒、药物等不良嗜好。

病程和治疗
患者5年前离职后，出现烦躁、坐立不安、情绪失控等症状。因在他人公司吵闹，被警方移送我科。意识清晰，但常无故发脾气，讲话时不允许他人反驳，言语上有较强攻击性。

精神检查
意识清，定向好，仪态整，躁狂时过于严格地处理事情，无法停止说话，情绪高，思维反应快，行动速度快，受到反驳时，情绪容易失控。

初步诊断
轻度躁狂。

签名：王健

2015.10.9

水鬼的眼睛
——噩梦

Story-3

| 本文为患者与医生双视角 |

【毕华】

四月七日,早上八点半,倒计时四小时。

我坐在床上,紧盯着玻璃窗外忙碌的护士台,白衣服白帽子,蓝衣服蓝帽子,有医生走过,笔在来回被按,我听不见声音,目光聚焦在那时隐时现的笔尖。

医生走过去了,看了我一眼。

还有四小时。

四小时后我又要进入睡眠,在那之前我要找到它。这个游戏我已经厌烦了。

我的眼珠在动,可能飞出了玻璃窗,可能没有,我感觉不到眼珠与身体的联系。

该死的,是被它带走了。它带着我的眼珠走了,要我看它看到的世界。

它会把我的眼珠按到哪个人身上去?

那个写字的护士,还是那个打哈欠的?穿着皮鞋的医生?它的眼光太糟糕了,我知道它,它喜欢那些头发如同稻草一般干枯得能打结的女人。

我察觉我的眼睛在扫描这些人,一个个盯过去,试图找到它。

她来了。

这次只有她自己进来,那个目光犀利的刘医生没有在。他是放弃我了?不,是放弃它了,他料准了我找不到它,该死,该死。

她手上拿着本子,边上轧着钢圈的那种,她进来就翻本子,认真读着什么。钢圈发出难听的摩擦声,那么小声,我却完全被它侵犯,我难受极了,像刮磨骨头的动静,那种细瘦的指骨。

装模作样。她只是不敢看我罢了,等着吧,她马上要摆弄她的专业了,躲在本子背后,像个遮掩丑事的牧师,她只要比愚蠢的信徒掷地有声,谁都猜不出她那羊圈里藏着什么香嫩的幼体。

她说话了,笑模样。

然后我看到了它,在她背后,露出一只眼睛,湿淋淋的,看着我。

我分辨不出它是在看我,还是看我眼里的她。

它想做什么,不言而喻,我该利用她抓住它吗?

"昨晚的梦怎么样?今天又看到什么了?"

她的声音也是潮湿的,是因为驮着它的缘故吗?被压进水里了,听起来不太真切,像怪物。

我说:"和之前一样。"

她说:"一样是什么样?"

我说:"黑水,祠堂,很多个它们。"

她说:"它们在做什么?"

我说:"跳舞,祭拜,可能是祭典,我记不太清了。"

她指了指外面,揶揄道:"那我们医院今天是办祭典了?"

我应该要笑一下,她可能也等着。我忽然听见了它的声音,不知是从哪里冒出来的,有些刻薄道:"要是不让别人满意,哪里都不会要你。"

于是我对她笑了一下,嘴角的弧度是我对着镜子练习过的,卑微而讨喜,我说:"没有。"

她点点头,边在本子上记录边说:"那你的症状好像轻了点,梦里的东西没有全跑出来,吃药果然是有用的。"

我看了一眼窗外满医院游荡的它们,趴在玻璃窗上窥视的它们,点头。

她问:"今天的梦和之前比还是一点变化都没有?"

我想了想说:"有的。"

她说:"是什么?"

我说:"它多了一只眼睛。"

她追问:"多了一只眼睛?长在哪?"

我看了她一会儿,说:"你头上。"

我从重症病房出来,走了没两步,就迎面撞上了刘医生。刘医生是毕华的主治医师,厚眼镜,冷面孔,原则性极强,有时会显得不通人情,一张高知脸看着有点厌世。

刘医生在我眼前晃了晃手说:"怎么了,一脸恍惚?"

我摸摸额头道:"我这里有眼睛吗?"

刘医生说:"什么?"

我摇头说:"没什么。对了,安排一下,毕华想出来走动。"

刘医生稍显讶异,蹙眉道:"走动?他不是死宅吗?"

我说:"症状改善了吧。"

刘医生从窗外望了他一眼,正撞上毕华的目光,我看过去,只见他如往常般避开了视线,刘医生看了会儿,离开去安排了。

毕华是"长眠"于重症病房的患者。

每次我经过重症病房,总能见他安静地睡着,过分安静,和重症病房的红字门牌不太匹配。

他是我所接触的患者中,幻觉最严重的一个,他能在现实中看到梦境里的东西,而他的梦几乎全是噩梦,鬼怪是主旋律,他总说自己能在白天看到"鬼怪"。

他曾说亲眼看到一只怪兽,把整座医院踏平了,他和我都被踩死了,那时我正在与他做访谈。

我沉默片刻,问他:"那么现在跟你讲话的我是活的还是死的?"

他低头不语。

总是如此,每当被问到一些或许会戳破他幻觉的问题时,他就不会给任何反馈,这是精神病患者的共性,他们擅长于自圆其说,也擅长排斥和无视挑明他们精神世界里的矛盾的信息。

毕华的症状性质决定了他的情况是个恶性循环,他白日见到噩梦的实体,受到惊吓，夜里做的梦便更恐怖，第二日所见的噩梦实体也就更恐怖，当夜的噩梦又加剧……

这种恐怖还会被加工，比如第一天见到的噩梦实体是健全的怪物，当夜梦里，这只怪物便出现了残肢断骸，或是出现数量和体积上的增长，像连续剧。

梦境和一个人的想象力水平有关，有些人不常做梦，即使做梦也比较单调普通，有些人的梦却奇幻诡谲。毕华长期的异常状况使他的想象力水平居高不下，梦境也就保持着高加工的水准。

他在这样的状况下几乎无法工作和生活，喝水时能见着血，吃饭时能看到断肢，他曾为了逃避噩梦，吞了过量的安眠药以求长睡，结果被送去医院洗胃，然后转来了这里。

我问刘医生："他为什么要住重症呢？"

刘医生说："你看到怪物朝你扑过来，第一反应是什么？"

我说："逃啊。"

刘医生说："逃不了呢？"

我说："……打？"

刘医生点头道："这怪物出现在空处还好，要是出现在人身上，出现在医院里来往的医生护士身上呢？"

我问："他会把人看成怪物？"

刘医生说："他长期如此，视觉已经出现异化，他眼里的人和我们眼里的不一样。他之前在家里砍伤过自己。"

据刘医生说，这也是毕华自己央求的，打镇静剂进入睡眠，避开现实里的噩梦灾难。

于是他几乎终日沉睡于重症病房，每日有四个小时的清醒时间，这还是医院强制规定的，他似乎一刻都不想醒。

我又问："他梦里也可怕啊，他一直睡着岂不是一直做噩梦，这样他还要去梦里？"

刘医生说："你自己去问他吧。"

在他清醒的时间，我跟着刘医生去探访了他。

我问他时，他说："梦里至少不会饿。"

我点头，表示理解，随即道："其实会饿的，梦会反应你的生理状况，比如你的身体有尿意，就会梦到水或下大雨，你身上哪里痛，梦里那个部位也许就被捅刺了，你睡得出汗或是发烧了，梦里或许会出现火炉，早期医生会用释梦来探查疾病情况，你察觉不到的身体痛觉，在梦里会被放大，梦是带预警作用的。"

他依旧低着头。

我继续说："饿的话，你也许会梦到吞噬的黑洞，永远吃不到的食物，血盆大口，或者其他代表吃的象征物。身体不适，也会导致梦境的恐怖。"

他终于抬头看我。

我笑道："真梦到过血盆大口？"

他又不说话了。他好像有些腼腆，也许是症状的缘故，长期无法社交的生活形成了他的封闭状态。

我语气温和了些："毕华，多起来走动一下，总是躺着，身体僵硬了不舒服，也会反映在梦里，可能会梦到僵尸？断手断脚也有可能。"

毕华没有采纳我的意见，他掐着时间，四个小时一过，立刻唤来护士打镇静剂，又坠入了梦里，像被什么赶着似的。

毕华有个值得注意的地方，他经常重复同一个梦境。

有十多年了，那个梦境会发生一些变化，但主要角色和环境都基本一致，于是他大部分时候在现实里看到的，都是那个梦里的角色。

我问："那个梦里有什么？"

毕华的眼神有些失焦，回答道："黑水，茅屋，还有……"

"水鬼。"

我说："水鬼？怎么样的水鬼？"

他又不说话了，黝黑的眼珠盯着我，眼白的部分显得格外白，无神中带点偏执。

今天不同。我早晨去他病房查房，离开前他叫住我："我想去外面走走。"

这是他第一次提出活动要求。

刘医生安排得很快，主任那里立刻放行了，事实上毕华再不愿意出重症病房，他们也会强制要求他出来走走。一直处于封闭的环境和过多的睡眠，会使毕华的生理状况紊乱。

毕华被允许在监视范围内于院内走动，随行要跟一个医生，我自告奋勇。

刘医生说："你好像挺喜欢他的。"

我说:"他挺亲切的。"

刘医生不解道:"你哪里看出他亲切?"

我说:"你每次见他都苦大仇深,他自然对你不亲切,我笑得跟小太阳似的,谁见我不亲切。"

刘医生说:"我看你是缺弦。"

我说:"你不懂,自闭的孩子都可爱,他最近恢复得不错,是不是没多久能转普通病房了?"

刘医生又从重症室的窗外望进去,毕华正在穿鞋,准备出门,他看了会儿,沉声道:"再看吧。"

【毕华】

四月七日,早上九点二十,倒计时三小时十分钟。

我终于从那鸟笼里出来了,那玻璃窗分明是铁锈栏杆,沾着干涸的水渍。它时常就扒着那栏杆看我,黑水从上面淌下,进来烧掉我的鸟毛。

还剩三个小时,我要解决它。

她走在我身边,我看她一眼,她身后的它便看我一眼。我想问她脑袋沉不沉,需不需要我帮她摘下来。

她说:"今天怎么想活动了?"

我说:"就想动一动。"

她笑道:"是个好现象,可以保持呢,不然我们做个约定,每周的今天,都出来活动一次?"

我说:"没有每周了。"

她说:"什么?"

我没有回答。蠢货,今天就会解决,哪来的以后?

我们沿着过道走,我小心躲避着来往的水鬼,不想沾上黑水。

她毫无禁忌,直接从它们的身体里穿了过去,身上淌着漆黑的汁水,我看着难受极了,想把她甩干。

但我忍住了。

没一会儿，发现她跟我走成了一个轨迹，几乎是踩着我脚后跟在走。

我停下看她，她问："你在躲避什么吗？我是不是碰到了？我跟着你走避开他们。"

我说："没有。"

她说："没有吗？你今天看到几只怪物？"

我看着走道上密布的水鬼，说："没几个。"

她高兴道："症状真的在好了。"

我们继续走，我不再躲避，直挺挺地穿过水鬼阴凉的身体，忍着极度的不适，我的牙关紧咬，发出了呼哧呼哧的声响。

我们进了电梯，它还趴在她脑后。

电梯门关。

我看着电梯里她和它的倒影，觉得这是个机会，从七楼到一楼，几秒的时间，我可以掐住她压到门上，从脖子里揪出它来，速度快一点，这里狭窄，趁它没有准备，它溜不掉。

或者把她弄出血来，身上开个大洞，把它塞进去，用这身皮囊封住它，到时候千百只水鬼也会跟着它涌入她的身体，它们就全都完蛋了。

我闭上眼，压抑着呼吸，按捺住蠢蠢欲动的手，要忍耐，要忍耐，它滑溜得很，我不能搞砸。

她头上那只眼睛明明灭灭，像一片风中的树叶。

到了一楼，她问："你想去哪走？"

我说："现在是杜鹃的花期。"

我们去了小花园，天阴沉得很，入眼就是一大片紫粉的花丛，我朝它们走了去，她果然带着它跟了过来。

她说："你喜欢杜鹃啊。"

"我外婆喜欢。"

我捏住一片花瓣，在指间用力摩擦，感受水分在我手指上挣扎流逝，花瓣碎了一片，沾在拇指上，像从肉里流出来的。

她也去摆弄花了，这一刻，它贴在她脑后老实极了，注意力都被那花吸引走了，身体也不似往常灵活，它想停在这里。

我忍住狂喜，就是这样，没错，它喜欢这里，机会来了。

我朝她慢慢靠近,手背在身后,食指指腹无法抑制地摩擦着拇指的指甲,像磨刀一样。

两步,一步。

她回头了。

我猛地伸手。

我带着毕华走出重症室,似乎是太久没出来,他站在外面时,有些呆愣,良久,才往前走去。

我走在他边上,发现他是不规则移动的,我只能用移动这个词,他甚至不像在走路,而是横着,侧着移动,像螃蟹一样,调动他的"八条腿"朝各个方向躲避。

顺着他的移动,我逐渐能拼凑出一条"怪物行进路程"。

他看到的怪物似乎不少的样子,躲避得满头大汗,时不时朝我撇过来的视线里带着不满,又尽力忍耐着什么。

我有些想笑,于是顺着他的步子走,我不想冒犯他,他却停下看我,有些局促不解。

我问:"你在躲避他们吗?我是不是碰到了?我跟着你走避开他们。"

毕华说:"没有。"

我说:"没有吗?你今天看到几只怪物?"

毕华说:"没几个。"

我点头道:"症状真的在好了。"

毕华走得正常多了,再没有那种夸张的移动,我有点不安,他是不是为了迁就我在忍耐?他眼里的世界和我不同,我路过空气时,他可能正忍着恐惧穿过怪物,但最近他的病情确实大有改善,也许只是不习惯常态罢了,我该给他忍耐的机会。

进电梯的时候,他紧紧往前凑,几乎要贴在门,和我一起站在狭小的空间里让他不适应。他有些局促,闭了闭眼,做着深呼吸,把电梯里更大的空间让给了我。

我看着,觉得他真是个易碎品,有些怜惜他。

我问他:"你想去哪走?"

毕华说:"现在是杜鹃的花期。"

我一顿,这是他第一次对我主动表达,平常都是挤牙膏式的标准问答。

我有些高兴,跟着他朝小花园走去。

路上，我尝试与他聊天："梦可能是人潜意识里被压抑的愿望，它们以伪装的形式在梦里出现，以获得疏解，我们通常看到的梦都是经过变形的象征物，你的水鬼，是什么的象征物你想过吗？"

毕华没说话，头一直低着。

我说："你长期做同一个重复的梦境，也许是有意义的，解开那个意义，你的症状或许会进一步改善呢。"

毕华还是不说话。

我看了他一会儿说："不过我有点好奇，你能见到梦过的东西，这不只需要特殊的感知力，还需要庞大的记忆力，大部分时候，人是记不住自己梦过的东西的，你是怎么做到的呢？"

梦也是信息，人可能每天都会做梦，如此庞大的信息量如果都要储存在脑中进行加工，大脑会崩溃的。我们的大脑会自动筛选信息的轻重比例，进行过滤，大部分的梦境都会被大脑的记忆模块直接处理掉，清空内存，好把更多加工空间留给更有意义的信息，这是我们为什么经常醒来会随着时间的推移不记得梦境，但凡有印象深刻的梦，那都是自己已经在大脑筛选时加深过了，被确认为"重要"信息值得储存的片段。

毕华说："不知道，它们自己跑出来了。"

我笑了笑说："这个说法我接受起来要费点心，不如你听听我的？其实你大部分时候看到的，都是那同一个重复梦里的水鬼吧，哪怕平常做不同的梦，你也偏向于对水鬼进行加工，你很熟悉它，它不怎么占用你的记忆处理，所以你总能很清楚地记得梦里的它们，继而看到它。"

"你并不是在现实里见到了梦到的一切，而只是在现实里重复那同一个梦，或者说，你是有意识地在重复它？"

毕华蹙眉不语，又出现了听不懂不愿意听排斥空洞的神色。

我绕回来说："愿望被压抑，通常是因为它引起了意识的焦虑，不能出现在意识里，只好被赶去了潜意识，但它又希望获得表达，于是让自己改头换面出现在梦里，既躲过了意识的察觉，又纾解了自己，这是一种委曲求全的表达方式……毕华，你一直重复这个梦，是你的什么愿望被压抑了？"

"一个你不能接受的愿望。"

毕华顿了一下，继续往前走。

我说:"你就让它跟你一样委屈吗?不被看到,不被认可,无止境地被撵去黑暗里,于是在青天白日都能见到怪物。"

毕华站住了。

我有些紧张,我其实并不了解他,说这些也都是碰运气,自闭的孩子基本也跑不出这些描述,我觉得自己有点可恶,给活人下套死理论。

毕华没停多久,又走了起来,他显得没有缝隙,无坚不摧,怪物都能忍受这么多年,我这几句又算得了什么。

长期处于黑暗中的人,黑暗都成了金钟罩,他可能自己都没意识到,是他在需要黑暗。症状之所以还在,是因为症状能帮助患者维持生活,"症状是为了生存",这个认知是精神分析的基础,患者是需要这个症状的,一旦他不再需要,症状自然会消退,就跟进化一样,无用的器官会自己消失。

我跟上去问:"那你再跟说说你那个梦,这可以吧?"

毕华走了几步,说:"黑水,茅屋,水鬼。"

他的重复梦境总是围绕这三个主体进行,但他很少详细地跟我描述这个梦,好像不仅是出于他匮乏的语言输出习惯,他似乎不太想公布那个梦,我有时会怀疑他在刻意防备我,防备任何一个对于他的梦可能的解析。

这其实也是一种显而易见的意识的焦虑,他不允许那个愿望浮出水面被他知晓。

我只能在他的只言片语中,大概拼凑出些许画面,漆黑一片的山林,没有月光,茅屋静谧,黑水涤荡,时而湍急,水鬼在山林和黑水里来来回回。

他的梦还有一个关键意象,眼睛,尽管场合总是变化,眼睛却经常出现,照他的描述,那眼睛有时长在水鬼身上,有时化成山林里密密麻麻的树叶,有时生在他脚底,有时淌在黑水里。

我问:"那些水鬼通常做什么呢?"

他回头,看我的额头,那里有一只眼睛,说:"跟踪我。"

我追问:"……为什么要跟踪你?"

他不说话。

到了小花园,风和日丽,植物都亮堂堂的。

我深呼一口气吸道:"阳光真好。"

毕华看了看天上说:"有吗,很阴沉。"

我一顿，顺着他望上去，阳光刺眼，说："你看到了什么？"

毕华说："漫天黑水。"

我被光照得眯起了眼，毕华却睁着眼自若地盯着天空，皮肉没有一点强光照射的神经反应，好似面对的真是一片黑水。

我有些脊背发凉。

他朝那一大片红花走去了，我跟了上去。

"你喜欢杜鹃啊。"

"我外婆喜欢。"

他在花丛中摆弄着花，我也去望了望，没一会儿，听到身后有脚步声，我转身，是毕华走近了。

不知是不是日光刺眼，他的面目看着有些狰狞，那眼神分明是看仇人的，可再细瞧去，他还是那个腼腆的孩子，目光带怯。

他朝我伸出手，支起手指给我看，指头上有一撮碾碎的花瓣，像是从花上抠下来的，水分尽失，残骸暗沉，色素都上了皮肤，有点像晕开的血。

我从他指上捻下那撮碎花瓣，说："喜欢什么就要毁掉什么，谁教你的？"

毕华僵住，杵在那如锯了根的木墩一般。

我又不忍心了，摘了一朵杜鹃递给他，他战战兢兢地接下，一种用劣质物品换来了珍贵礼物的无措。

我看着他惊弓之鸟的表情，想起他说过，小时候以为那些怪物都是真的，他能通灵。我问他那是什么时候知道是假的，他沉默良久："通灵怎么可能总是同一个对象。"

我说："同一个对象？谁？"

我不确定他说的是不是重复梦境里那些水鬼，还是其他什么。他没再回答。

毕华不与人交往，终日忙于躲避幻觉中的怪物，现在哪怕是在治疗期，在梦中的时光也远多于现实，对他而言，也许梦里的怪物是更真实，甚至更亲密的，我忽然想，他们会不会彼此有交流，会互动，毕竟这么长的年岁里，陪他最久的，其实是那些"怪物"——他梦里的水鬼。

我问他了，以为他又会如往常般不回答，谁料他抿唇道："会玩游戏。"

我惊讶地说："你和它们玩游戏？什么游戏？"

毕华说："捉迷藏。"

"抓住它，游戏结束，它消失。"

我更惊讶了，毕华这是与他梦境里的幻想主体达成约定了，这并不是一个好兆头，患者对幻觉卷入越深，越难消除，而且我注意到他说的是"它"，而不是"它们"。

我问："它？跟你玩游戏的只有一个？"

毕华不说话了。

我追问道："那你抓到过吗？"

毕华看了我好一会儿才说："快了。"

他的眼神有些奇怪，朝我又走近了一步。

"穆戈。"

我朝后看去，是刘医生。

我说："你不是不来吗？"

刘医生说："就准你偷懒？"

他话是对我说，看着的却是毕华，毕华走开了，他似乎不太喜欢刘医生。

我说："你也太失败了，你的病人这么讨厌你。"

刘医生说："你是氯丙嗪吗，要病人喜欢你做什么？"

我俩站在一边，看毕华慢悠悠走在杜鹃丛，盯着花发呆。

我仰头看了看刺眼的天空说："你知道黑水在国内外众多神话里是什么吗？"

刘医生说："什么？"

我说："冥界的河，死人要穿过黑水引渡，才能投胎。"

刘医生没说话。

我转头看他说："毕华家里有谁死了？"

刘医生蹙眉道："你想说什么？就因为神话联想要研究这个？巧合吧。"

我摇头说："荣格晚年一直在研究神话，他觉得神话是整个集体无意识的投射，我们一部分生命活在当下，另一部分连接到过去，最常见的连接就是通过梦境，人做的梦是有迹可循的，神话的象征通过梦境是有所传达的。"

刘医生说："我不研究荣格，梦只是大脑皮层活动不均衡的过余产物。"

我说："你们搞生物认知取向的这么说是没错啦，但多一个视角不是多条路吗，他数十年重复同一个梦，肯定有原因。"

刘医生打断我说:"我发现你有个问题。"

我说:"什么?"

刘医生说:"你总是喜欢问为什么,但精神科只关注是什么和怎么办,不问为什么。"

我顿了顿说:"可是不问为什么,怎么知道怎么办?"

刘医生笑了一下,摇摇头走开了。

毕华放风时间结束,回去后,我又把毕华的病例翻了出来,看他的家族史,之前并没有发现需要注意的地方,父母都健在,本人未婚配,也没有什么大的疾病。

我翻了几遍,里面没有记录他较为深刻的死亡经验。

忽然想起在花园里他的一句话:"我外婆喜欢。"

我立刻去找毕华再上一辈的家族史,记录也很少,他几乎没提到,只翻到了只言片语,然后我惊愕地发现,他的外婆,名字就叫杜鹃。

她死于十二年前,和毕华的重复梦开始时间几乎吻合。

【毕华】

四月七日,上午十一点,倒计时一小时三十分钟。

我坐在床上,手里捏着一朵杜鹃,它进来不过五分钟,已经开始枯萎了。

我焦躁难耐,床沿被指甲磨掉了一大块铁皮,碎屑落到地上,有点恶心,我拿脚去蹭,沾上了脚底,我浑身不舒服极了,开始在地上狠命地磨蹭,地板发热,脚底传来钝痛感,我越磨越快。

还有一个半小时。

该死。

该死。

该死。

杜鹃掉到了地上,我盯了片刻,从奄垂的紫红花体里,恍惚中又看见了那个女人,灰色缠结的枯发,黯淡的布料,浓重的老人味。

她笑着问:"小华,喜欢杜鹃啊。"

小孩看着面前大片的杜鹃，咯咯地笑答："喜欢。"

于是那些摇曳风姿的红花就在他面前，被她一镰刀砍了，砍还不够，她连根拔，绿色和红色乱了一地。

她抓着大把的红花，牵着小孩回了茅屋，在木桌上，把红花捣碎在盆里，用一根很长的棍子，每捣一下都看他一眼，他走开，就会被她抓回来坐好，直到看她把所有红花都碾碎，倒入热水，端到他面前说："喝。"

红艳的碎花汁晕开了像血，他看到里面还有蚂蚁，在动。

"喝。"

小孩喝掉了。

她在腰前肚子上擦掉了满手的花色，赞扬地摸了摸他的脑袋，小孩看着她衣服上的红色手印，像她刚杀完猪的样子。

他又小心翼翼地看那根捣碎了杜鹃的棍子，算着何时会落到他身上。

我清醒过来，遭瘟般远离了那朵红花。

"喜欢什么就毁掉什么，谁教你的？"

那压在水中模糊不清的怪物声又找上了我，我阴沉至极，再抬头时，就见它出现在玻璃窗上，不，是出现在栏杆上。

它静谧地盯着我，像在质问我，我几乎能看到它那黑漆漆的面上出现的不满神情，像在说："为什么不动手？"

我死死瞪着它。

它说："你抓不住我，就摆脱不了我。"

我说："我可以。"

它说："你不行。"

我说："我可以。"

它说："你不行。"

我冲上前砸窗。

它笑说："你从小就蠢啊，什么都做不好，要是不让别人满意，谁都会不要你，看到了吗，他们正在商量，要把你赶出去。"

我看过去，只见那些医生护士三三两两凑在一起交头接耳，朝我看过来，眼神闪避，眉梢却直接，他们大方又遮掩地合谋着这种孤立，他们给我搭了戏台子，要看我精彩的反应，他们不担心合谋的眼神，肯定觉得我看不懂，又觉得看懂了也没什么，反正我是被关养的鸟。

"快点哦，没时间了，我们又要梦里见了。"它笑说，"噢，你其实迫不及待着吧，那里才是你的归属。"

说完它又消失了，混进了外面密密麻麻的水鬼里，把眼睛安插在它们的每一处，我找不见，它却时刻看着我。

又来了，重复同样的游戏，梦里如此，现实中也如此。

我眼前似乎又出现那座山，那间茅屋，夜里空荡荡的，连灯都不亮，小孩哭着喊，没有回应，他从山里找回茅屋，再从茅屋找回山里，什么都没有。

黑水赤条条。

她一生气，他就天灾。

待到天亮，一身脏污的小孩终于见到她，她笑盈盈地出现，仿佛前夜抛弃他的不是她，问："怎么搞成这样？"

小孩缩到她怀里不说话，紧紧抓住她，她满意极了，享受这种被需要的时刻。小孩抖着，不知是怕黑夜，还是怕她。

病房的门打开了，她焦急地进来问："怎么了？砸玻璃？"

我看了她好一会儿，直到这一刻才发现，不是它跟在她身后。

她就是它。

她就是那只我要找的水鬼，眼睛如叶，投掷于整片山林，密密麻麻，哪里都逃不过她的视线。

我走上前，她毫无防备地被我抓住了。

游戏结束。

毕华正掐着我，他在使劲。

刘医生在外面候着，武警随时准备进来，重症二科一触即发，主任赶来，看了一眼，面色淡定道："毕华，你在做什么？这样医生会痛，你先放开。"

毕华完全听不见似的。

我被掐着，说话好像不成问题，尽量平静地说："毕华，我不是你外婆。"

我感觉到他僵了一下，但看不到他的表情。

"你的手在抖,你先放开我,你不想这样的对吗?"

毕华没有动。

我小心地抬起手,轻拍他的手背,他立刻条件反射般攥紧了,我差点喘不上气。

"……这是正常的,你只是对我移情了,因为我们聊了一些事,你把对外婆的感情置换到了我身上,没事的,毕华,你没做错什么,你只是想她了。"

"我不想她。"

"你可以想她。"

"我不想她。"

"……好,你不想她……先把我放开好吗,你不想,我也不是她,这里没有她。"

好一会儿,毕华松开了手,我没有立刻逃开,只退了一步,转身看他。

刘医生和武警进来了。

主任问刘医生:"怎么回事?不是说他症状改善了?"

我咳了几声说:"是我说他症状改善了。"

"我没问你。"主任看着刘医生说,"她是实习生脑子不清楚,你呢?"

刘医生低头道:"是我的问题。"

我不敢吭声,我没见主任发火过,这小老头平常就像个"白无常","白无常"不用愤怒都足够严肃了。

刘医生跟着主任走了,武警在一旁看着,毕华坐在床上一声不吭,床下有一朵被碾碎的红花,红液蹭了一地,有点像屠杀现场,是我送他的那朵。

我进来时就见到了,他那时疯般在砸窗,玻璃窗都被砸出了血印子,当看到地上这朵被踩得稀烂的花时,我是有危机感的,但还是晚了些,毕华看我的眼神里有种缱绻,那让我误了时机,被他抓住了。

然后听他很小声地,像是对自己说了一句:"游戏结束。"

我看了他一会儿,看这个刚刚把爪子横在我脖子上的凶手,此刻却又露出了胆怯局促的目光,要不是脖子还在疼,我都觉得刚刚发生的一切是幻觉,我问他:"你现在能看到几只水鬼?"

好一会儿,毕华道:"遍地都是。"

我皱眉问:"为什么骗我症状改善了?"

毕华不吭声。

我这才意识到，自他入院起，状况几乎每日都在改善，似乎太顺了些，每次查房询问，他都说所见的幻觉都在减少，身体表现得也不那么抗拒了，我们竟是都被他骗了去。

可他必得是忍着巨大的痛苦去施展松弛的身体表现，为什么要这么做？

我说："你是来治病的，谎报症状只会对你不利。"

毕华许久才出声道："如果没有变好，医院不会留我。"

我惊讶道："你为什么会有这种想法？"

毕华又不说话。

我朝武警大哥道："您能稍微出去一下吗？我问完例行问题叫您。"

武警把毕华的一只手扣在病床上，出去了。

我搬了椅子坐到他面前，隔了点距离，他扑不过来，我问他："你觉得，你要是不按照医院设想的变好了，医院就会赶你走？"

毕华点头。

我说："为什么会这么想？"

毕华不吭声。

我朝他比划我通红的脖子说："你好意思跟我玩沉默？"

毕华视线躲闪，良久才开口："要是不让别人满意，哪里都不会要我。"

我一顿，道："谁跟你说的？"

毕华沉默片刻说："外婆。"

我愣了会儿，才说："你外婆，是个怎么样的人？"

毕华又不说话了。

我回忆着病例中记录的继续问："你小时候跟你外婆在山村里生活，因为父母工作忙托她照顾？"

毕华回答："嗯。"

我说："那你外公呢？"

毕华说："我没有外公。"

我不解道："什么意思？"

毕华说："她不会有人要的，我妈是野种。"

我一时没能接话。

毕华说："所有人都讨厌她，村里人讨厌她，我父母也讨厌她，所以把她一个人丢在那里，让她自生自灭。"

我说："真让她自生自灭，怎么还会把你放过去。"

毕华笑一下说："大概是让我一起灭了吧。"

我沉默片刻说："和你玩游戏的是她吗？你要找的那只水鬼。"

毕华又把嘴封了起来。

我说："你抓住了我，你把我认成了她，所以你想抓的是外婆，她是那只水鬼？"

毕华脸上又露出了肉眼可见的抗拒，他想结束这个话题，这个话题让他焦虑，他越是如此，越让我明白，这接近他压抑的愿望了，意识在拼命推拒他的思考，推拒这个愿望浮出水面。

我小心地推进，尽量不刺激他，语气放柔缓道："跟我说说你外婆，什么都可以，你印象中的她。"

时间不知过去多久，毕华才开口："她的头发干枯，像稻草一样。"他看向地上那摊殷红的碎花尸骸，说："像这个。"

我看过去问："你是说她的头发像这个，还是她这个人？"

毕华不吭声。

我说："为什么把花弄成这样？你明明喜欢杜鹃。"

毕华有些急道："是她弄成这样的，她把山上的杜鹃都砍了拔了，村民都拦不住，当着我的面，全部碾碎，叫我喝下去。"

我有些发愣，想起我今天质问他喜欢什么就要毁掉什么，谁教你的。

原来是他外婆教的。

毕华细碎地说起来，不太连贯，话语连成了画，拼凑出了他的童年，和那个遭所有人厌恶的疯女人外婆。

我说："既然她这么坏，你为什么还要找她？这只水鬼这么多年都在你梦里待着，怎么现在要找了。"

毕华说："一直在找。"

我问："什么意思？"

毕华说："一个游戏，它从小跟我玩到大，找外婆。"

我说："找外婆？"

毕华说："我一惹她生气，她就会消失，哪里都找不见的那种，茅屋里没有，山上也没有，她说不听话的孩子没人要，我一次都没有找到过她，只能等她自己出现。"

听到这，我明白了他和水鬼所谓的捉迷藏游戏。人在童年时经历的创伤，会反复在他今后的人生里重演，一个跨不过去的坎，这辈子都会重复去跨，一次失败的寻找，会让人这辈子都困在寻找的游戏里。

我说："那她什么时候再出现？"

毕华说："两天后，三天后？不记得了，有时候我饿昏了，醒了她就回来了。"

我说："她是怎么死的？"

毕华又不说话了。

我陪他静默着，良久，他道："我小时候落过一次水，就是去找她的时候，夜里，水很黑，很急，我差点就死在那了。"

毕华接着说："村民说，我是被水鬼救上来的。"

我说："你信了？"

毕华说："我父母也这么说。"

又陷入静默。

毕华说："她就是那天晚上死的。"

我抬头看他，心里有了不好的猜测。

毕华说："没有人跟我说她是怎么死的，我被父母带走了。"

我候着他。

毕华说："但她好像是在跟着我的，每次我去找她，她都偷偷跟着的。"

没有人再说话，回忆断在那里，像那个女人断了的命，她不再有未来，于是他的未来也永远困在了那一刻。

我明白了他梦里关于眼睛意象的出处，那些眼睛，都是她的眼睛，一双偷偷摸摸跟在他身后的眼睛。

我离开前，毕华问我："我是被水鬼救上来的吧？"

我不知该怎么回答。

离开病房，我有些腿软，看着空荡荡的医院长廊，仿佛也能看到那一片黑水。

我摸了摸额头，似乎那里真的有只眼睛，看到一个小孩跌进了黑水，于是朝那黑水扑去，再没有上来。

村民厌恶杜鹃，便不给她好的死因，父母厌恶杜鹃，便给儿子编造一个水鬼，他们谁都没想让这个女人以任何一种纪念形式存在下来。

毕华想她，可他不该想一个如此令人厌恶的她，于是编造了一场十年的大梦，把她藏进梦里，以水鬼的模样。

【毕华】

四月七日，上午十二时二十九分，倒计时一分钟。

镇静剂缓缓流入我的血管，我马上又要进入睡眠。
游戏失败了。
并不意外。
我的挣扎在她那里一向毫无作用。
困意袭来，还有那一片沉沉的黑水。
我安心地睡了去。
梦里，我又回到了那个茅屋。
我又惹她生气了，她总是莫名其妙地生气，我站在那里，只是因为两脚没有并拢，她就怒火中烧。
她又消失了，把屋子里所有的灯都带走了。
我缩在桌子边，黑暗让我不安，可我也生气，为什么我要这么倒霉。
我不打算去找她，可想了想，还是出门了，她希望我去找她的，我要是不找，她又该生气了。
我摸索着穿上了鞋，今晚的夜空没有月亮，黑得很，我仰头看了会儿，看到了一条长长的黑水，它压得很低，触目惊心，它好像在警告我什么。
于是我刚跑出院子，就缩回了脚。
还是回茅屋等吧，我不去找，就不会落水，只要挨过几顿饿，她就回来了。

NO.:

精神卫生中心
住院记录

入院时间 2015.1.7 22:00

科 室 临床二科	病 区 重症区	床位号 3	住院号 J42
姓 名 华华	性 别 男	年 龄 22	
监护人 华升	关 系 父		

主述
常年做噩梦，出现噩梦中的鬼怪来到现实世界的幻觉。

个人史
无家族遗传病史，儿时被寄养在外婆家。外婆因未婚先育导致性格极端，家庭内部矛盾严重。患者童年时溺过水，无吸烟、饮酒、用药等不良嗜好。

病程和治疗
患者能在现实中看到梦境里的恶鬼和断肢残影，经常重复被恶鬼纠缠的噩梦。曾服安眠药自杀，为躲避幻觉，持刀砍伤生自己。入院后，且底使用镇静剂每日昏睡20个小时，避免在现实生活中看到噩梦中的怪物。

精神检查
患者意识尚清，理解、交流能力正常，但有极强的幻觉症状，常年的噩梦让患者视觉出现异化，无法区分噩梦世界和真实世界。

初步诊断
噩梦，幻觉。

签名：刘祀

2015.10.11

请帮帮我妈妈——双重人格

Story-4

从门诊部到住院部有一条不长的通道，露天的，四周是修葺完好的花丛，头顶是铺开的廊桥，医生和患者都会走那条路。医生赶工，患者入住，患者家属前往探病，有一条专供行走的道儿，鲜少会有人停在那里。

我就是在那见到他的，高高瘦瘦的一个男孩子。他立在花丛边，仰头看住院部的大楼，看了一会儿又低下头，看花丛里的一只野猫。

他穿着高中生的校服，身边没有人，我怀疑他是不是迷路了，便走过去问他。

他不太想搭理我，神色有些阴沉，自顾自地盯着那只猫，显得很没有礼貌。

我顺着他的目光看过去，那是一只三花杂毛猫，自己在地上翻着肚皮玩，距离我们有些远。

"我要是过去，它会逃跑吗？"男孩忽然问。

我顿了片刻道："会吧。"

男孩继续说："那我要是走掉，它会来追我吗？"

我说："不会吧，你们之间又没有联系。"

男孩沉默片刻说："那要是有联系呢？"

我没有回答，感觉他心思有些重，便亲和地问他："你叫什么名字？"

"方宇可。"

男孩话音刚落，远处传来一个女人惊惶的叫声："宇奇！"

男孩转头，我也跟着看过去，来的是一个约莫四十岁的女人，应该是男孩的母亲,旁边还跟着小栗子,他一副焦头烂额的样子,跑近了就冲我唠叨:"我找了他半天,原来落在你手里了。"

我冲着小栗子蓬松的头发一拍,说:"好好说话,什么叫落我手里了,他是谁?"

那男孩迎着他母亲上前,动作挺快的,没让他妈妈多走。终于相聚时,母亲看起来是迫不及待想拥抱的,她的身体却突然停住,眼神里带点不确定和小心翼翼,道:"你现在……"

男孩露出温暖阳光的笑脸,体贴地抢话道:"我是宇奇,妈妈。"

我稍一愣,宇奇?他不是说他叫方宇可吗?

那母亲听完,松了口气,搂过他,说起了悄悄话,我听不太见了。

那男孩脸上有着与先前看猫时截然不同的神采,好像换了一个人似的,阴郁多思的男孩变得亮堂起来。

我看着他侧脸上笑出的苹果肌和含蓄露出的笑齿,疑惑那个郁郁沉沉问着"那我要是走掉,它会来追我吗"的男孩,还能有这样的表情啊。

小栗子在我耳边絮叨:"刚刚门诊,母亲和孩子要分开谈话,母亲进去没一会儿,这男孩就不见了,可急死了,他妈都快哭了。主要他这病啊……"

我问:"是分离性身份识别障碍吗?"

小栗子一顿,问:"嚯,你怎么就知道了?"

分离性身份识别障碍,俗称多重人格。猜出来并不难,这个男孩口中不同的名字,先后截然不同的性格,母亲对他的反应。

多数人因为影视作品对多重人格有误解,觉得那是从一个人格转变为另一个人格,需要很长的时间和反应夸张,因为影视作品总需要让这个时刻拖长来达到戏剧性的效果。其实没有,人格的转换,只在一瞬间就完成了。

比如,这个男孩方才在转向他母亲的一瞬间。

方宇奇和方宇可像是一对兄弟,存在于同一个人身上的兄弟,方宇奇是弟弟,方宇可是哥哥,两人今年都十七岁。

母亲第一次发现异常是在他十二岁那年,正在步入青春期的孩子本就人格不稳定,有变化也正常,直到症状太多,她才开始重视。

来看诊的原因是,方宇奇差点溺死在游泳池里。他是一个不会游泳的人,却跑去游泳,这让他母亲惊怕得再也忍不下去。

方宇奇的母亲名叫谢宋美，她利落地回答着主任的问题，像是事先就考虑过许多遍，直到她渐渐发现，主任在怀疑她虐待孩子。

谢宋美大惊道："我没有，你怎么会这么认为？我们母子关系一直很好的。"

主任安抚她说："您不用激动，我只是照例询问，因为多重人格出现通常是因为童年遭受虐待，而分裂出一个人格保护自己，逃避痛苦，我只是跟您确认一下。"

谢宋美面有不豫之色："没有的，不信你自己问孩子，我要是撒半个谎，天打五雷轰。"

主任点头。

谢宋美显得很焦虑地说："这个可以治的吧，什么时候能治好啊？宇奇明年就要高考了，他成绩一直很好的，不能被这个影响。"

主任安抚了她一阵，说先要带他去做个检查。

谢宋美一愣，问："是什么检查呢？检查脑子吗？"

主任说："检查他是真的多重人格，还是装的。"

检查是我带着去做的，小栗子陪同，一路上方宇奇都很乖巧，几乎是有问必答，反应极快，小栗子本想缓解他的紧张，逗他乐，反被方宇奇逗得合不拢嘴，走在长廊上笑得跟个爆竹似的，被经过的护士长瞪了好几眼才消停。

我观察着这个像小太阳一般的男孩，他很有亲和力，哪怕是在去诊断他病症的路上，也心态敞亮，十分讨喜，他像是那种生活里没有阴暗面的孩子，看着他我会相信他母亲说的，他没有受过虐待。

那么另一个阴沉的人格，是怎么出来的呢？我看着他，却想着那个看着猫说自己叫方宇可的男孩。

他分裂出了一个阴沉的哥哥。

他要做的是多重人格的常规检查，也曾出现过不少"患者"伪装成多重人格，常见的比如犯罪嫌疑人指认犯罪的是另一个人格，好进行精神脱罪，甚至出现过一些伪装得几乎无懈可击的嫌犯。也有一些青春期的孩子，想逃避学习，或逃避家庭，伪装出另一个人格离开学校，或者博取家人的爱护。

那要怎么识别呢？

多重人格的多重身份都是独立的个体，简单说来，他们是不同的人，所以在完成心理测试时，彼此的得分是不同的，包括智商和情绪反应。而且不同的人格之间，生理反应也不同，他们的皮肤电、汗腺活动以及EEG脑电波等都有区别，而视觉上的变化，像视敏度、折射度和眼肌的平衡等的区别，是很难伪装的。

对这些生理反应的检查，是识别多重人格真伪的重点。这得通过催眠进行，引导出他的多重人格，来做对话和检验。

韩依依是我们院外聘的催眠医生，能力很强，但性格龟毛，有点大小姐脾气，跟我同校同院，是大我六届的学姐。

多重人格的鉴别，一直是她负责的。

其实带方宇奇来做检查，我一个人就可以了，小栗子不用跟来，可我和韩依依极其不对付，经常撕破脸地吵架，他怕我们打起来，坚持要来做避雷针。

韩依依从检查室出来，一头染得跟孔雀尾巴似的大波浪荡漾在白大褂后。她看到可爱的小栗子，上前揉揉他的脸，然后转向方宇奇说："就是你要检查呀？你叫什么？"

"方宇奇，麻烦姐姐了。"男孩说。

韩依依高兴了，一般高中的孩子都该喊她阿姨了，这小孩嘴真甜。

接着，她目光在我脸上转了一圈，从嘴里吐出了一个话梅壳。那吐壳的举动十分侮辱人，仿佛是朝我吐的。

小栗子递上纸巾，韩依依笑眯眯地包着壳一扔，没扔准，扔在我脚边，然后擦擦手，带着方宇奇进检查室去了。

小栗子连忙捡起我脚下的垃圾塞进垃圾桶，紧张地看我的脸色。

我冷笑道："看什么？我脸上长话梅了？"

小栗子叹气说："你俩到底什么仇啊，一见面就你死我活的，难不成是她抢了你男朋友？！"

我懒得理他，靠在墙上等结果。

小栗子又叹气道："还真是可惜，方宇奇多阳光开朗啊，怎么会有这毛病，学习好，长得好，样样好，这是不是天妒英才。我看了他妈拿来的照片，那奖状放得满房间都是，活生生的别人家的孩子，谁能想到他背后无端分裂出了个哥哥。"

我问："你怎么知道是他分裂出了哥哥，而不是哥哥分裂出了他呢？"

小栗子一顿，眨巴着眼道："他身份证上的名字是方宇奇呀，方宇奇就是主人格，而且你没发现他妈一直都喊他方宇奇吗？"

确实，身份证可以证明本人是谁，而长期生活在一起的亲属，对于主副人格的辨别是最有感受的，且一般来说，第一次来寻求帮助的，通常是掌握主权的那个人格，从进入门诊起，显现的就一直是弟弟方宇奇，而不是哥哥方宇可。

小栗子耸肩道："嘁，谁知道呢，也许就是装的呢，这不结果还没出来吗。"

我没有说话。

检查做了很久，韩依依带着方宇奇出来，手上拿着一堆检验表，分别记录了眼动频率差异，脑电差异，皮肤电阻差异，和一些心理测试表，都差异显著。

韩依依翻阅着手中的化验单说："人格分裂是真的，不过副人格数量为一，就是他的哥哥方宇可。"

韩依依强调数量为一，是因为通常多重人格都会有三个人格以上，同时具备十多个人格很平常，像方宇奇这样只有一个副人格的比较少见。但他年纪还小，或许再过几年，其他人格也会慢慢觉醒。

小栗子听闻又是一声叹，勉强对方宇奇笑着。因为刚才打了脑电膏洗了头，方宇奇的头发湿漉漉的，他用嘴吹了吹湿答答的刘海，反过来安慰小栗子。

我接过那些表，看到了智商表上两人明显的差异，方宇可的智力水平比方宇奇低了不少。

韩依依捏了捏眉心说："不过他这副人格有点不爱表现自己啊，出是出来了，也很听话，但就是不开口，除了名字，问什么都不回答，我还是第一次碰上这么不爱表现自己的副人格。"

我故作惊讶道："方宇可不跟你聊吗？真奇怪，他刚才还和我聊呢，是不是被你那头喷漆似的鸡毛恶心到了？"

韩依依黑脸了，小栗子连忙挡在我俩中间，推着我就走，连连回头喊："韩姐！晚上一起吃饭呀！辛苦韩姐！韩姐么么哒。"

我给他一肘子，说："姐个屁，叫韩姨。"

小栗子焦头烂额地把我推得走快了些。方宇奇跟着跑，在一旁看着我们笑。

远离检查室后，小栗子在一旁喘着粗气，方宇奇凑近了问我："医生姐姐，哥哥真的跟你说话了吗？"

我稍微反应了一会儿，才明白他嘴里喊的哥哥，是他的另一个人格。因为他喊得太亲近太自然了，我一时以为他真有个哥哥。

我回答："说了，怎么了？"

方宇奇显得很开心,说:"就是觉得挺好的,哥哥从来不跟除我以外的人说话的。"

我一愣,问他:"你们会对话?"

方宇奇点头道:"是啊,照镜子的时候,有时候哥哥也给我写日记。"

这可真是少见了,一般来说,人格和人格之间就算彼此知道,也不往来,甚至是彼此厌恶,想消灭对方的。

我看了他很久,问他:"你们关系很好吗?"

方宇奇真诚道:"当然,他可是我唯一的哥哥,是这个世界上最了解我的人。"

那你为什么要过来治疗?治疗意味着让你哥哥消失。我想问,但没有问出口,无论如何,他愿意来治疗,是一件很好的事。

我走出几步,突然听他又开口了:"可是,哥哥说他想杀了我。"

我转头看他,他依旧露出了那种明媚的笑容。

我不知道他这句"哥哥想杀了我"和之前他在游泳池差点溺死有没有关系。

我想再问,但已来不及,我们回到主任那儿了。

谢宋美认真听着主任给他讲解那沓的检验表,听到确认是多重人格时,脸上有些许崩溃的神色。她摸了摸站在身边的方宇奇的头,像是很不忍心孩子遭受这样的心理疾病,方宇奇很乖巧地反握住母亲的手,安抚她。

讨论进入如何治疗的部分。因为宇奇只分裂出了一个副人格,统合人格不会太过复杂,但还是要先了解宇可人格出现的时间和动机,只要找到原因,治疗会有大进展。

主任问:"您先前说最早发现问题是在他十二岁的时候,当时是哪儿不对劲呢?"

谢宋美先是想了一会儿,然后才说:"是他老师通知我,说他卷子上的名字总是写错,把方宇奇写成方宇可,'奇'字总是漏写了上面的'大'字。"

我一顿,这才发现奇和可确实只差了一个"大"字。从语词联想上来说,把分裂出的人格用了一个和"奇"字象形的"可"字,应该是有意义的,"大"这个字,在哥哥弟弟的分化中,应该是有意义的。

谢宋美接着回忆道:"一开始只有卷子上,后来连作业本上都会写错名字,我问他时,他又说没错,要么就是沉默不语,很长一段时间改不过来。"

"后来,我发现宇奇洗澡要洗很久,还会有讲话声,起初以为是早恋,后来我实在不放心,偷偷把门打开看了一眼,结果看到他对着镜子在说话,样子和语气还变来变去的。"

讲到这里，谢宋美的话已经有些哽咽，任谁看到自己儿子发生这样的变化，难免害怕又心疼。

方宇奇轻抚着他母亲的手臂，作为当事人，他的脸上有心疼，却没有羞愧，或是被揭穿的窘迫。他显得坦然极了，仿佛在浴室对着镜子和另一个人格对话是多么正常的一件事。

听到母亲的哭声，方宇奇诚恳地对主任道："请帮帮我妈妈。"

我注意到他说的是"帮帮我妈妈"，而不是"帮帮我"。

等谢宋美情绪稍微缓和，主任接着问："他对着镜子说话这件事，是几岁的时候呢？"

谢宋美说："就前年。"

主任说："当时怎么没有来医院？"

谢宋美说："那年他中考，我不想影响他的情绪。"

主任将手里的化验单整理好，说："我们回到写错名字这件事，试卷代表考试和学习成绩，宇奇在试卷上写错名字，意味着他在考试时呼唤了宇可，以此来逃避考试。从智力测验来看，宇可的成绩应该不好，可能由于你过于在意宇奇的成绩，他用这种方式向您表达对学习的不满。"

我看向方宇奇，这段算是指控他反抗学习的话，在方宇奇脸上没有留下任何痕迹，他依旧面色如常，仿佛说的不是他的事。

谢宋美愣了一会儿，不知在想什么，随即点点头，语气有些沉重："您说得有道理，我可能是逼得太紧了。"

"在那之后呢，这些年来写错名字的事情还有发生吗？"主任问。

谢宋美摇头道："后来就没有过了。"

这个回答有些模糊，主任继续问："后来是指什么时候，有没有具体什么事件或者时间之后？"

谢宋美沉默一会，有些支吾道："就是没有了。"

她显然隐瞒了什么。

主任要和谢宋美单独讨论方宇奇的治疗事宜，方宇奇和我还有小栗子都出来等。

方宇奇还没满十八岁，不能独立决定治疗方向，还是得由监护人来商定。

小栗子去开药了，方宇奇坐在候诊室，我在一旁看着他，他也看着我。

方才讨论得出的初步结论，是方宇奇在小学时，因为学习压力大，而在考试的过程中，呼唤出了方宇可这个人格，来代替他考试。

方宇奇成绩很好，方宇可成绩不好，方宇奇潜意识想让母亲失望，表明一种反抗。

方宇奇分裂出的人格，身份是哥哥，而不是弟弟，哥哥通常是潜意识中负责保护的角色，他在学习压力大时呼唤出一个哥哥来"保护"自己，这说得通。

而随着高考将近，方宇奇压力越来越大，哥哥人格的出现频率也越来越高，甚至有一些过分的行为，所以被母亲重视带来看病了。

我梳理了一遍，觉得逻辑上基本能通。

我走过去，坐在方宇奇旁边，问他："我注意到你刚才对医生说的是'请帮帮我妈妈'，而不是'帮帮我'。"

"你来这里是想帮妈妈？你自己不希望方宇可消失？"

方宇奇笑问："穆医生，你有哥哥或者姐姐吗？"

我说："有个弟弟。"

方宇奇又问道："你弟弟会希望你消失吗？"

我说："搞不准，我经常揍他。"

方宇奇大笑道："我哥哥对我很好的。"

我追问："有多好？好到把你推进泳池？"

方宇奇收敛了笑容，沉默片刻说："是他让我来的。"

我一愣，有点不理解，副人格让主人格来治疗？副人格是区别于主人格存在的个体，个体怎么会不争取自我存在的机会？反而去助推自己的消失？

我刚想细问，却发现方宇奇的脸逐渐阴沉下来，眼角微吊着，抿唇，整个人的气场和先前的阳光乐天完全不同，甚至连瞳孔的缩张都有差异。

是方宇可出来了！

方宇奇先前是看着我的，所以方宇可出来时也看着我，用方宇奇的眼睛。

这次和在花丛时完全不同，那时方宇可没有正眼看过我，这样突然的直视让我没来由一阵惶恐。

这是一双怎么样的，死水般的眼睛。

下一刻，他又立刻撇开了视线，望着地上。我屏住呼吸，轻唤了一声："方宇可？"

他没说话，应当是默认了。

我组织着语言："还记得我吗，我们在住院部的花丛边，有过一面之缘。"

我本以为他不会开口，却见他点了点头。我松了口气，尽量找些他可能感兴趣的话题，说："你之前在看住院部，是觉得自己会住进去吗？提前来参观一下？"

方宇可紧盯着地面说："不会住进去的，他还要高考。"

我一愣，这个"他"明显是指方宇奇，方宇可用"他"要高考来称呼，而不是"我"要高考，说明他知道参加高考的是方宇奇，清楚自己是副人格的身份。

我问："宇奇说，你对他很好，看起来是真的，你很关心他的学习？"方宇可没说话。

"你去泳池做什么呢？方宇奇不通水性，你想杀他吗？"我捏着手心里的汗，抛出这个问题。

我紧盯着方宇可，不错过他脸上任何一丝细微的表情，但是什么都没有，被指控有杀人嫌疑，他却依旧淡然如前。

"我只是想去游泳。"方宇可的声音很轻，仿佛是不该吐露的话语，被他倒出来了。

我一顿，好一会儿才明白过来，问："你喜欢游泳？"

方宇可点头道："嗯。"

我大概明白了，方宇奇不善水性，常年远离水边，而分裂出的方宇可却对游泳感兴趣，但由于主人格的压抑无法接触水，所以在获得身体主权后，没忍住跑去游泳，游到一半时，方宇奇的人格回来了，于是产生了溺水。

我不解地问："你是什么时候学的游泳呢？"方宇奇从未学过游泳，和他共用一个身体的方宇可又怎么会游泳？方宇可又沉默了，任我怎么问都没再开口。

良久，他才道："再不去，就没机会了。"

他的眼神有些落寞，但很平静。他好像知道自己要消失了，涌上来认命一般的情绪。

我想再问时，方宇奇回来了，他起身迎向主任室。两个人格的切换让我见识了什么叫"忽如一夜春风来，千树万树梨花开"。是谢宋美出来了，方宇奇迎了上去，谢宋美的眼眶有些红，方宇奇懂事地安抚着她。

他们回去了，主任让他们来复诊时，带上方宇奇和方宇可沟通的日记本。

我死死盯着方宇奇的背影，我没有错过刚才他人格转变的一瞬间，方宇奇的眉眼间逞强的痕迹。

我去找了韩依依，没敲门，直接进的。她正在往脚指甲上涂花红柳绿的指甲油，办公室里挂满了油画，她喜欢研究些美学的东西，书柜里还摆着我送她的黑田清辉的画集。

韩依依头也没抬说："整个医院对我这么没礼貌的肯定就你一个。"

我开门见山地问："方宇奇的人格真伪检验你确定吗？"

韩依依吹了吹脚指甲，漫不经心地说："我凭什么回答你，主任的授权单呢。"

"没有。"

韩依依嗤笑，继续涂脚指甲，没理我，我就站在边上看着她，也不出声，卯上了劲。良久，她估计是烦了："你问这个干什么？"

我说："我觉得方宇可在扮演方宇奇。"

今天我一共见识了方宇可两次人格转变，一次在花丛，一次在候诊室，转变的原因，都是因为见到了谢宋美，他在谢宋美面前，好像必须是方宇奇。

第一次我没注意，但候诊室那次，我明显看到了方宇可转变的不自然，他在伪装。那样一个阴沉自闭性格的方宇可，想装成方宇奇是艰难的，但他显得很熟练，应该不是第一次了。

韩依依终于抬头看我说："你确定？"

"不确定。"我沉默片刻，说出我的猜想，"如果人格真伪检验没问题，确实存在两个人格，那我怀疑方宇可在计划取代方宇奇。他扮演得很熟练，而且来医院求治，也是方宇可怂恿方宇奇来的。这里面可能有问题。"

韩依依说："也没有什么取不取代的，治疗本来就是整合这些人格。"

我说："但最后显现的，只有一个人格。"

韩依依说："你是让我下次催眠治疗时，探一探方宇可的动机？"

我点头道："嗯。"

韩依依说："他封闭性很强，不怎么能聊。"

我说："你跟他聊游泳，或者聊猫吧……但我又直觉方宇可不是这样的人。"

"直觉？"韩依依的白眼翻上天了，她抄了本簿子就朝我砸来，"我有病才听你滚过来跟我讲这么多废话。"

我利落且习惯地避开，道："你千万记着。"

说完我头也不回地跑了，后面传来韩依依的咆哮："又不给我关门！"

谢宋美带着方宇奇来复诊了，那本日记被带了过来，方宇奇去韩依依那里做催眠治疗，谢宋美陪着，主任在办公室看完日记之后，给我看了。

这日记很厚，里面的字迹有成长的痕迹，应当是从小写到大的，而且字迹不同，方宇奇的字迹大方好看，方宇可的字迹有点像虫扭的，还真是字如其人。

笔迹是骗不了人的，他们应该确实是两个人格。

日记的封面，是用很好看的正楷写的几个字：我和哥哥的秘密花园。

是方宇奇写的。

他们在日记里，以哥哥弟弟互称，我从第一页开始翻，那似乎是在方宇奇刚上初中的时候，一直往后，他们的对话密切而亲密。

【我和哥哥的秘密花园选段】

2010年3月4日，晴，深夜

弟弟：他们吵得好大声。

哥哥：你睡觉就好了。

弟弟：睡着了妈妈会不会把我们丢下偷偷离开？

哥哥：不会的，妈妈喜欢你，她舍不得你。

弟弟：妈妈也喜欢哥哥的。

哥哥：她不喜欢。

哥哥：快睡觉吧。

弟弟：哥哥困了吗？我不想睡，哥哥陪我下棋吧。

哥哥：不行。你明天考试，要早点睡。

弟弟：为什么妈妈要我考试，你也要我考试，你们只在乎我考试好不好吗?！

这里方宇奇的笔迹有些混乱，似是情绪激动。

哥哥：你考得好，妈妈才爱你。

弟弟：那哥哥呢，也是只有我考得好，哥哥才爱我吗？

哥哥：快去睡觉。

弟弟：你为什么不回答我！！！！！！！！

下面是一长串的用笔狠狠划破纸张的痕迹，非常混乱，显而易见动笔的人当时情绪愤怒。很下面，才有一行方宇可小小的，歪七扭八的字迹。

哥哥：就玩一小会儿，不能被妈妈知道。

弟弟：哥哥，没有你我怎么办？

后面是他们画的棋盘，用不同颜色的笔在下棋，棋盘画了整整两页，像是下了很久。

2013年5月16日，阴，白天

这一年，应该是方宇奇中考的那一年。

弟弟：哥哥，我想吐。

哥哥：怎么了？哪里不舒服？

弟弟：看到书想吐，为什么人要学习？熬过中考，熬高考，熬过高考，熬大学，有什么意思呢？就为了毕业后，变成像那个人一样的东西吗？

哥哥：你这些话不能跟妈妈说。

弟弟：那我不开心呢。

哥哥：你全都跟我说就好。

弟弟：哥哥，你到底是爱妈妈，还是爱我呢。

哥哥：快去睡觉，很晚了。

弟弟：哥哥，我想跟你讲话，真的讲话，不是这样子的，我想看着你跟你讲话。

哥哥：去镜子那。

这应该就是他们第一次通过镜子对话，时间符合谢宋美说的在中考期间被发现。

2013年6月3日，晴，深夜

这两篇日记相差不过十多天，就在方宇奇中考前几天。

弟弟：哥哥你最近为什么总是不出来？我想见你。

下面是写满了一整页的杂乱无序的"想见你"。
到第二页，哥哥的笔迹才出现。

哥哥：你马上中考了，我怕影响你。
弟弟：你怎么会影响我？
哥哥：我想去游泳。
弟弟：我跟妈妈说了想学游泳，她让我不要不务正业，说我小时候对游泳玩物丧志过，我怎么不记得？
哥哥：你别再去问妈妈，我不游了。
弟弟：哥哥不想出去玩吗？总是你陪着我，我也想陪你玩，除了游泳，我都可以满足哥哥的。

这里弟弟同样的问题写了好几遍，才得到了哥哥的回答。

哥哥：想放烟花。
弟弟：那我们就去！

后面的字迹换了，很潦草，像是回来后再写上的。

弟弟：太刺激了，我好开心，从来没这么开心过。
哥哥：不能告诉妈妈。

弟弟：我知道！这是我和哥哥的秘密，我谁都不会告诉的。

　　看到这我有点愣，方宇可居然在方宇奇中考的前几个夜里，偷偷带他出去放烟花。

　　弟弟：哥哥，等我长大了，我们去一个你想游泳就游泳，想放烟花就放烟花的地方吧，就我们两个。
　　哥哥：妈妈呢。
　　弟弟：不带妈妈。
　　哥哥：她会伤心的。
　　弟弟：那就我们三个一起，约好了。

2014年12月28日，晴

　　这篇就是去年的，方宇奇已经是高二的学生了。

　　弟弟：你到底出不出来！你不出来我明天考试就不去了。
　　哥哥：你不能不去。
　　弟弟：你这几个月为什么不出来？！妈妈在接受你了！她知道你了。圣诞节她还给你送礼物了！你还有什么不满意？你到底想怎么样？
　　哥哥：没有不满意，你快高考了，我不能总是出来打扰你。
　　弟弟：去他的高考！我又不是哥哥你！成绩这么差！对高考如临大敌！我有分寸，我知道怎么学习！

　　接下来一大段弟弟显得非常激动。

　　弟弟：对不起，哥哥，我口无遮拦。
　　哥哥：你没说错。
　　弟弟：哥哥对不起，我只是太生气了，觉得你不想要我了。
　　哥哥：方宇奇，和妈妈去医院吧。

  弟弟：你说什么？

  哥哥：去医院，接受治疗，我们这样是不正常的，会影响你高考的。

  弟弟：哥哥你在说什么？你还清醒吗？！

  哥哥：你没看到妈妈崩溃了吗？

  弟弟：妈妈妈妈！你就知道妈妈！那我呢！你不怕我崩溃吗！要是没了你我怎么办！

  哥哥：方宇奇，我没有这么重要，你会习惯的，去医院。

  弟弟：你疯了吗？你会消失的，不可能，我绝对不会去的，你休想离开我。

  这后面是方宇奇疯魔般乱写的话语，我辨认不清，基本是他在控诉哥哥对他的残忍。直到翻页后，那里才有方宇可歪歪扭扭的字迹。

  哥哥：你要是不去，我会杀了你。

  看到这儿，我顿了好一会儿，所以方宇奇说哥哥想杀了他，之后的泳池溺水也是方宇可在威胁他，告诉他双重人格是危险的，他随时可能对他做出什么事来，逼他必须去医院治病。

  方宇奇说谢宋美知道了方宇可的存在，还送了礼物，这一点谢宋美跟我们都没有提过。

  日记再往后翻，只有方宇奇的笔迹了，方宇可再没有和他对话过，不管方宇奇怎样地哀求。

  日记的最后，停留在三句话上，是上个月写的。

2015年3月6日，晴，白天

  弟弟：方宇可，我还有最后一个问题想问你。妈妈和我，只能选一个的话，你选谁？

  弟弟：是妈妈吧，我知道。

  弟弟：下辈子，你千万别做我哥哥。

我捧着日记，在办公室呆愣了很久，方宇可真的是为了弟弟而甘愿消失。

我想着那个站在花丛旁阴郁的男孩，他竟然能做到这一步吗？

可是为什么？一个分裂出的人格也会对母亲产生这么大的爱意？甚至比主人格都深刻？谢宋美对他做了什么吗？

方宇奇又是以怎样的心情，来到这里，用笑脸宽慰着母亲，准备着送他最爱的哥哥"赴死"。

这本日记让我不是滋味极了，总觉得哪里有问题，疑点太多，却不知从何抓起。

而且日记里，从头到尾，没有出现"爸爸"两个字。

方宇奇的家庭是完整的，没有离婚再婚或分居，那么爸爸呢？在哪？

日记里只出现了几处地方，用的代称是"那个人"，"那个人"是指爸爸吗？

韩依依的短信来了，她告诉我第一次人格整合催眠治疗结束了。

"双重人格真伪无误，方宇可对方宇奇也没有危险动机，方宇可很配合治疗。"

我看着短信，不知作何滋味，方宇可对于他自己来说，也是独一无二的一条命，他为什么要为别人的命放弃自己？方宇奇说他从不和除自己以外的人交流，那他的生命里曾有过什么呢？

一个阴沉的自闭的孤独的本就不被关注的生命，他最终能回馈外界期待的，能对外界产生价值的事情，居然是他的消亡。

这之后，方宇奇定期过来做治疗，效果不错，我有好多话想问方宇可，但我再没有见过他出现。那本日记一直在我这，当天方宇奇来问我要时，我问他能否再借我一段时间，结果他很轻易地答应了。

我反而有点奇怪，问道："这不是你和哥哥的秘密花园吗？我这样拿着没问题吗？"

方宇奇笑道："他跟你说过话，也许是有什么想答诉你，如果你知道他想跟你说什么了，请告诉我一下，他不愿意见我。"

于是那本日记就一直在我手里，我反复地看，一字一句地看，终于找到了奇怪的地方。

弟弟：我跟妈妈说了想学游泳，她让我不要不务正业，说我小时候对游泳玩物丧志过，我怎么不记得？

这句话说明方宇奇小时候应该学过游泳，可他没有那段记忆，但方宇可喜欢游泳，甚至确实会游泳。这是不是意味着，方宇奇没有小时候游泳的记忆，而方宇可有？

可是主人格怎么可能没有小时候的记忆？只有副人格才可能会因为分裂得晚而不具备更早时的记忆和技能。

方宇奇是主人格确定无误，身份证和他母亲的态度，都表明这个家里最初和最常见的儿子都是方宇奇。甚至日记里的对话也已经说明了，弟弟以主人格身份存在，哥哥不常出现。

那问题到底出在哪？

我思绪忙乱，手上的日记掉在了地上，当我拾起时，无意翻到了最后的夹页，里面里有一句话，字迹歪歪扭扭，是方宇可写的，这个地方特别隐蔽，极难发现。

我远比你想的爱你，你永远不知道我为你放弃了什么。

我的心怦怦跳，这句话是写给方宇奇的吗？方宇奇看到了吗？方宇可为他放弃了什么？结合先前的疑惑，我有了极其不好的猜测。

我终于等到个机会去印证我的猜测，是在方宇奇最后一次参加催眠治疗时。

这期间因为主副人格的配合，治疗非常顺利，韩依依都说她从没有治疗过这么轻松的多重人格案例，可能是因为只有两个人格，或者是副人格太过配合了。

其实治疗早就可以结束，但最后几次，总有些问题。韩依依认为是副人格对生长环境还有留恋，她提出最后一次催眠去方宇奇家里做，最好就是在他们的卧室。没想到谢宋美直接反对，她有些尴尬道："不好意思，家里他父亲在，不方便。"

我们这才明白，方宇奇来治病，他父亲是不知道的，他父亲甚至不知道方宇奇有分裂出的人格。他只知道自己的儿子是个阳光好少年，谢宋美是瞒着他带方宇奇来的。

谢宋美哀求我们："他父亲身份敏感，不能被人知道孩子有问题。"

韩依依表示理解，于是想着能否在家里拍点图，或者拿点亲近的东西来，在催眠室做一个类家的熟悉环境。

拿什么东西最有效，拍哪里最直接，不会有比医生更清楚的了，我毛遂自荐，带着小栗子一起跟谢宋美回去了,方宇奇留在医院进行催眠准备。

路上,谢宋美一直耳提面命,让我进屋时,装成方宇奇的学校老师,千万不能被她丈夫知道来的是医生。

方宇奇的家很大,家境很好,进去时他父亲果然在,只跟我们点了头,也没多问就进了书房,关了门,看起来很忙。

我直奔方宇奇的房间,对谢宋美说:"把他小时候写错名字的卷子全都翻出来。"

谢宋美一愣,有些支吾着说:"那些,早就没了。"

我很坚持,说:"那把他小时候的相册全都拿出来。"

谢宋美立刻去拿了。

小栗子举着手机对着房间开始拍摄,然后将照片传给了韩依依。没一会儿,小栗子忽然道:"嚯,几张照片就起作用了,这也太方便了,她助理说让我们不用找东西了,那边已经开始催眠了。"

我皱眉,手上的速度加快了些。

小栗子说:"穆姐,你还在找什么?"

我说:"帮我找他的试卷,全部,快点。"

小栗子见我神情严肃,也连忙跟着找了起来。我找得急,走动间踢到了桌角,痛呼一声,看下去,却见桌角下好像垫着什么。我蹲下身,从里面扒出了那东西,是一本小册子。因为塞得深,只露出一个角,乍看还以为是个垫桌脚的。封面上写着名字,但被涂掉了,涂得非常黑,什么都看不清。

我连忙翻开,一看到那歪歪曲曲的字迹,就知道是方宇可写的。

这居然是一本属于方宇可自己一个人的日记!

从遣词造句可以看出好像是他年龄很小的时候,有些字写不来,写的还是拼音,看上面的日期,是在他七八岁的时候,那个时候,方宇奇分裂出方宇可了吗?

我迅速翻看着,捕捉到了以下几句话。

我好像和别的小朋友不一样,他们背书很快,我不行,他们算数很快,我不行,爸爸看我的眼神很可怕。

我讨厌考试。

爸爸妈妈又在吵架,我偷听到了,爸爸说要再生一个,埋怨妈妈身体不好生不出了,又说就是因为妈妈身体不好,才生出了我这么个蠢货。

今天考试的时候，我突然没感觉了，醒来的时候卷子做完了，还考得很好，这是为什么？

我有了一个弟弟，弟弟很聪明，妈妈喜欢他，爸爸也开心了，我也会开心的。

我有新名字了。

日记停在上面那句话。

我的眼眶已经有些模糊了，我几乎拿不住这本日记，翻到最后，果然，方宇可喜欢在隐蔽的地方留话，那个字迹是最近写的。

你要代替我给妈妈幸福。

小栗子走过来，声音有些僵硬："我没找到试卷，但是找到了这个。"

他递给我一本幼儿园纪念册，上面放着照片和孩子的名字。我一眼就看到了方宇可，阴郁着小脸，坐在最角落的位置，和他对应的名字，是方宇可。

从来都是方宇可，而不是方宇奇。

小栗子这回骂出了声，他转身踢了一脚，不小心踢翻了床边两个盒子，像是礼物盒。我想起了那本秘密花园日记里，方宇奇提到的妈妈送了方宇可圣诞礼物。

我连忙过去，翻开它们，两个盒子里的礼物是一样的，还有贺卡，我先翻开的是送给方宇奇的。

宇奇：妈妈祝你圣诞快乐，健康长大，心想事成。

我再去翻开送给方宇可的那张卡片，卡片很好看，上面只有一句话。

请你放过我儿子。

我终于知道为什么方宇可会突然要求方宇奇去治病，甚至不惜以命威胁。是什么让他下定了决心？是他最亲爱，最想给予幸福的母亲，求他放过她的"聪明儿子"。

谢宋美进来了，她没发现我和小栗子的不对劲，把相册摊开给我们看："是要拿过去吗？还是拍过去？"

我看着那相册上，是笑得无比灿烂的方宇奇和父母的合照。我一张一张往回翻，没有一张是方宇可，全是方宇奇明媚的笑脸，相册到约莫十二岁时，再往前就没有了，仿佛再往前的部分，不配出现在这本精装的相册里。

我问："你们和方宇可拍过照吗？"

谢宋美一愣，似是不理解我为什么这么问。

我看着她问："你什么时候给方宇可改的名字？"

谢宋美的脸色大变。

我合上相册说："你说过的方宇奇小时候把名字写错，事情是真的，但是人物反了吧，是方宇可把名字写成了方宇奇，从那以后他的成绩突飞猛进。你也许开始觉得他哪儿不对，但这个'不对'满足了你对儿子的期盼，于是你干脆就给他改名成方宇奇，而自从改名后，他再也没有写错名字了，对吗？"

谢宋美脸色惨白，说不出话来。

所以不是一个学习压力大的聪明弟弟呼唤出了一个成绩差的哥哥来反抗母亲，而是一个蠢笨的哥哥呼唤出了一个聪明弟弟去宽慰母亲。

"为什么他没再写错名字，你想过吗？之前那个阴气沉沉蠢笨的儿子哪去了？他只是希望突然出现的弟弟能让你开心，但你把他的名字改了，他知道自己不被期待和需要了，那一天起，方宇奇成了主人格。"

"而他哪怕退居成了副人格，也还在关心着弟弟的成绩，关心着你的情绪，到最后，为了你，心甘情愿地消失。"

"因为他发现，他这个没用的儿子，能让你幸福的唯一方法，居然，是让自己消失。"

谢宋美一句话都说不出，神色惶恐极了。

我拿出手机，准备给韩依依打电话，告诉她主副人格反了，催眠不能继续。可我刚拨通电话，谢宋美突然冲上来，把我的手机推在了地上，踢远了。

我震惊地看着她，她目露疯狂，显然在崩溃边缘了。她几乎快跪在我面前，哽咽道："就差这一次治疗了，你别阻止，我求你，宇奇不能有事，他绝对不能消失。"

我难以置信地看着她，有些说不出话来："你生出来的那个，叫方宇可。"

谢宋美哪怕是哭，也很小声，她怕被外面的丈夫听到。她扒着我的裤腿："我知道啊，我自己的儿子我不知道吗？！可是我没办法，他爸是不会要宇可的，小时候差点要把他扔了，我没办法，真的没办法，只有宇奇才能是我们的儿子！"

我不知该说什么了，小栗子暴脾气上来，捡起我的手机，拽开谢宋美，拉着我就下楼了，跑着离开，谢宋美在后面哭着追。

我们打的回医院，小栗子在路上打了好几个电话，助理说已经开始催眠了，她没办法进去打断韩依依的，小栗子气得直骂。

我始终陷在恍惚里，满脑子都是那个我在花丛边看到的少年。

他给分裂出的弟弟，取名叫方宇奇，"奇"字比"可"字多了一个"大"，说明他认为这个聪明阳光讨喜的弟弟，比他的分量更大。

他分裂出的是一个弟弟的身份，而不是哥哥，说明他潜意识里，就把自己放在了守护者的位置上，守护妈妈，守护这个能给妈妈带去幸福的弟弟。

他有时也会以自己的人格显现，但他知道谢宋美不想看到他，而人格的切换又不受他控制，于是他学会了伪装成方宇奇，不让谢宋美怀疑和难过。

他那样熟练，顶着巨大的心痛和困难表演着方宇奇，看着母亲只对方宇奇展露母爱。于是他渐渐很少出现，他不和别人交流，减弱自己的存在感，他可能很早的时候就意识到自己会离开。

他甚至没有让方宇奇知道他才是主人格，心甘情愿地陪伴着这个能给母亲带来幸福的弟弟，疼爱着他，如果说方宇奇有什么依仗能成为主人格，那一定是来自原主人格十年如一的喂养。

我这才明白我第一次和方宇可见面时，那段关于猫的对话，是什么意思，他说的不是猫，而是他的母亲。

我想起了第一次见时，花丛边的少年那段关于猫的对话，他说的不是猫。

"我要是过去，它会逃跑吗？"

（我要是告诉妈妈，我才是主人格，弟弟是假的，她会吓跑吗？）

"那我要是走掉，它会来追我吗？"

（如果我成全了妈妈，我消失了，她会想我吗，会来找我吗？）

我说："不会吧，你们之间又没有联系。"

他说："那要是有联系呢？"

（我们是母子啊，我们有联系的。）

我再也没法想下去，方宇可怎么可能一点害怕和不舍都没有，所以他才会说再不去游泳就没机会了，他当然也想以自己的模样活着。

小栗子难以理解地问："为什么方宇可会愿意为这样的母亲牺牲？这样的母亲到底有什么好？"

我无法回答，孩子不被爱时，他们第一反应不是去控诉父母，而是反省自己有哪里不好，不值得被爱。渴求父母的爱，是孩子成长中一段时间的主旋律，方宇可只是在努力地让自己值得被爱。

只不过，在他还没看懂到底是谁不值得之前，成长就断裂了，他只能永久地活在求爱的主旋律中。

下了车，我们疾冲进医院，到催眠室，助理焦头烂额地守在门口，显然被小栗子的连环夺命Call吓到了，但是并没有什么用，催眠一旦开始，谁都不可以进去打扰，否则对患者的影响会特别大。

我们就这样在门外，徒劳地等到催眠结束，韩依依一脸疲惫地出来，露出笑容："成功啦，他的治疗到今天就全部完成了。"

在场三人，没有一个能笑得出来，小栗子绝望地拿头撞墙，没忍住哭了。韩依依觉出了不对，问怎么了，我拦住了小栗子没说，韩依依看了我们许久。

一旁脚步声传来，是谢宋美，她跑得气喘吁吁。韩依依对她道："你回来得正好，你儿子的治疗已经完成，他正在休息，醒了我出来叫你。"说罢看了我们几眼，便回了催眠室。

谢宋美明显是松了口气，她坐了下来，缓缓喘息着。过了一会儿，她脸上喜悦的神色慢慢消失，有些木讷地问了一句："治疗成功了，是什么意思？"

小栗子火冒三丈，低声吼道："就是你的宝贝宇奇完整了，方宇可再也不会出现了！"

谢宋美又愣了好一会儿，讷讷道："消失了，是，这个人没了？"

小栗子说："对啊，没了，这不就是你想要的吗。"

谢宋美好像这时才觉出什么来，说："我的儿子宇可，没了？"

小栗子听着火气更大了，再懒得看她。

良久，谢宋美忽然崩溃了，蹲在地上就大哭了起来，哭得惊天动地。

小栗子吓了一跳，满脸震惊地问："她怎么还有脸哭？"

谢宋美越哭越大声，好像想把她这辈子的委屈都哭干净。小栗子想过去骂人，被我拽住了。

我走过去蹲下说:"方宇可没有消失。"她顿住了,泪眼蒙眬地看着我。我继续道:"治疗是把分裂的人格整合了,他只是被整合进了方宇奇的人格,他俩现在合二为一,都是你的儿子,依然是你的儿子。也不会再有危险了,他们都能健康成长,这是好事。带他来治疗这个决定,没有错。"

谢宋美看着我问:"你说的是真的吗?"

"我是医生,我骗你干什么。"

谢宋美直起身子,连连朝我道谢,然后擦掉眼泪,跟着助手去了催眠室看方宇奇。

我又喊住她:"等他好了,带他去游泳吧。"

谢宋美重重地点头,进了催眠室。

小栗子愤怒道:"你就是在骗她,你让她好受干吗,她就该知道自己做了什么!"

我反问:"她知道了,然后呢?"

小栗子一顿,道:"什么然后呢?"

我有些疲倦地说:"她回去之后,一直怀着杀死儿子的愧疚,方宇奇往后会怎么活?你觉得她这些愧疚不会反馈在他们母子相处中吗?"小栗子不说话。我说:"方宇可已经没了,方宇奇还要生活。小栗子,你知道一个孩子能幸福生活的前提是什么吗?"

"什么?"

"他的母亲能幸福。"

小栗子偃旗息鼓了。

我缓缓往回走,步子有些疲乏。小栗子担心地问了一句:"你还好吗?你怎么情绪这么正常……这才不正常。"

我笑道:"不然呢,我也撒泼打滚在地上大哭一顿?时间久了,你就知道该怎么办了,心上落一层灰,再一层灰,当这些灰堆积成山了,你就不会在意山上再落下的一粒灰了。"

"让自己变成山吧,小栗子。"我拍了拍他的肩膀。

我有些口渴,去接了水,边上走近一个穿着患者服的病人,我稍微让开了些,把大地方腾给他,估计是哪个刚做完催眠的患者。

"你做的山的比喻,可能有些傲慢了。"

我一愣,看向这个患者,一个约莫四十岁的男人,模样周正,气质儒雅,和住院部的其他患者有着明显区别，他看起来特别清醒。

他听到我刚才和小栗子说的话了。

他朝我笑笑，举起手里刚刚灌满水的杯子说："你以为你是山，但可能只是个小杯子，你以为的灰，可能是灌入其中滚烫的水，你以为你在积灰成山，其实可能只是沸水满杯，你觉得你坚若磐石，但其实……"

他用指甲弹了弹杯子，里面的沸水立刻震荡了些，隐隐要冲出盖子。

"但其实，它可能下一秒，就要爆炸了。"

"别太把自己容纳负性情绪的能力高看了，很危险的。"

他说完，朝我笑了笑，离开了，步伐缓慢而稳健，一点不像个病人。

我疑惑，如果我们院有这么气质特殊还能说会道的患者，我应该不会没见过啊，他是新来的吗？

方宇奇痊愈回去后，我去做过几次随访，一方面想知道谢宋美的情绪是否安好，会不会影响方宇奇，也跟她商量好，不让宇奇知道宇可才是主人格。另一方面是想多看看方宇奇。

在他每一次看向我的眼里，我都期待着一个阴沉的目光。

虽然我知道不会有。

随访时，我把秘密花园日记夹页里的那句话给方宇奇看了，他没什么反应，只是用手指摩挲着那句话。

我立刻明白，问："你之前看到过？"

方宇奇点点头说："不然我怎么会愿意去医院呢。他没有抛弃我，只是换一种方式继续爱我。我觉得我还能感觉到他，不是质疑你们的治疗，就是……玄学。"

看他焦头烂额地解释，我笑了："我明白，玄学。"

我有时经过住院部的长廊，也还会想起那个少年。他看着猫，说着话，从不正眼看人的目光里，藏着纯粹的爱。

NO.:

精神卫生中心
住院记录

入院时间 2015.9.11 9:30

科 室 临床二科	病 区 男病区	床位号 3	住院号 571
姓 名 方宇齐	性 别 男	年 龄 17	
监护人 谢床美	关 系 母		

主述
人格分裂，幻想自己有一个叫做"方宇亏"的哥哥。

个人史
生于上海，从小生长发育良好，性格开朗外向，无遗传家族疾病。家境良好，父母均受过良好教育，但对患者较为严格。

病程和治疗
患者自12岁时出现人格分裂状况，一开始经常写错试卷上的名字，逐渐演变为对着镜子自言自语，神态语气还会变化。患者不会游泳，7日前因溺水被送往就医。

精神检查
逻辑较清晰，对答无障碍，可引出人格分裂。人格转换时表现明显，方宇齐的人格现身时，患者反应快，性格讨喜；副人格方宇亏较为压抑，不善交谈。患者对副人格的依赖性较强，亲和度高。

初步诊断
人格分裂。

签名：刘祀
2015.9.13

微笑抑郁症

Story-5

    CDC（疾病预防控制中心）最近开了一个新的项目，叫微笑之家，是专门给微笑抑郁症者开的，场所设立在康复患者的社区，欢迎社会上各类人士参与，活动设计得只像一个简单的派对，并不提及任何关于抑郁症的话题。

    微笑抑郁症是抑郁症的一种，现在越来越多出现在工作和社交场合，泛指对抑郁情绪做出符合所谓社交礼仪的伪装，强颜欢笑，无法正当地处理外界压力的人，具体表现为内心破损不堪，却要营造积极阳光的形象，唯恐被人看穿，自尊心高，极少沟通与抒发，独自面对深渊，他们的微笑和积极具有表演性质，情感和内在体验不一致，难以表现真实的一面。

    这一类型的患者比较少去医院求治，也不把自己当成患者，医生能做的有限，社工部就挑起梁子，尝试以院外的形式进行干预。

    微笑之家项目是王医生提出的，他是社会工作硕士毕业，CDC的扛把子人物，为人热心好事，总把患者的事当成自己的事，大包大揽，愿望大概是消灭世间一切因精神病引发的痛苦。他在患者中人气很高，但在医生中就显得有些讨嫌，因为他总是不分时间场合地为了康复患者骚扰医生，明明工作地点在隔了好几栋楼的社工部，平日里却总能在临床一科、二科看到他，追着各科医生问东问西，打听康复患者之前的住院情况，一科、二科的医生看到他总会想躲。

    微笑之家算是今年社工部的大项目之一，主策划和主办都是王医生，据说这个项目前年就开始提，被否了四五次，直到今年才通过。

微笑之家项目分为两个部分，第一个部分是每月一次号召社会上的微笑抑郁症潜在患者前来活动交流，以游戏和娱乐为主，筛选适合并有意愿更进一步治疗的人成立互助小组；第二个部分就是运营该互助小组，吸纳更多成员健康有效地应对微笑抑郁症。

活动并不以抑郁症为主旨，既不提这三个字，也和传统的心理论坛讲座交流不同，它是一项纯娱乐活动，打在活动易拉宝和宣传单上的标语是：时常快乐，却不快乐的人的狂欢。

一开始并没有什么人来，来的人也并不全符合标准，第一次通过简单的线上测试后，大概只到了十个人。参加的人还颇有些嫌弃活动场地，他们并不十分清楚这个活动的性质，只知道与心理健康相关，有吃有喝有玩，而且免费。

那十个人里，最终也只筛选出来了一个人符合条件并愿意进入微笑之家长期互助小组的。

也正常，微笑抑郁症更多出现在学历高、社会地位高的成功人士身上，这一类人注重隐私，不太愿意浪费时间来这里暴露自己，更可能一下班就宅在家里，不出来参加活动。所以除了线下，微笑之家还有相当一部分线上的分享日和测试日直播活动，线上反而能接触更多的潜在患者，隐匿性和参与度都更高。

约莫第三次线下活动，人开始多了，有三四十个人。我轮岗到CDC，被王医生拖去现场帮忙，小栗子虽然在二科，但被我拖去帮忙。现场还挺热闹的，都是些习惯微笑的人，小栗子还叹了一嘴，这哪里看着像有抑郁症的，比他都健康吧。

放眼望去，大部分人都跨过刚开始的拘谨活跃了起来，好像争着比谁更积极一般。

我观察了一圈室内的三十八人，估计今天能挑出两三个适合进互助小组的就不错了。

活动器械很多，我来来回回地跑，东西差点摔了，被路过的一个小姑娘托了一把。她看着不大，还穿着初中校服，马尾绑得很高，看着精气神很旺，人也很热情，说话中气十足的，手脚利索地帮我直接运进去了，还替我跑了几回。

小姑娘叫胡贝贝，初二，在回家的路上，经过了这个小区，她帮我搬得满头大汗，我有点不好意思，便留她在活动室吃点东西一起玩，本就是娱乐场地，能吃能喝的不少。

胡贝贝问这里在办什么活动，我说是心理健康活动，她打量了一圈，兴致勃勃地笑道："还有这么玩的心理活动啊。"

胡贝贝非常开朗，很爱笑，面对一大群成年人既不胆怯，也不别扭，还特别自来熟，玩破冰游戏的时候反应很快，挺能调节气氛，那一整晚都能听到她的笑声，感染力特别强。

活动结束，人都离开后，王医生公布了这次挑出来的两个适合进入微笑之家互助小组的成员名单，其中一个是胡贝贝。

王医生把她挑出来，小栗子非常不解地问："她哪里像抑郁症啊？都被她逗死了，而且她不是路过的吗。"

王医生问："字词反应中，她最先看到的词是哪个你知道吗？"

小栗子说："哪个？"

王医生说："虐待。"

小栗子不说话了。

字词反应是微笑之家活动中的一个流程。在大家相闹甚欢时，突然停下来，提醒大家接下来四面墙上会投影数百个词语，记下最先看得到的三个，写下来上交，不能和旁人交流，也不能被旁人知道。

字词反应是一种潜意识反应，人们会对更敏感的词汇加工更快，类似的还有颜色反应、记忆反应、图片反应、眼动反应，等等。在记忆字词反应中，要求在半分钟内记住的词越多越好，人们最终更快记下的词，都会是自身更敏感的词。这是潜意识的加工过程，人们在意识中察觉不到，所以抗拒减小，测试结果更直观真实，且具备趣味性和隐匿性。

墙上投影的数百个词汇中，一半是正性词汇，如快乐、希望、美好、美食、甜品、帅哥、玫瑰、阳光、宠物等。

另一半是负性词汇，如悲伤、绝望、厌恶、恐怖、车祸、去世、黑色、末日、过期等。

中间夹杂少数具有象征意义的中性词汇，如太空、列车、门把手、衣服等。

胡贝贝在那突如其来的字词反应中，最先看到的三个词按顺序是：虐待、感冒、墓地。

字词反应全场进行三次，三次分别都挑在人们在玩闹得最尽兴时，突然将四面墙投影满大小和颜色一致只有方向稍显错落的词汇，要求人们迅速反应。

在第二次的十秒中英夹杂记词反应中,胡贝贝一共记住了八个词:阴影、小刀、鸭血、Spider(蜘蛛)、悬崖、巨人、Suicide(自杀)、埋葬。

词卡是单独写下的,参与者之间彼此不通气,写完之后,有几分钟时间让大家对墙上的词做讨论,但不能透露自己所写的词汇。

在那几分钟里,小栗子清楚地看到胡贝贝一直笑着在和边上的女生讨论墙上的甜点词汇,还夸张地做出吃某样甜品的样子,逗乐了不少人。

全场三十九个人中,只有胡贝贝的三次字词反应中,没有一个正性词汇,这也是极少有的,一般来说,潜意识反应跟当下的状态也有关系,字词反应是在全场最沸腾愉快的时刻进行的,怎么着也能看到一两个正性词汇。

小栗子在当时被要求做了对照组实验,他的十秒中英夹杂记词反应记住了九个词:煎饼,Joker(小丑),睡觉,医生,Fruit(水果),洋甘菊,Univerise(宇宙),游戏,厕所。

对比很明显,小栗子记下的大部分是正性词汇,中性词汇其次,负性词汇最少。

王医生说活动结束,我们都在收拾时,他留下了胡贝贝,询问她是否愿意做一套抑郁测试,她答应了,做出来结果是重度抑郁,但她连交报告时都是笑着的,还连连夸赞王医生,说活动很有趣,下次可以带朋友一起来吗?

听到这,我也明白了:她今天不是路过。

胡贝贝应该是早就知道这里有微笑抑郁症的活动,特地过来的,在外面徘徊要不要进来时,撞上了我,于是顺水推舟接受邀请进来了。

王医生并没有立刻询问胡贝贝是否愿意加入互助小组,他想再看一看,毕竟微笑抑郁症算是成年人的疾病,青少年比较少,青春期本就情绪波动大,开心不开心都比较容易显在脸上,微笑抑郁症是不太常见的。

到第四次微笑之家线下活动,胡贝贝果然又来了,这次不是一个人来的,还带了另外两个女生,都是很阳光开朗的姑娘。

这次我留了心,和小栗子一起全程关注这三个姑娘,她们玩得非常愉快,笑声不断,笑料也不断。

小栗子看着看着,蹙起眉头,他说不清哪里不对,就是不太舒服,半晌,他转头问我:"她们……"

我说:"是不是觉得长得很像?"

小栗子一愣，狂点头道："可她们明明长得完全不一样啊。"

胡贝贝扎着马尾，大光明，没有刘海，瓜子脸，身材中等偏高，学生气比较浓；另外两个朋友，一个娃娃脸，短发，戴眼镜，矮胖身材，像个小招财猫；另一个长发披肩，化着淡妆，比较精致，鹅蛋脸，小眼睛，轻熟风，三个人从长相到气质到穿衣风格都南辕北辙，区别非常明显，但看起来就是感觉像。

我说："因为笑容，她们脸上有着几乎一模一样，像是复刻般标准的笑容。"

仿佛此刻在我们面前的不是三个女孩，而是同一个女孩的三重身体。

活动结束，看字词反应结果，三个女孩都是负性词汇居多，而且有一个奇怪的共同点，有一个词汇，在三人的字词反应或十秒记词反应中都出现了：感冒。

胡贝贝上次是在字词反应中出现这个词汇，这次是在记词反应中，她记住了十个词，第三个是"感冒"。

另外两个女生，一位是在字词反应中，"感冒"是她第三个看到的词汇，另一位是在记词反应中，"感冒"是她第一个记住的词汇。

在当时，这个特征还没有引起我们的重视，直到第五次微笑之家活动，胡贝贝又多带来了三个女生，总共是六个人，本来以成年人居多的线下活动因为她们的加入，一下变得年轻起来。

同样的，这新来的三个女生长相也分明全然不同，却有着让外形相似的复刻般的笑容和快乐。

并且同样的，在那一次的字词反应中，新来的三个女生，也一样记录了"感冒"这个词汇。

她们都有不同程度的抑郁症。

这件事终于引起了王医生的重视，活动结束后将她们六人留了下来，询问她们的情况，本以为是同班同学，但得知只是同年级的，不同班级，都是在今年认识的。

王医生问："怎么认识的呢？"

六个女孩相视一笑，同样标准的笑容像六个俄罗斯套娃，她们说："学校的心理活动。"

王医生追问："心理活动？什么样的活动？"

胡贝贝微笑道："微笑活动。"

王医生要带我去胡贝贝的学校，六亭三中，是所市重点，今年评上了"优秀心理健康模范校园",王医生先前已经和学校联系好,以调研青少年心理健康为由,他要来见三中的心理老师。

那天向胡贝贝了解了这个学校所谓的微笑心理活动,据胡贝贝说,从今年开始,每星期都有一堂心理课,学校特别重视学生的心理问题,那段时间教育部正好在严查青少年心理健康状况,学校自己也定了目标。

每周一次大教室心理活动,全年级一起上,心理老师主要教他们练习快乐,心理老师姓吴。

第一堂课上,吴老师就给全年级做了心理测验,然后按照分值,给每个学生排了位置,健康的和健康的坐一起,不健康的和不健康的坐一起,越健康越坐在后面,越不健康越坐在前面,被老师盯着,被后面所有学生盯着。

这六个女生就是因为座位被分在一起,所以认识了,她们坐在第一排,测验都很不健康,照吴老师的话,是需要加强干预的。

王医生听完连道荒唐,怎么能以学生的心理健康程度排列位置,这不是教学生去歧视心理疾病吗?

排位置只是开头,之后,这位吴老师下发试卷,要求学生把自己当下最烦恼最抑郁的事情写下来,然后从前排到后排,挨个上前来大声朗读,吴老师称这是脱敏治疗,让大家都听一下彼此的抑郁,知道谁都过得不容易,前排的同学先讲,也是给后排的同学打样,听完前排严重的心理问题,后排的人就知道自己没什么大不了的了。

胡贝贝是第五个讲的,她拿着卷子在讲台上站了半天,一个字都讲不出,只把卷子捏得紧紧的,在全年级的目光下,不敢问出那句:卷子上写明了隐私不会泄露,为什么要念?

这份卷子,所有人在做的时候,卷子上都强调了隐私不会公布,可以放心安全地写,甚至允许学生不写名字,所以大家都放心抖落心事了,没有人想到,吴老师会直接让他们上去念。

胡贝贝念不出,吴老师拿走了她手里的卷子,帮她念完了,那是第一次,胡贝贝说感觉在讲台上时,自己不存在了,意识飞走了。

胡贝贝的父母在闹离婚,她见到了父亲的出轨对象,父亲要她喊阿姨。

那天之后,全年级都知道胡贝贝的父亲出轨了。

吴老师在下课前,特意叮嘱了,我们这个大心理教室,属于一个联盟,关起门来的秘密只能在里面共享,出去之后,谁也不可以说,听到的一切秘密也要当没听到。

话是这么说，学生也应了，但那天起，胡贝贝能感觉到别人看她的眼神不一样，甚至会有学生跑来跟她讲，"我爸妈也离婚了，没什么的。""你爸爸的那个小阿姨漂亮吗？"

胡贝贝的抑郁加重了，而一旦加重，她在每月一次的心理测验中，座位就要更往前调，更早上台演讲她写的"烦恼"，尽管自第一次后，没有人再敢写真的烦恼。她身边的一个女生，第一次没有防备，写了早恋的事情，不知道被谁告密了，第二天班主任就请双方家长来了。

胡贝贝经过几次测验，升到了第一排第一个的位置，第一个演讲，但她的"烦恼"里，再也没出现真的烦恼，吴老师笑眯眯地对台下的同学说："看看，全年级最抑郁的同学，她最大的烦恼只是今天没买到喜欢吃的早餐，所以说根本没什么大不了的，你们都还小，随便点事儿都能当天塌了，笑一笑就过去了呀。"

也不是没有反抗的同学，有男生跟吴老师发生争执了，不愿意念，吴老师便请他出去，不让他再上心理课，对班主任说他管不了，班主任于是又叫了家长。不仅如此，因为全年级一起上心理课，分享彼此最隐私的事，已经形成了一个巨大的隐私联盟，被赶出去没上课的学生，也会遭到其他学生心理上的排斥，他被孤立，抑郁加重，症状明显，班主任更加急得劝他回去上心理课。

于是他又回来了，再也不争执了，老老实实写，老老实实念。

念烦恼，也只是这堂心理课的基础，更主要的，是教学生如何快乐。吴老师说行为疗法，就是要用行为带动心情，无论什么事，笑一笑，就能过去了。

吴老师找来了很多笑的视频，教学生练习笑，要他们走在校园里都要这么笑，他要求每个学生上台来念烦恼时，都要笑着念，说一旦笑着念烦恼了，看待烦恼的方式也会不一样。

这种方式确实有效果，当学生笑着念出"我今天没交作业""我今天被老师点名批评了""我今天食堂去晚了没打到菜""我今天摔了一跤"，这些本来就没什么的事听起来就更没什么了。

胡贝贝上台念了几次，非常蠢，她觉得自己像个小丑，吴老师会指点她的笑容，说笑得不真挚，笑得很假，要真诚一点，发自内心地感到快乐。

胡贝贝不明白一点都不好笑也不开心的事要如何笑得真诚，她只能一遍遍勾起嘴角去试，惨不忍睹，因为吴老师说要笑到他满意才能下去，那是她第二次在台上意识飞走了，清醒时，她已经回到座位上了，吴老师说她的笑容通过了。

所有人都努力地在这个大集体里合群，不能被赶出去，不能被孤立，把练习笑容当成作业一样完成，家长们都夸孩子们变开朗了。

这个大教室的座位一直在变，每堂课，时间有限，念烦恼的人基本只有排在前面的几十个，谁也不想一次次上台分享隐私，故作愚蠢的笑容，沦为笑柄，于是都想在心理测验中获得高分，坐到后面去，轮空上台的机会。渐渐地，学生摸到了心理测验的门道，知道怎么做测验才能被评为健康，学生继真实烦恼不再出现在试卷上后，真实情绪也无法反映在测验中了。

胡贝贝从心理测验的前排第一名，排到了第十名，再到第二十名，四十名，她被吴老师当众表扬，说心理问题调节得很好，希望大家向她学习，让她上台分享经验。

她挂着被吴老师通过的标准笑容，站在台上分享经验："心理问题就像感冒，打几个喷嚏就过去了。"

假话。胡贝贝是怎么"觉悟"的？每次下课后，吴老师都会点几个配合度低的学生，要求她们轮流去敲他的办公室门。

在只有两个人的办公室，胡贝贝问出了那个问题，什么是标准微笑，为什么不开心也要真诚地笑，吴老师没回答，而是要求她去拍一张父母的照片，要笑着的照片。

胡贝贝去拍了一张母亲的照片，母亲正在处理离婚的事，很憔悴，但笑容真诚，慈蔼。

吴老师指着那张照片道："这就是标准笑容。"

吴老师问她觉得母亲在拍照的当下快乐吗，胡贝贝说不出，她想说快乐的，但她说不出口。吴老师说，成人在经历比她痛苦一千倍一万倍的事，如果母亲都能对她笑出来，她没有理由笑不出，她不只要笑，还必须笑得比母亲真诚，因为事实就是如此。

吴老师露出标准笑容说："你没有资格比大人不会笑，大人都还在笑，你必须笑。"

胡贝贝再也没有问题了，她看着手里那张母亲的照片，这就是标准笑容，她窥视到了一个成人世界的秘密，获得了通往成人的密码。

吴老师把手指戳到她的脸上，让她笑成跟母亲一样的弧度，她在办公室练习了一个午休的时间，那是她第三次意识飞走，清醒时，已经回到教室里了，脸上挂着母亲的笑容。

每一个单独从吴老师的心理办公室走出去的孩子，都再也没有问题了。

就这样，大教室的排名一直在变，前排的学生一直在换，学生们的心理测验分数越来越高，越来越健康，笑容越来越标准，班主任开心，校领导高兴，校园生机盎然，顺利摘下"优秀心理健康模范校园"的称号。

胡贝贝虽然听话，开朗女孩一直扮演得很好，但她隐隐知道自己出问题了，意识经常飞走，直到一次偶然机会，她得知了这里在办微笑抑郁症的活动，专门帮助那些时常快乐，却经常不快乐的人，她便找来了。

王医生听完，勃然大怒，这个心理老师根本在胡来，这个所谓的心理健康模范校园，根本是座心理坟墓，胡贝贝显然已经出现创伤后应激障碍了。

我们联系了学校，跟校方要求先见一下这位心理老师。

王医生带我到这位心理老师的办公室门前，我和王医生一顿，门上贴着标语：心理问题就像感冒，打几个喷嚏就过去了。

共同出现在六个女孩字词反应中的"感冒"的出处找到了，原来是吴老师办公室的标语，是她们单独反复来敲吴老师的办公室门得出的心理症结，被迫把抑郁理解成笑一笑就过去的感冒。

吴老师开了门，一个脸上挂着和胡贝贝相似至极的笑容的男人，我心道，这才是所有学生的笑容模板，他们都在学这个老师。

王医生和吴老师见面后，两人皆是一顿，吴老师先道："王莽啊。"

王医生叫王莽，吴老师叫吴宗，两人是本科同班同学，都是社工专业的，王医生后来读研了，吴宗毕业后选择直接工作。

王医生脸色难看地说："你为什么在这里，你根本没有心理咨询的从业执照，没有考心理咨询师资格证，也没有学校心理资格证。"

吴老师的眼神有点轻蔑，说："你还是老样子，古板守旧，我要是没资格，学校为什么请我？关键是有用啊。"

吴老师是社工出生，没有考过心理咨询职业认证资格书，他是如何被六亭三中这样一所市重点吸纳为心理老师的？

吴老师毕业后，入职了一个"教育工坊"的公司，专门矫正孩子不良行为和不良情绪。他用两年时间，从助教一路升到了重点讲师，他教过的孩子，都很阳光乖驯，被很多家长在朋友圈宣传为孩子的健康快乐达人。

网上都能搜到一些吴老师的"教育圣经""教育宝典"视频，他甚至还出了一本书，叫《从癌症里解决感冒问题》，说孩子的心理问题像把感冒夸大成癌症，如果让他们见识一下真正的癌症，就知道感冒是小事情了。

那本书在某些家长群里广为流传，吴老师也在类似的训诫教育工坊里成了红人，生意很多，赚了不少钱，但毕竟是些不入流的编外工坊机构。三十岁后，吴老师想求稳转型，正巧六亭三中找上他，因为三中出了几起学生轻生事件，换了几个心理老师都没什么用，而且正值教育部严查学生心理健康状况，只好另辟蹊径。

吴老师和校方沟通过后，刚开始以健康教育老师的身份入职，编在行政科，当时还是编外人员，也不是心理老师，他在行政做满一年，并利用这段时间考教师资格证，通过之后，学校承诺给他正式入编，转成心理老师。

就这样，吴老师在今年刚刚被转为编制内的心理老师，开始负责全校学生的心理健康问题，原先的心理老师几乎被架空了，上个月刚刚离职，据说那位心理老师当时还和学校吵了一架，说吴老师根本不是心理老师，他的心理教育问题非常大，但行政科和教务处显然站在有明显成效的吴老师那边，原先的心理老师愤而离职，学校的心理课顺理成章成了吴老师一人的天下。

了解完整个过程后，王医生对他怒目而视，质问道："你知道你这是在对学生进行心理虐待吗？"

出现在胡贝贝字词反应中的第一个词汇"虐待"，出处在这里，即使胡贝贝没有明显意识到自己发生了什么，但潜意识知道这是虐待。

吴老师哼笑一声道："又来了，我发现你们这种自诩心理工作者的，真的都很爱小题大做，跟孩子似的，他们的坏毛病就是你们这种人惯出来的吧，哪这么脆弱。"

吴老师收拾了东西，走到门前说："让让，我要上课去了。"

王医生沉默地让开了，吴老师没走出几步，听到王医生在背后道："你这不是教育，你是在报复，报复你自己不幸的人生，你在勉强地笑，就要他们也勉强地笑，你只是在泄愤而已。"

吴老师脚步停住，回头，冷漠地看了王医生一眼，快步上课去了。

之后，王医生正式和学校杠上了，要求学校调整甚至开除吴老师，列举了一系列吴老师的教育不当行为。

学校没有受理，和王医生打太极，由此可知，学校是知道吴老师的教育方式有失偏颇的，但有效就行了。

王医生于是试图去煽动家长群,他混入了家长群,给家长普及吴老师这种做法的危害,无法理解的是,几乎没有家长响应他。在那个群里,吴老师曾经发布过教育方式,大部分家长是知道的,但认为没有问题,多的是吹捧迎合、一拍即合的。

大部分家长就是这么教育孩子的:"大人都还在笑,你没有资格不开心。"

王医生这才意识到,这么多的学生,怎么可能没有一个不和家长反映这件事呢?所以其实是反映了,但家长也认为学生在小题大做,家长认可吴老师的教育方式。

吴老师的成功并不是学校一人的功劳,大部分家长都是他的同谋,这是一场集体泄愤。

吴老师将学校变成了那些不入流的"教育工坊",这些"教育工坊"之所以存在,是因为有人需要,有大把的人真的需要。

王医生没有放弃,向下的渠道走不通,他就向上走,他向本城的心理协会发邮件,给教育部发邮件,警示六亭三中的学生心理状况堪忧,举报其教育不当。学校知道他的行为后有些愤怒,要他拿出证据,六亭三中的学生哪里心理不健康了。

吴老师更是大大方方地说:"要证明学生心理不健康,你得先给他们做测试,看结果吧?"

王医生于是当着教育部派来的人的面,给六亭三中的学生做心理测试,做之前对他们耳提面命,请真实作答,这是在帮他们。

依然在那间大教室,三个年级分别来做,学生一进门,下意识按照先前的座位顺序坐下,吴老师全程没说话,就笑容可掬地立在一边,立在这间大教室里,脸上挂着标准笑容。

测试结果,学生们都很健康,连先前来微笑之家活动交出真实抑郁测试的胡贝贝六人,本次的测试结果也是健康的。

所有在这间教室的学生们,已经习惯"健康"了,应对心理测试的技巧都很熟练。

教育部来的人走了,六亭三中学生的精神面貌都很好,王医生闹这么一大通,没有成效,还被怀疑是诽谤。

吴老师私下里对王医生悠悠笑道:"何必呢,孩子迟早都要长大,让他们提前习惯成年人的活法,有什么不好,这才是心理教育的意义。"

王医生被医院斥责了一通,没有丧气,他看了吴老师良久,回他一句弗洛伊德的名言:"孩子不是为成人准备的。"

王医生没有放弃，他知道了现在学生自己也有问题，把突破口导向了学生，希望学生能联名上信，说出真实情况，但没有学生应和他。

胡贝贝再一次来微笑之家参加活动时，我询问了她这件事，胡贝贝的脸上依旧挂着标准笑容，而后问了我一个问题："可是，你们不是一样的吗，吴老师教我们要快乐，微笑之家不也是要教人快乐，摆脱抑郁吗？"

我一愣，明白了，先前教育部的测试，学生们没有真实作答，也许不仅是因为习惯"健康"，或是受学校指示，而是在他们眼里，吴老师或者王医生，没有什么区别，都是心理教育者，而心理教育者只有一个目标——让他们表现快乐。他们并不相信王医生，觉得这只不过又是一次声明保护隐私大胆写烦恼的把戏，他们不会上当了，孩子们对心理教育的看法已经定性了。

我沉默了片刻，摸了摸她的头，轻声道："不一样，微笑之家要教你的，不是快乐，而是不快乐也可以。"

胡贝贝呆愣了片刻，似乎是想哭，但嘴角瘪了几下，弯不下去，她不会哭了。

之后，王医生依然孜孜不倦地和六亭三中对抗着，用各种方法，写邮件不行，就跑上门去，教育部不行，就专攻本城心理协会，甚至中国心理协会。

王医生折腾得鸡飞狗跳，整个CDC只能陪他一起鸡飞狗跳，CDC警告过王医生好几次了，不要把麻烦带进来，本职工作要做好，王医生答应得总是很好，行为上却相反。

吴老师每次见他，都会冷嘲热讽几句，问他为什么总学不会轻松赚钱别多管闲事呢，王医生的热心肠在吴老师眼里特别愚蠢，说到底学生的事跟他无关，不只无关，他再闹下去，CDC估计要把他辞退了。

王医生并不理会，他一边做着医院的康复患者工作，一边要运营微笑之家活动，一边还在斥诉六亭三中，我每次见他，都觉得他更瘦了一点，忙得几乎脚不沾地。

我和小栗子也就帮他多顾一点微笑之家活动，胡贝贝已经说动了十多个学生，每当休息日，就来社区参加微笑之家活动，三个男生，十一个女生。王医生开设了两个互助小组，一个给成人的，一个给学生的，这也是很少有的，微笑抑郁症多是成人的疾病，但两个互助小组里，学生互助小组的人数更多，关系也更紧密。

到年末时，运营了半年多的微笑之家活动被CDC停掉了，不是因为王医生，而是项目的更迭，CDC 有更重要的项目需要做，所有人力物力财力都要投在那个项目上，微笑之家活动必须暂且搁置。

王医生被迫接受了，他前两个月就知道了这件事，逐渐在给微笑之家活动画句号了，任何一项心理互助的活动，都有结束的仪式。

微笑之家的活动结束仪式，和字词反应相关，也是治疗的一环，起初，活动高潮时投影在四面白墙上的字词中，一半是正性词汇，一半是负性词汇。

渐渐的，改成六成正性词汇，四成负性词汇，并不明确告诉参与者，只潜移默化地设定让他们有更大概率看到正性词汇，一种心理暗示，提示他们情绪的变化。

在每一次活动中，正性词汇的比例都逐渐增加，人们看到正性词汇的概率越来越大。到第七次微笑之家活动时，正性词汇有八成，负性词汇只有两成，每个参与者的字词反应中，词卡上写的一半都是正性词汇。

胡贝贝的字词反应词卡上是：幽默、窗户、小河。记词反应的词卡上是：树林、懦弱、Wind（风）、椅子、烤肉、灯塔、Speechless（说不出话的）、天使。

大半是正性词汇，而随着正性词汇的增加，胡贝贝的笑声却在消失，她来了微笑之家七次，逐渐变得不那么爱笑了，她说感觉轻松，她原本就是这样的。

到第八次，也就是微笑之家活动的最后一次，字词反应中，投射在墙上的几百个词汇，全部都换成了正性词汇，没有一个负性词汇。

这是一个结束仪式，送给参与者潜意识的礼物。

那天，胡贝贝的记词反应卡上出现了一个陌生的词，那个词并没有投射在墙上：王莽。

王医生看着那记词卡愣了很久，胡贝贝挠头，说感觉就是看到了，可能记错了。

在胡贝贝心里，王莽，就是正性词汇。

那天结束后，人走没了，我看到王医生面对着墙，拿着胡贝贝的词卡，站在角落里，背影似乎在抖。

我没上前，先离开了。王医生太累了，他折腾了大半年，活动没了，学校依旧大行着"教育工坊"，但他今日获得了微小的光点，非常微小，但或许能支撑他继续扛下去了。

不久后，传来了好消息，胡贝贝等六十多个学生愿意写联名信，将事实记录并签名，王医生带着那封联名信又去了教育部。

教育部这次派了三个人过来，心理协会也派了两个研究校园心理的大佬，对六亭三中的学生心理进行多维度的心理测试。

报告显示，一大半的学生都显出了高度危险的测试结果，和学校提交的年度心理测试结果截然相反。

六亭三中被教育部点名批评了，吴老师被学校辞退了，不良行径记录档案，应该再难去别的学校谋职。

吴老师离职那天，我和王医生就在六亭三中，他拿着行李离校时，和我们迎面遇上了。

吴老师的脸上没有任何挫败情绪，他知道学校容不下他，他依然有大把可以吃饭的地方。

王医生蹙眉问："你就没有一丝愧疚吗？"

吴老师哼笑一声，擦着王医生就走开了，行为冒犯，他说："有什么愧疚的，我的老师就是这么教我的。"

吴老师离开了，后来王医生告诉我，吴老师是奉子成婚，但挺早就离婚了，现在单身，妻子和孩子被他骂跑了，受不了他的管教方式。他本身也是单亲家庭，小时候母亲跟人跑了，他在学校受歧视，跟父亲诉苦时，被直接打了一巴掌，打出了脑震荡，父亲还大骂他矫情，活该。而这些，是在社工专业读书时，某位后来被学校开除了的行为不良的辅导员，在某次大会上逼他说出来的。

胡贝贝来找我们告别，微笑之家活动搁置了，现在学校的事也结束了，她没什么机会再见到王医生了，告别间，她提起了微笑抑郁症。

王医生拍拍她的肩，蹲下对她道："这个病是大人的，你还小，不用这么早染上这种恶习，你现在还处于想哭就哭，想不开心就不开心的年纪，不用急于快乐，把这种功能扔给未来的自己吧，等你大了，有太多地方需要你快乐，但不是现在，不是你。"

"心理问题不是感冒，你要比谁都重视自己的情绪，你没有遇到一个合格的大人，不代表你一辈子都遇不到合格的大人。"

这次胡贝贝哭了出来。

吴老师走后，六亭三中的心理老师办公室空了出来，王医生把门上那句标语撕掉了，他进门，看着那个空出的座位，总有些不踏实。

走了一个心理老师，接下来会来一个新的老师，那个新老师会不会是个好老师呢？

王医生忐忑着，可这根本也不归他管，他已经干预得够多了，这次离校，就是真的离校了，和这里再无瓜葛。

王医生独自在心理办公室踱步了两个小时，临走前，他忐忑地在桌边的墙上留下一句话，这句话也许会被抹掉，也许不会，王医生的字不是很好看，但每一笔都很认真：

不能强制，要暗示，不能揠苗助长，要春风化雨。

神经性厌食症

Story-6

楚欣刚来医院时，只有七十斤，体重低于正常将近百分之三十，在危险边缘徘徊。

她身高一米六二，模样姣好，但身材过于纤细，纤细得有些突兀，头发染得五彩斑斓的，跟韩依依有得一拼，但又很厚重，仿佛她全身最有分量的就是那头长发，我都怕她那骨瘦如柴的躯干支撑不住头发。

她捂着口罩，戴了副墨镜，除了好看，没有其他特点，往VIP的门诊一坐，骨头碰到椅子的声音让我稍有些不适，应该是我的错觉，就算再瘦，哪能屁股上只剩骨头了呢。这是她给我的感觉，她的状态是锋利的，直刺刺地扎进这个座位，仿佛有刀刮声。

她摘了墨镜，把口罩拉到下巴，漫不经心地接受询问，显得有点吊儿郎当。当她的脸都露出来后，那种瘦削的突兀感更强烈了，她眼窝凹陷，颧骨突出，皮肤病态的白，她的脸像画纸上的描边草稿，一横一撇的轮廓，只有打底时粗简生硬的线条，没有内容。

初印象，她像是一幅刚起草的画稿。

刘医生问询了半小时后，初步诊断是神经性厌食症，照她自己的话，就是不想吃东西，对所有食物都失去了胃口。

楚欣每天只摄入极少量的食物，保持着身材的极度纤细。神经性厌食症的患者一般都有体象紊乱情况。其实已经瘦过头了，损失了美感，起码在常人来看是这样，但她们依然觉得瘦很好看,并且觉得还不够,要更瘦些,她们对瘦有超乎寻常的执着,对体相的感知是扭曲的。

我看她久了,会觉得难受,她真的太瘦了,可她始终自我感觉良好,只把我的目光当作羡慕和欣赏。

临结束时,刘医生道:"你考虑住院吗?你的厌食症再发展下去,你可能要躺着进来了。"

刘医生说话一向不客气,但毕竟是个初次受访的女性患者,她蹙起了眉,稍显不快道:"我没空住院,你们这有什么药吗?"

刘医生说:"你已经停经五个月了,如果体重再不增加,仙丹妙药也救不了你。"

神经性厌食症的死亡率,是高于重症抑郁的,其中一半死于体重过低,生命被推到了危险边缘,停经是它的医学后果之一,而另一半死于自杀,不只是神经性厌食症,进食障碍的患者一般都伴随抑郁症和焦虑症共病,曾有个很突出的理论指明,进食障碍,是抑郁症表达的一种方式。

进食障碍分为神经性贪食症、神经性厌食症、暴食症等,这些分类只是从症状上进行区分,而它们的病因可能是相关的。进食障碍有复杂病因,之所以用"神经性"归类,就是患者毫无缘由地"对所有食物失去了胃口",或者毫无缘由地暴饮暴食,哪怕胃要撑爆了,也停不下来。

心理症结是进食障碍的关键,而患者的配合度是治疗这一类疾病的关键,神经性厌食症最主要的治疗目标,是要让体重回升,但让这一类患者接受"过量"进食,是非常难的事情。

刘医生的话已经挺严肃了,楚欣却道:"体重不能增加,不然我就没工作了。"

楚欣今年十九岁,签约了一家经纪公司,现在是练习生,我不知道在公司的标准看来,她此刻的模样是否算合格的,甚至是美的,她的厌食症多少应该和她的工作性质有关系。

楚欣又道:"你想想其他办法,你不是医生吗,救人是你的本分啊。"

刘医生笑了一声,说:"那活着也是你的本分,你这么着急地去死做什么?"

这话已经相当不客气了,我忍不住瞥了他一眼,刘医生面对患者平常真不是这么冒犯的人。

果然,楚欣脸黑了,说:"我要是想死,我就不会过来。"

刘医生没接话,楚欣没得到回应,兀自气了一会儿,然后道:"那我也没办法啊,我就是吃不下，不想吃，没胃口，你让我怎么办，不然怎么叫厌食症。"

刘医生说："厌食症的说法只是症状的结果——你没有吃东西，不代表没胃口，恰恰相反，厌食症的患者是有食欲的，只是压抑了食欲，或者吃过之后做了代偿行为，比如催吐，滥用泻药等。"

说着，他的目光移到了楚欣的手指上，我也看了过去，检查有没有老茧——手指经常抠喉咙催吐的话，和牙齿摩擦，就会长出老茧来。

楚欣的手指粗看下来很干净。

意识到我们在检查什么，楚欣干脆把手掌举到眼前来，正反翻着给我们看，一副大受侮辱的样子说："我才不会像那些没用的人一样好吗？"

我和刘医生对视一眼，他问道："像哪些人？"

楚欣轻蔑道："其他练习生呗，撑不住就别来，吃了还要催吐，废物。"

刘医生点点头说："所以你是靠意志在忍耐，你非常自豪于你的自控能力是吗？"

楚欣轻哼了一声，好像受了夸赞一般，弹了弹她好看的美甲。

厌食症患者对肥胖有极端恐惧，她们会为自己的自控力骄傲，这种骄傲也是维持她们症状的原因之一。

初诊时间结束，刘医生没有给她开药，只说："和家人商量一下，住院吧。"

楚欣没有即刻对"住院"二字发作，而是蹙眉道："我十九岁了，住院为什么要跟家人商量。"

刘医生一顿，做出一副恍然大悟的样子道："哦，对，你十九岁了。"

楚欣是摔门走的，刘医生倒是自在地叫号，让下一个患者进来，我问："你俩之前认识吗？"

刘医生说："不认识。"

我默了片刻说："有没有可能是你不记得了，比如某个夜里，你独自去了酒吧，遇到了一个未开化的抑郁女孩在喝闷酒，于是……"

刘医生像看患者一样看着我。

我住了嘴，又忍不住道："你俩这架势，就很像有过一腿后，她来找负心汉寻衅滋事，又被渣了回去。"

刘医生面无表情道："你觉得怪我？"

我摇头，就拿心理咨询来说，来访者在咨询过程中，会对咨询师产生移情，将她和另一位重要人士的相处模式，或者仅仅是将她惯常的人际模式，带到咨询中来，咨询关系会不自觉地变成她和生活中某人相处的形式，咨询所要解决的问题之一，就是体察她的人际模式，辨别是否恰当，并在移情过程中，对该模式进行修整。

与其说是刘医生攻击了楚欣，不如说是楚欣在诱导刘医生对她攻击，这可能是她惯常的人际模式，刘医生顺着反馈，是要把这种模式展现出来，让她感受到。

这个小姑娘，似乎对年长的男性，有点厌恶。

楚欣来住院了，不知道是那天刘医生的话产生作用了，还是别的原因，她自己来的，自己缴费，自己住院，父母从头至尾没出现过。

刘医生是她的主治医生，和她商量好了只要体重回到了适当水平，她就可以离开医院，这一点是能激励楚欣听话的。

刘医生给她开了饮食单，少食多餐，一天吃六顿，每顿摄入四百千卡，稳定增重。

那饮食单被她糊在刘医生脸上，说不可能吃这么多，我和小栗子憋笑费了点力气，从没有意识清醒的患者在刘医生面前这么造次的。果然，刘医生的脸漆黑无比了，把脸上的饮食单扒下来后，改了几个字，每顿摄入变成了五百千卡。

楚欣闹了起来，说不住院了，要出院，刘医生没理她，和护士交代完她情况，提了一句："要是她过分干扰其他患者，你们就采取医护手段吧。"

楚欣问："医护手段是什么？"

小栗子比划了一下，说："绑起来。"

刘医生走了，留楚欣一个人在那干嚎，我还挺佩服的，她瘦得人都脱形了，嚎起来却挺有劲，她是我见过为数不多非常活泼的进食障碍患者了，不说暴食症和贪食症患者，厌食症患者的抑郁情况还挺严重的，她倒生龙活虎的，目前没看出什么抑郁情况。

安抚楚欣没费太多力气，我准备了几张体重更低的，瘦得极端脱离审美的照片给她看，问她："你觉得她们美吗？"

矫正厌食症患者的体象认知也是治疗的一环，看照片就类似厌恶疗法。

楚欣骂我是不是瞎，我道："你要是没住院，再过半年，也差不多是这个样子了。"

楚欣皱眉道："肯定不会好吧，长相基础就不一样，我是骨感美，她们是瘦脱形。"

小栗子翻白眼了。

我也不反驳,她看得正嫌弃时,在她耳边幽幽道:"内分泌水平改变引起的停经呢,只是半饥饿状态的医学结果之一,厌食症还有其他一些医学症状,比如皮肤干燥,头发和指甲容易断裂,四肢和脸颊出现绒毛……"

楚欣不闹了,她的头发最近确实很干枯,掉得也多了,这点戳到她痛处了。

楚欣住下了,饮食单还是顺着她改了一下,一天四顿,每顿四百千卡,就算给得再多,她要是不配合,还是白搭。

我有时候会去监督她吃饭,这项工作本来是小栗子的,但他招架不住楚欣撒娇。

这是厌食症患者的通病了,在熬过前面的治病争执,答应了医生大部分的条件,知道自己没有选择后,她们会开始变得"嘴甜",医生喜欢听什么,她就说什么,哄得高兴了,再讨价还价,甚至试图改变医生的审美,让他们承认,镜子里这个女孩,是胖的。

小栗子静音骂了几句,对我道:"她要是算胖的,那我可不就是美队了。"

我说:"别侮辱美队。"

小栗子气跑了。

楚欣发现对我撒娇没用,就换招数了,说:"姐姐啊,你减减肥吧,你男朋友不嫌你胖啊。"

我反问:"你男朋友嫌你胖了?"

楚欣说:"我没交好吧,我是要出道的,万一以后红了被查出来,公司这方面管得很严的。"

我说:"那你公司对你的体态是什么看法,胖了?标准是什么?"

楚欣说:"没有,是瘦的,我保持得很好,形体老师有夸我。"

我点点头道:"夸你,你的健康水平公司里没人要求什么吗?"

楚欣耸肩,似乎觉得这是个傻问题,没回答。

她被我盯着吃饭,撒娇和撒泼都试过了,没用,于是老实了,艰难地把食物塞进嘴里,一口咀嚼三十多下,才咽下去,看她吃一顿,比我吃三顿时间都长。

她每次咽下去前,都会停一会儿,食物含在嘴里,分成几波吞下去,我发现她似乎在吞咽上有困难,便问她:"你喉咙不舒服吗?吞咽起来不舒服?"

楚欣稍一顿,摇头,依旧那么分步下咽,非常缓慢,生怕咽多了会溢出来一样。

我把观察告诉了刘医生,建议查一下楚欣的食管是不是过细,对吞咽有障碍,进食障碍的原因太多了，各方各面都该考虑到。

刘医生去给她拍了个片，她的食管没问题。

我继续盯着她吃饭，也不是每顿都盯，空闲时会去看看，大部分还是护士负责的，时间久了，小栗子也能免疫楚欣的招数了，其实没什么花样，嘴甜来甜去就这么几句，楚欣是个花瓶，好看，但没什么内容，看久了，也就习惯了。

我每次去，都是听她聊公司训练生的事，聊最新的化妆品和名牌包包，聊衣服，聊小鲜肉，聊哪些明星红之不武，聊她的美。

每每附和着她，我总要打哈欠，实在是无趣得很，她总是给我一种塑料感，满大街都能找到的那种塑料女孩，漂亮，精致，脑袋空空，一点虚荣，一点情感问题就足够纠结讨论到天荒地老，我对过分美而自知的人是不感冒的。如果这份美值得探究，那另当别论，但她的美，像白开水，还非要晃荡出彩色的动静，于是更无趣了。

对她的后续印象和初印象一样，是一副起草的线稿图，简单粗暴，没有余地。

每周都会对楚欣进行体重测量，看有没有稳定增重，刚开始确实重了两斤，让她难受了好一阵，可再之后，体重就没怎么动摇了，加餐一个月后，依旧只重了两斤。

刘医生改变了菜单，增到每顿五百千卡，每天五顿，楚欣这回没闹了，估计是也后怕体重无法回升会影响生命。

再一个月后，她的体重依然只重了那两斤，这就很有问题了。

刘医生去查房，我跟在一旁，楚欣老实地和刘医生周旋，什么都答，没一会儿，她发现刘医生不问了，抬头看去，刘医生面色很严肃，我上前，抓起她的手指，她脸色一白，挣扎了一下，但我抓得死紧，她没能挣脱。

果然，她的食指指骨上有了一层薄薄的茧，我再捏开她的嘴，打了手电检查她的口腔，牙釉质还看不太出明显的腐蚀痕迹，但已经有些黄化了。

我冷下了脸，问："你在催吐，什么时候开始的？"

楚欣不满地从我手中挣脱，揉了揉下巴，生怕被我捏坏了，瞪着我说："你手劲也太大了，是女的吗？"

我说："什么时候开始催吐的，回答我。"

即使被拆穿了，也不见她有丝毫愧色，她说："上个月初吧，谁让你们给我吃这么多，吃这么多要死人的。"

先发怒的是小栗子，他吼道："你催吐才会死人好吧！你是不是脑子不清醒？"

整整两个月他按照食谱给她配餐，她居然背着他悄无声息地催吐，明面上还跟他撒娇要减餐，这是他的失职，他根本想不到有人会为了好看这么不要命。

刘医生反倒没有如往常般生气，他给了她一张纸，说："你手写一份证明书，是你自己要催吐，不愿进食，如果出了什么意外，你对自己的生命负全责，和医院无关。"

一旁几位意识清醒的患者看了刘医生几眼，似是觉得他也太冷漠了。

楚欣没接，脸沉了下去，把那纸甩开了，说："怎么就无关，就得你们负责，我来治病，我把自己交给你们了，是你们自己没用，没办法让我吃东西，这就是你们失职！"

楚欣骂完，眼眶竟然红了，明明她才是不讲理的那个，却仿佛受了天大的委屈。

那天的质询在一片慌乱中无疾而终，楚欣哭闹不休，昏厥了，她进食过少，血糖太低，这次昏厥，又是一次生命垂危的警告。

这次昏厥，终于把她的父母请来了。

交流后才知道，楚欣的父母根本不知道她住院了，以为她还在公司训练，没有接到任何人通知。

楚欣的母亲是个健实的女人，咖色的皮肤，中庸的外貌，厚实的身材，笑起来很亲切，穿着也朴素，是个想象中能挥舞着镰刀大劲割麦子的妇女，应该很会打理家庭的大小杂事，但对漂亮女儿的心事一窍不通。

父亲的相貌就好多了，楚欣像父亲，皮肤白，纤弱，额头能看到细小血管，一米七多一点，即使现在中年秃头了，也能想见年轻时的少年姿态，父亲不高，又纤细，和厚实的母亲站在一处，仿佛一眼就能分辨，家庭的重担和主要决策人应该是母亲。

也确实如此，问询全程，也没见父亲开过几次口，都是母亲在作答。

我观察着这个母亲，稍微有点强势，亲切更多，有时唠叨，但见到楚欣时，会露出些许无措，她不太知道要怎么跟这时髦的漂亮女儿相处，只能按照她一贯表达好意的方式，给她拿衣服，对她嘘寒问暖，三句之后，就没得话讲了，因为楚欣不怎么搭理她。

女人也不介意楚欣这副样子，似乎挺习惯了，只是红着眼眶抱着她，似乎不明白，她的女儿怎么瘦成这样了。

楚欣有些想挣开，面露嫌弃，但没挣动，父亲就在一旁看着，搬了张椅子，坐着给她削苹果，楚欣时不时地让他们赶紧走，似乎是嫌丢脸。

母亲想去公司请假，晚上陪床，刘医生自然没准，住院部是不允许家长陪同的，母亲说那她就睡在外面，到探视时间了就进去。

楚欣急道："你们不懂的，回去嘛，我住着挺好的，别弄得这么难看。"

最后我给他们指了医院不远处的一个小旅馆，睡一晚，明天再陪一天，然后回去，给他们解释楚欣的病一时半会急不来，不可能请几个月的假来陪她。

我送他们出院时，父亲还在劝母亲，母亲道："几个月怎么了？十几岁把她送公司去后，本来一年到头就见不到几面的，我现在想多看看她不行吗？她都这样了，这样了啊。"

父亲蹙眉道："可她不想看你啊。"

母亲的话戛然而止，她好像一下子被人拿掉了喉咙。

刘医生和小栗子被处分了，小栗子是因为失职，整整两个月都没发现楚欣在催吐，差点将患者又推入危险边缘，刘医生是被投诉的，楚欣房间的病友告状，说刘医生让楚欣签无责任书，要甩开责任。

刘医生挺冤枉的，一张白纸，哪来的无责任书，他是故意刺激楚欣的，没让她真写，但其他患者显然不会这么理解，小栗子想帮刘医生说话，反而被骂得更惨了。

这两天，小栗子的情绪很低迷，刘医生倒是没什么反应，依旧该做什么做什么，我却焦虑了起来，盯着楚欣进食，我也有份，小栗子没发现，我不应该，刘医生每天要管这么多病人，楚欣是我盯着的，他是信了我的汇报，才疏忽了。

我意识到我在这件事上有问题，每个咨询师都有属于自己盲区的患者，不擅长应付的一类患者或是对其有偏见的一类患者，通常咨询师碰到这一类患者，都会进行转介，否则专业度会大打折扣。

楚欣恰好，可能是属于我的那类盲区型患者——无趣的塑料"美人"。

我对她的态度不认真，有点敷衍，我似乎能明白她那天为何如此委屈，嚎啕大哭，感受是相互的，我觉得她无趣，她也一定能感到我的敷衍，她觉得我不重视她，又何必装出一副在乎她生命的样子。

"我把自己交给你们，是你们没本事让我吃饭。"

她那天是这么说的。或许，她对医院也是失望的，我不知道她曾经经历过什么，是否对某个归属失望过，所以当她决定信任又一个归属——医院，或许是赌博式的信任，但这种信任落空了，失望是更巨大的。

把自己交给你们。

越回味这句话，我越觉得楚欣是有心理症结的，她并不是那种看上去庸俗无奇的爱美花瓶，她的厌食症，或许不是因为对美病态的追求，而是别的什么。

突如其来的兴趣却让我警醒，有些自嘲，这是咨询师的通病吗？为什么只有摸到人心的黑暗森林，我才开始沸腾，为什么只有破碎的人，才能让我"爱"她。

香软的塑料花瓶，向阳的无菌人类，如果这些阳是真的，难道不是更好的活法吗？

我去找了楚欣，问她："你讨厌你妈妈吗？"

楚欣不太想理我，简短答道："没有。"

我问："是她硬要把你送去经纪公司的吗？"

楚欣说："不是，是我自己想去的，她还不让呢，最后还是同意了。"

我问："为什么你和她很疏远？有发生过什么吗？"

楚欣嗤笑道："这不是很正常吗，你跟你妈难道很亲近？"

我没有反驳，沉默片刻道："你不想吃东西，和妈妈有关吗？"

楚欣一顿，没说话，翻了个身把被子盖上了，说："没有，我困了，你别瞎猜了，你们搞心理的总是这个样子，就喜欢胡说八道，根本没个准的。"

我暗自在心里划掉一个猜测——因为讨厌母亲，不认同母亲的一切，包括形体，所以渴望变瘦，拒绝进食，拒绝变得和母亲一样。

我说："总是这个样子，你还被谁搞过心理？"

楚欣不说话。

我继续说："公司里的？请给练习生的？"

楚欣一愣，翻身看我，露出一只眼睛，眨巴了两下。

我不由地笑了，继续道："那个心理医生是不是对你稍有点不耐烦，觉得你小题大做？"

楚欣继续眨巴眼。

我看了她一会儿，对她鞠了个躬才说："如果我也曾让你有过同样的感受，那，对不起，以后不会了。"

这个躬把她从床上鞠起来了，她瞪大了眼，有些尴尬，一副你是白痴吗，你在矫情什么的样子。

我耸肩道："但这不是我一个人的问题，你也是这么对我的，你是不是也要对我道歉？"

楚欣说："我没有吧。"

我说："你有，你对我不诚实，对刘医生也不诚实，你把重要的事情瞒着，让我们围着你的边角料转，逗我们很开心？"

楚欣被这倒打一耙气笑了，笑了会儿又严肃了起来说："我没有。"

我说："过去的表现不提，那从现在开始，能坦诚吗？"

楚欣说："好。"

我点头，然后问："楚欣，你有被公司里的人性骚扰过吗？"

楚欣一愣，有些猝不及防，这个问题来得太突然了。

这么问是因为进食障碍的心理原因非常复杂，什么都有可能，楚欣的职业和她厌食症的结果一定程度上是分不开的，她要维持身材的极度纤细，而且她对吞咽有困难。抗拒吞咽，也能得出一些联想——生殖器抗拒，她拒绝进食，可能是因为想拒绝某些物体侵入管道。楚欣所处的公司性质，让我产生这种联想并不奇怪，而进食障碍和性本来就有某种联系，比如暴食症和贪食症，食欲和性欲是能做补偿勾连的。

楚欣摇头道："没有。"

我说："那么，在你有生之年，有被任何人性骚扰，甚至性侵犯过吗？"

楚欣皱起了眉头，似乎觉得我这问题问出来就挺难堪了，她并不是开放到被质疑清白问题还能面不改色的人。

大概有半分钟之久，楚欣摇头道："没有。"

我说："你犹豫的这段时间是想到了什么？"

楚欣不说话，她的脸又变得空白了，像退回到一幅黑白线稿。

而我从这副线稿里，似乎看出了断裂的彩笔，我犹豫了，要不要直接戳破她，残忍地把那个断裂再次拖到她面前。

我问："那你，是否看到过别人被性侵？"

楚欣猛地瞪住我，面色骇然至极。

我不再问了。

之后，出了件事，楚欣被迫出院了一次，我和小栗子跟去了。

楚欣的母亲跑去楚欣的公司了，想问问公司是怎么培训的，为什么她把女儿送进去时好好的，很健康，现在却瘦成了这副样子。

保安将她拦在门外，威胁再闹就报警，母亲本来没有闹，听到这句，气焰上来了，索性在门口席地而坐，非要进去问个明白，丈夫在一边尴尬极了，也不劝，就躲在人群里。

路人对着他们拍，有一两个记者赶到了，以为能挖到娱乐公司虐待练习生的新闻。

是公司联系的医院，找到楚欣，要她赶紧来把她妈带走。

我们到地方时，楚欣母亲的状态很不好，披头散发的，好像跟人打了一架，眼眶红得不行，整个人老了十岁的样子。

楚欣本来很生气，觉得丢脸，下车想把人拎走了发火的，但看到母亲那副样子，一下子也说不出话来了。

我和小栗子有些疑惑，电话里好像没有说得这么严重，双方都还没到吵架的份上，这是怎么了？

母亲本来跟斗牛似的瞪着保安，看到楚欣后，憋了一身的劲，就这么卸掉了，眼泪控制不住地掉，她拽住她，难以启齿地问："他们跟我说，跟我说……"

母亲指的是边上的两个记者，那两个记者有点不好意思，但还是举着拍，被保安在挡。

楚欣皱眉道："说什么？你怎么了？"

母亲死死拽住她，盯着她的眼睛，艰难开口道："他们说，你被，你被里面的人弄了？"

楚欣一愣，母亲眼看着就要崩溃了，她无法说出那两个字眼来，她救命草一般拽着楚欣，似乎但凡此刻得到任何一种表情乃至语言上的肯定，她都能当场死过去般。

楚欣吼道："没有！你听谁胡说呢！"

答案来了，母亲却显得不信，她神经质地问："真的没有吗，你忽然变得这个样子，忽然这个样子……"

楚欣大声道："没有！"

楚欣瞪向那两个记者，记者们稍有愧色，仍在怂恿，镜头对着楚欣一阵拍，她太瘦了，这副样子谁都不信没发生过什么，说道："别隐瞒啊，我们能帮你讨公道的，这种举报我们不是第一次接了，你不是第一个，负担不要大。"

楚欣母亲的脸更白了，小栗子差点上去揍人了，保安把那两个记者推到了别处，外面聚集的人越来越多了，公司里没出来任何一个人。

楚欣再三跟母亲保证，没有，她甚至直接喊："我还是处女，你拉我去医院检查。"

场面非常难看了,眼看楚欣也要情绪不稳闹起来了,母亲却沉默了,她擦了把眼泪,利落地站起身,给楚欣也抹了抹脸,她的手本来就脏,越抹越脏了,楚欣这回却没推开。

母亲说:"我们回家,这个练习生不做了,不做了。"

一名保安怼了一句:"没人缺你个宝,不想做了私下联系解决行吗,闹成这样。"

母亲想回怼句什么,但又说不出什么来,她没什么文化,又气又急,最后只是忍着哭腔怒喊了一句:"我十四岁把她送来时很健康!很健康!"

楚欣看着母亲,什么都没说。

我们一行四个离开了公司门前,到车上时,才想起人群中好像还有个爹,人呢,不见了。

回到医院,一路上母亲都在哭,她崩溃极了,边哭边拉着楚欣的手说对不起她,她好像还是不信楚欣的说辞,就是认定楚欣被欺负了,因为记者说有举报。

楚欣被她哭得没办法,道:"不是我,是别人。"

母亲一愣道:"别人?"

楚欣说:"嗯,其他练习生。"

母亲又是一愣,问:"那你,你怎么会瘦成这样?"

楚欣说:"看到了,恶心。"

母亲又是一顿哭,牢牢抱住楚欣,让她不做练习生了,回家,似乎总算是信了。

我看向楚欣,所以这就是她厌食症的原因?

楚欣回去就虚弱地躺倒了,她今天的起伏很大,她的身体目前承载不了过多的刺激。

刘医生在病房给楚欣检查时,我陪着楚欣的母亲坐在外面,她哭焉了,眼睛肿得不行,满是恍惚。

我去给她端了杯热水,回来,看她手里拿着一张很小的照片在看,是夹在钱袋里的。

我把水递给她,跟着看起了那张照片,照片上有两个女孩,其中一个和楚欣长得挺像的,另一个比较胖,比楚欣稍微大点。

我问:"这个是楚欣吗?"

母亲点了点头。

我又问:"那旁边那个呢?"

母亲沉默片刻,摸着照片说:"是她姐姐。"

我一愣道:"姐姐?楚欣有姐姐?亲生的吗?"

母亲说:"都是我生的,爸不是一个,姐姐是前夫的孩子。"

我蹙眉不语,楚欣从来没说过她还有个亲姐姐,病历本上的家庭关系,只写了父母,她是独生女。

母亲忽然叹道:"是我命不好,大的死得早,小的活受罪。"

我一凛,道:"姐姐……死了?"

母亲说:"死了,十三岁死的,那年楚欣十岁。"

我问:"怎么死的?"

母亲说:"撑死的。"

我一时没明白,母亲转头看着我的眼睛,正色说:"就是撑死的,吃得太多了,把胃撑破了。"

我愣在那,有什么在脑子里迅速集合,又散去,吃得太多了,把胃撑破了。

我说:"您能详细描述一下怎么吃得太多了吗?一天吃多少,吃几次?"

母亲奇怪地看了我一眼,说:"我不是很记得了,就看到她一直在吃,把自己吃得很胖很胖,一天好几顿,食量大概是楚欣的四五倍,有一天夜里,她一直在吃,吃了好几个小时,后来,我起床发现她人不行了,送去医院,医生说她急性胃扩张,胃破裂,没救了。"

我感到自己手脚开始变冷,暴食症,她姐姐是暴食症,在一个家里,有一个暴食症的姐姐,有一个厌食症的妹妹,我无法劝说自己这是巧合。

"前几天我一直在想,楚欣变成现在这样,是不是我害的,她姐姐刚死那阵子,我太害怕了,不敢让楚欣多吃东西,一直耳提面命让她少吃,少吃。"她的声音哽咽了,"医生啊,是不是我的问题啊,是不是我小时候一直让她少吃,所以她现在这样了?"

我问:"您没说之前,楚欣本来吃得多吗?"

母亲想了想说:"好像不多,她那段时间,一直就吃得很少,还经常呕吐。"

我深吸口气道:"您或许知道,楚欣的姐姐,为什么突然暴食吗?"

母亲摇头说:"我要是知道就好了,不知道呀,那孩子突然就这样了。"

我没再问什么，沉默地看着那张照片上，两个笑得灿烂的女孩，一个胖，一个瘦，对着镜头比着"耶"。

刘医生检查完，安排了流质进食单，楚欣母亲进去看她，两人聊了一会儿，母亲就跟着小栗子打饭去了，她不放心，想自己看着食物。

我没离开，坐在楚欣床边，楚欣的面色依旧难看。

我问她："你有个姐姐。"

楚欣一顿，有些慌张地看向我。

我颤抖着说出接下来的话："你骗了你妈，你看到有人被性侵了，那个人不是公司里的，而是你姐姐，是吗？"

楚欣面色一下惨白，本来就虚弱毫无血色的脸，白成了床单，她惊恐地望着我，说不出话来。

这幅表情，证明我猜对了。

暴食症的姐姐，之所以突然暴食把自己吃得这么胖，是因为遭受了性侵，一个人让自己肥胖，从精神分析的角度来说，理由非常多，比如消除性别特征，让自己对某些特定异性失去性吸引，而暴食，作为与性有关的应激反应也不在少数。

我说："你看到了什么，怎么看到的，这才是你厌食症的关键对吗，你母亲说你那段时间经常呕吐。"

良久，惊弓之鸟般的表情平复下来，楚欣缓缓道："她记错了，呕吐的不是我，是楚慈。"

我复述道："楚慈？"

楚欣说："她叫楚慈。"

我说："你愿意和我说关于她的事吗？"

楚欣沉默了很久道："你答应我，永远保密，不告诉任何人。"

我说："如果是保密规定之外的事，我不能答应你，比如，违法，或者涉及人生安危。"

楚欣轻轻应了一声："嗯。"

她说了起来，在楚欣十岁时，同母异父的姐姐有一天突然开始暴食，家里的食物每天都是恒定的，发现这件事是因为姐姐把她的那份也吃了。

吃了之后，又去厕所呕吐，很浪费。

后来妈妈发现了，问她怎么了，她也不说，就说自己饿，每天都吃得更多了，体重也开始长，本来她们相差三岁，其实体重没差太多，一个暑假过去后，楚慈比她重了十三斤。

她一直没明白那段时间楚慈发生了什么，只当她是上了初中，性格变了，直到有一天夜里，她起床上厕所，听到姐姐房里传出声音，以为她又在偷吃东西，想去教训一下她，推开门缝，却看到了意想不到的一幕。

爸爸在姐姐的房间，姐姐坐在爸爸腿上，爸爸在摸姐姐，姐姐在哭。

她不记得那天晚上是怎么离开的，之后，她又无数次地看到姐姐在狂吃，然后狂吐，直到有一天晚上，姐姐把自己吃得撑死了。

姐姐死后，楚欣开始抗拒进食，她看到食物就害怕，姐姐死得非常凄惨和痛苦，她对吃这件事产生了无与伦比的恐惧，恐惧里还包括她从门缝偷窥到的，那不明所以地成为永恒秘密的一晚。

听完，我良久都没说话，尽管有过猜测，我没想过是真的，因为孩子肥胖，精神分析其实大半会归咎于异性亲子不恰当的距离过近，孩子下意识通过肥胖，消除性别特征来提醒异性父母，离自己远点。

而楚欣的厌食症，则是通过观察姐姐习得的，她的吞咽困难症，是对暴食的恐惧，与其说她拒绝食物，不如说她拒绝吞咽，她亲眼见过姐姐如何狂吃胡塞，那种吞咽的动静是她的噩梦。

而吞咽这个动作具象化的形象，又和她撞破的秘密息息相关。

巧的是，进食障碍的生物学因素很高，进食障碍的亲属患病率是常人的四五倍，所以这个家里，两个女儿患了不同的进食障碍，竟还有基因上的合理性。

我说："你想过告诉妈妈吗？"

楚欣摇头。

我沉默良久，问了我该确认的事："你父亲有没有对你……"

楚欣瞪大了眼，摇头道："没有，姐姐和他没有血缘关系。"

我说："你知道有没有血缘关系这都不对。"

楚欣不说话了。

我说："所以你该讨厌的人是父亲，为什么你总是对母亲的态度更差？"

楚欣沉默。

我说："你觉得愧疚，所以要离家，你知道她的女儿遭受了什么，她，在遭受什么,但你没法告诉她,你愧疚极了,愧疚的同时又憎恶,憎恶这个女人为什么这么不长眼,前后两个丈夫,毁了她和楚慈的一生。"

楚欣抗拒道:"别说了。"

我说:"知道病是怎么来的,并不能治愈它,你的厌食症,还是得靠自己努力,你并不会成为和姐姐一样的人,不要把她的痛苦兀自嫁接到你的身上,也不要把她的意志力和一个十三岁的孩子解决痛苦的方式,挪到自己身上来。"

楚欣不说话。

我继续道:"如果你不吃东西,是想惩罚当年的自己什么都没说,眼睁睁看着姐姐撑死,试想当年你跟妈妈说了,也许这个家庭早就分崩离析,姐姐的病没有好,被公开这一切的她更痛苦了,她或许换了种方式了解自己。"

楚欣茫然地看着我。

我说:"楚慈是当事人,她没有举报,无论出于什么原因,她活着时,你不必替她决定什么,她死后,更是。"

楚欣不语。

我说:"但如果愧疚它确实存在,你现在以一个成年人的视角,理解了当时姐姐无能为力的原因,理解了她的痛苦和懦弱,反悔了当时自己闭口不言的选择,想要做出补偿改变,也没人会阻拦你,但你要明白,更没人能指责你当时的不作为,你也只是个小孩,你比她还小呢,不过是你有机会长大,领会了什么是对错,她没有。"

楚欣的眼眶红了。

我有些不忍,初见她时,谁能想到她背负着这么大的秘密。

一个塑料精致的爱美女孩,一幅毫无内容的黑白线稿图,她是在何时被截断了彩色笔头的?在她十岁那年啊,姐姐死在病床上的那年。

我上前轻轻抱住她,她这次没推开我,瓮声问道:"这种事特别吗?"

我一愣,道:"你说你的经历吗?特别啊。"

楚欣默了片刻才说:"我以为谁家里都有不堪的事,以为不堪才是正常的,难道别人都是很健康地长大的吗?我这样的人,不是常态吗?"

我噎住了,忽然想起,我也曾用这个论调,反驳过一些人菩萨般自作聪明的劝导。

一时间对她怜爱更甚,她才十九岁,确实还是个孩子呢,孩子的年纪,孩子的执拗,孩子的理解,孩子的绝望和孩子的办法。

这会儿，她身上的灵气好像出来了，她的内容，她的特别，她真正的美，她不是塑料了，不寻常了，又似乎这才是寻常的。

我恍惚间领会，是不是所有看起来空洞的女孩，都背负着不空洞的秘密。

小栗子和她母亲回来了，楚欣安安静静吃起了饭，母亲憔悴着脸，却努力笑着，不再提公司的事，也不提回家不做了。

我心里叹气，她要如何开口呢，本就不幸的母亲，她要如何揭穿她更不幸的现实。

下午，楚欣的父亲来了，和往常一样，搬了椅子，坐在楚欣床边，给她削苹果，楚欣不吃，他就把那苹果喂给母亲，母亲看都没看，直接就着他的手吞了。

我忽然一阵气血翻涌，悄悄退出病房，小栗子跟上来问我去哪，无法回答，我快步冲去厕所，开始干呕。

我看着镜子里的自己，我怎么了？为什么突然想吐？

半晌，明白了，我是在替楚欣吐，她在平静地面对这个家庭时，内心的感受，我感受到了。

吐完和小栗子去吃午饭，食堂已经没人了，我打了两份饭菜，不由自主地，开始不停地往嘴里塞。

小栗子皱眉道："你不是才吐过吗，胃口就这么好了？"

我摇头，一连吞了几口，说："只是想藏住一个秘密。"

想藏住一个秘密，于是不停地往嘴里塞东西，要把它堵下去。

楚慈也是这样的吗？

疯狂地吃，堵住嘴，堵住声道，堵住秘密，久而久之，食物便成了秘密，每吃一口，都是在咀嚼秘密。

所以楚欣厌食，是在拒绝秘密，她无与伦比地抗拒这个秘密，却又不得不背负它。

楚欣最后有没有告诉母亲，我不知道，但她治病的几个月里，母亲都有稳定来看她，情绪似乎不错，父亲却来得少了，后面几乎不出现了。

楚欣的体重在逐渐回升，虽然仍有反复。圆润了一点后，她确实更好看了，她自己依旧不满意，明显欣赏更瘦的时候。体像紊乱是极难调整的，但能增重已经足够了。

她还是决定回去做练习生，母亲没有阻拦，但希望每周见一次，她要确认她平安。

已经多年和家人没有如此紧密联系的楚欣并不习惯，但看母亲近乎哀求的样子，她还是答应了。

大约还需要两个月，她的体重才能堪堪达到刘医生规定的数字。治疗过程又总有反复，她和刘医生也还是经常争执不休。想来她对年长男性的厌恶，可能也源于那份秘密，这件事我谁都没说，包括刘医生。

遗忘和被遗忘的
——阿尔兹海默症

Story-7

周一早上，照常开始查房。这个月起我实习轮岗到了康复科，这里基本是老年患者，大多数都有老年痴呆，坐在轮椅上的有三分之一，能走路的也大都慢悠悠的，看起来很闲散，没什么攻击力的样子，却总能给护工们带去巨大的折磨。

跟着主任查房到一半，进去的房间里又鸡飞狗跳了。事情起因是一位老太太把自己的排泄物藏在枕头下，房间里一直很臭，过了一晚上才被发现，但那老太太不愿意护工去清洁处理，直接抓起来就往嘴里塞。

边上一位康复医生将她拦下，他本是来给行动不便的老年患者做康复按摩的，碰上了这事。

老太太安静下来时，康复医生的白大褂上已经沾了不少污物，脸上也蹭到了，一旁的护士憋着气，一言不发地给老太太换床单被套，轻车熟路，似乎已经重复了太多次。

刚安静的老太太又开始了，她不愿意换床单被套。那护士把被子一扔，看着主任，情绪有点难以自制。主任道："先别换了，她要在熟悉的环境才有安全感，被子有她的安全气味。"

护士问："那其他几床病人怎么办，她们没办法闻这个味道。"

周围的老太太们，都望着这一幕，眼神或木讷或激动，最开始投诉的就是她们。

主任尝试着和老太太沟通，一句话还没出去，那老太太又发出了惊人的叫声，把被子团成一团裹在身上，污物蹭了满床。这一叫很是刺耳，同房间的老太太们却毫无反应，像是很习惯了，那护士也没什么反应，冷眼看着这老太太。

主任劝了好半天，没用，康复医生道："我来吧。"

只见那康复医生蹲下，也不顾脸上的污物，轻柔地和那老太太絮叨起来，离得远我没太听清他讲了什么，良久，才让那老太太把被子放下了。护士趁机粗暴地抽走，老太太忽又凶猛地扑了过去，把护士撞在了地上，就在我脚边，"咚"的好大一声。

我吓了一大跳。护士的膝盖肯定磕伤了，但她只是缓缓地爬起，脸上依然什么表情都没有。她拍了拍裤腿，没有回头看那老太太一眼，抱着被子就走了。

接下来又是一通重复的劝说，收效甚微，因为那老太太不太能听懂。和主任一起出来时，我觉得有点头晕，那老太太依然在里面闹，只有那康复医生能让她停歇片刻，随后又闹起来，到我们离开，那康复医生都没能去厕所洗把脸。

这只是一个平常早上的平常开始，我从来康复科的第一天，就发现这里和其他科室都不一样。

异常，死气沉沉。

下午，到了活动时间，能行动的老人们都缓慢地移动至活动室。康复科的活动室有一块特别的区域，行动复建区域。

那里有许多适合老人的运动拉伸器材，四面是镜子，但很少有老人会去做。大部分老人都聚集在面积不大的桌上游戏区域，行动幅度较小，前面有电视，爱看电视的看电视，想玩桌上游戏的玩游戏。

我和一个老爷爷玩图形嵌入的游戏。一块带有图形空块的大木板，把对应的图形嵌入。老爷爷拿着一个方形，努力地往一个圆形里嵌，无法成功，却很执拗，我做了些引导，老爷爷呆愣了好一会儿，才尝试着拿起一块三角形，往圆形里嵌。

我有点无力，继续引导，许久之后他终于把正确的木板嵌入，我比他都高兴，他却木讷地拿起一块方形的木板，对着三角形开始了下一轮嵌入。

边上，有一个老太太，从活动开始号叫到现在，她一直被绑在轮椅上，仰起脖子，朝着我呼喊。

从我第一天来就是如此。

这个老太太就是早上在房间里藏起排泄物想要吃的老太太，她姓胡，我们叫她胡老太。我第一天轮岗到康复科的时候，注意到的第一个患者就是她，当时也是如此，她被绑在轮椅上，模样可怜，不住地朝我喊着："救命，救命啊。"

那嗓子像碎了一地的玻璃碴踩上去的动静，听着特别不舒服。

我上前问怎么了，她口齿不清地跟我说，这里的护士把她绑起来，不让她好过，她没有病，说话断断续续，逻辑不清，而且有时说了一段，很快就忘记了，继续重复之前和我说过的控诉。

我当下就知道这是个痴呆的老太太，她的脖子上也都是伤，我刚想凑近看，一个护士拉了我一把，说："那是她自己抓的。"

这个护士就是早上给胡老太换被套的护士，名叫梁小秋。梁小秋生了一双特别凉薄的眼睛，看久了会觉得有些阴气沉沉。

之后我才知道，梁小秋是专门负责胡老太的护士，胡老太太能闹了，很多护士都不愿意伺候她，把这工作推给了梁小秋。

梁小秋不像其他护士会凑在一起讲小话，她总是一个人，逐渐就被排除在圈子外，我也曾听到过其他人说她怪。

我看了看老太太身上的伤，想起听说过的护工虐待老人的事情，有点走神。

我问："这个要一直绑着吗？什么时候才能松开。"

梁小秋很无语地看着我说："松开了她闹起来你弄吗？你要是搞得定她，我立马就松开她，谁想绑她？出了岔子还是我担。"

我被她的冲撞一时弄得有些懵，想了想，也许是我的语气透露了怀疑，于是便礼貌地问她胡老太是怎么回事，为什么要绑着。

梁小秋依旧一副冷漠样，还有点嫌我不懂事："她有病呗，你在这待久了就知道了。"

之后几天，我充分理解了梁小秋的意思。

这胡老太是真的能折腾。最开始是家人送来的，说胡老太会吃自己的排泄物，哪儿都藏，花瓶里也藏，甚至藏在米缸里。夜里不睡觉，闹到白天，拒绝吃药，说医生开的药吃了会死，又说吃的药卡在心上，当得知家人要把她送医院，她更是两腿一蹬，说自己要安乐死。

家人实在没办法，还是把她送来了。最开始几天，她还会哭叫，说自己被家人抛弃了，大闹特闹，渐渐地，她不再说家人的事，好像忘了自己为何在这，只是执着地想要出去。

胡老太的病症极其多而复杂，老年痴呆只是个基底疾病。

阿尔兹海默症，俗称老年痴呆，是一种老年人的认知退行疾病，会逐渐忘记事情,不辨方向,意识不清,核心问题是认知衰退。

最简单的方式理解这个病,是和成长发育做对比,比如儿童心智成长,是认知功能增进,而老年痴呆,是认知功能衰退,它是成长发育的反向过程。

也就是,老人的心智在往婴儿趋近。胡老太其他的精神病症状也极多,但老人的精神疾病不常做区分,只笼统地归为一类。

胡老太精神好时,也有可爱的一面,她特别喜欢给康复科的一位康复医生做媒,就是早晨在病房里拦住她的那位医生。他姓郝,约莫三十出头,没有配偶,胡老太看到个女的,就会念叨着给郝医生做媒,康复科所有女医生都没有逃过。

郝医生是整个康复科唯一一对胡老太有耐心的人。

我经常能看到郝医生推着难得不吵不闹的胡老太到复健区活动,郝医生蹲下身,给胡老太伸展腿部,胡老太就看着大镜子里的自己,和他高高兴兴地说话,虽然口齿不清。

我第一次抱着学习的态度上前沟通时,就被胡老太拉着给郝医生做媒了,我开始有些窘迫,但看郝医生一副习以为常无奈的样子,也就放下了心,任胡老太胡言乱语般地做媒。

"真的呀,他很好的,很靠谱的,你跟了他你有福气的。"

"家里房子车子都有的,就差个老婆的,家里老人也没的,你过去不用伺候的,舒服的呀。"

"现在这样子的男孩子很难找的,你不要太挑哦,我觉得他真的可以的呀。"

胡老太虽是拉着我的手在絮叨,我却并不觉得她在看我,我笑嘻嘻地全部应下,然后下一回,胡老太又不认识我了,继续拉着我给郝医生做媒。

每当我们三人在一起说话时,我总能感到一股不太友善的视线,我回头找了一下,看到了站在患者群中的梁小秋,她阴沉着脸,看着我们三个,我不知道她具体在看谁。

哪怕和我撞上视线,她也很淡然地撇开了,下回又会远远地盯着看,那视线让人很不舒服,如芒在背。

郝医生在康复科是很受欢迎的,大家也很喜欢围着他说话,胡老太给他做媒,我私以为好些个女医生护士都是心猿意马的。

有时候我们会围在一起讨论胡老太。

"这个老太婆真的是会作,她家人也倒霉的,摊上她。"

"还不是送来了,受不住的,花钱买消停。"

"这里哪个不是被家人送来的,就是这个胡老太严重了点,哎,你们知道吗,听说这个胡老太,之前是被丢在大马路上的,找不到回去的路了,居然徒步走到了另一个区去,才被警察送来医院的,联系家人就联系了好久。"

"还联系什么啊,肯定是故意扔了的,这家人也做得出。"

郝医生一直在一旁听着笑而不语,当被问到看法,也就会顺着说一句:"都是家事,情有可原。"

倒是梁小秋,会恶狠狠地瞪我们一眼,似是嫌我们碎嘴,然后自己离开。于是我们从讨论胡老太就会变成讨论梁小秋。

郝医生给患者做康复按摩,一些无法行动的患者,长时间不动,身体会僵硬,必须活动一下,通常康复按摩一做就是一下午,一个病房接着一个病房地做。

我跟着郝医生学习,看他很有耐心地给床上的截瘫老人按摩,从肩膀一路按到掌心,再从前胸按到后背,给患者翻身时要注意的点很多,他熟练又小心,照顾着患者定在床上的姿势是否舒服。给患者按大腿时,要不断重复举起放下的机械动作,再到小腿,再到脚,他的手法细致而缓慢。

按摩时,他偶尔会和截瘫的老人患者说话,让他们放轻松,身体长久无法行动会僵硬,心态也是,一些能做出反应的老人患者会回应他,而无法做出反应的患者,我看过去,总觉得他像在按摩一具尸体。

我看着都有些困,心里冒出些敬佩,日复一日重复如此机械的活动,他不会无聊吗?为何还能如此细致?

像是看出了我的走神,郝医生笑着问:"你看困了啊。"

我有点尴尬道:"你好辛苦啊。"

我现在理解为什么这么闹的胡老太会对郝医生和颜悦色,他对待老人真的很细心很耐心。

郝医生手上还在缓慢地操作,道:"工作嘛,总得有人来做的。"

我又跟了两个房间,哈欠连天,跟郝医生说去泡杯咖啡喝,迅速地溜了,等我消磨了许久的时间再回去时,看到梁小秋在里面,在帮郝医生给患者翻身,和郝医生讲话。

当看到梁小秋眼里难得一见的笑意时,我才明白她看向我们时,那让人如芒在背的阴沉视线是怎么回事了。

我把给郝医生泡的咖啡收了，没再进去。

一天，胡老太异食癖又发作了，她吞食的时候被呛到，呼吸困难，扑棱在地上。赶来的护士大惊，看到她抓着喉咙一副濒死的状态，又看到她手上的东西，那护士顿了片刻，只是先扶起她。

梁小秋来了，看了一眼，就立刻上前，把那护士推开，将胡老太放平，从胡老太嘴里掏出排泄物，清除口腔异物后，嘴上去直接做人工呼吸。

等胡老太缓过来的时候，梁小秋已经满嘴都是污物。

主任上前查探胡老太的情况，梁小秋一声不响地往外走，在经过别的护士时，那些护士下意识地躲开，梁小秋什么反应都没有。

走了一段，撞上闻声而来的郝医生，梁小秋的脸色突变，捂住了自己的嘴，但郝医生根本没看她一眼，径直走入房间，模样有些急。梁小秋就在后面呆愣地看了他消失的地方许久，不一会儿里面就传来郝医生像哄小孩一样轻慰胡老太的声音。

我是在梁小秋洗嘴巴的时候进去的，给她拿了很多纸，梁小秋没有看我，也没有接我手上的纸，我也不知道该说什么。

后面几天，我在护士台翻看病案时，听到护士们在小声议论梁小秋，说她当时的模样，还在笑，有人甚至拍了照片在群里流传，而郝医生在她们嘴里是个不嫌弃胡老太的好好先生，好过头了。

她们以一种集体取乐某个狎昵话题的劲头小声议论着，时不时笑，还做出搞笑的动作，梁小秋进护士站时，她们又停下了，然后在背后做小动作，指她的嘴。

护士们又笑了起来，当着梁小秋的面狎昵地笑，也不知道她们在笑什么。

梁小秋忽然站了起来，把本子重重往桌上一摔，回头朝那群护士一个一个看了过去。

护士们一愣，梁小秋从来都是个阴沉寡言脱离群体的人，很少这样正面和她们交锋过，一时都有些张皇。

是一个护士先开口的，她翻了个白眼，理直气壮："又没说你，激动什么。"

另一个护士也跟道："就是啊。"

梁小秋冷笑道："你们是在嫉妒我吗？"

护士们一愣，随即都怒火起来："你说什么？"

梁小秋的视线对准当天在场没能做清理的那个护士："我那天要是没救人，你现在就可能背了一条老人的命！"

说完她就离开了护士台，身体笔直地冲出去，锋利得很。

护士们在她走后又说起了小话，我实在懒得听，也跟着梁小秋出去了。走到活动室，看到梁小秋站在一边不起眼的位置，眼睛盯着前方一动不动。

我顺着看过去，是郝医生推着胡老太出来做复建了，胡老太脸上难得露出慈祥的笑容。

我想着护士们的议论和郝医生平常的言行，也确实觉得郝医生真是好好先生，对这样一个难缠的老太保持持久的耐心可不容易，梁小秋的态度才是正常的。

我走到梁小秋旁边说："你喜欢郝医生啊。"

梁小秋吓了一大跳，转头十分凌厉地瞪着我，像是被发现了什么不得了的秘密，却说不出一句反对来。

我被她的反应逗乐了，再看看她，忽然觉得她也就是个二十出头的小女孩，喜欢的心思被满满的羞耻心遮掩着，藏不好又拼命藏。

我轻拍她说："我不碎嘴，康复科我没熟人，没个说话对象的。"

梁小秋还是瞪着我。

我举手投降状，说："那要么你跟我交朋友，把我碎嘴的对象给占了，这秘密也就到你这胎死腹中了。"

梁小秋愣了一会儿，似是觉得我有病，怎么会想跟她交朋友，一时半会不知怎么接话。

"穆医生，小秋。"

突然前方传来声音，是郝医生推着胡老太来了，梁小秋有些不自在，但被叫住了，也只好站着。

胡老太稍微清醒着，看到我，又开始给郝医生做媒，又是一样的话。

"家里房子车子都有，就差个老婆，家里没有老人的，你过去舒服的呀。"

我微笑着应付道："挺好挺好。"

胡老太的眼神又飘去了梁小秋身上，我能感觉到梁小秋的僵硬和期待，但胡老太只是看了她一眼，就转开了，什么话都没说，像是全无兴趣。

就像胡老太隐约记得一直对她耐心照顾的郝医生，她应该也记得一直看护她的梁小秋，但可能只记得梁小秋抢她的被子，把她绑在椅子上，对着她大声呵斥。

她对梁小秋的厌恶摆在脸上,当着郝医生的面,直接表达瞧不上她。

梁小秋僵硬极了,当下有种恨不能消失的尴尬,所幸胡老太又对其他发生了兴趣,郝医生推着她离开了。

一时之间没人说话,一旁有个老头哀嚎起来,梁小秋过去,就被那老头逮住了,抓住她的手要往自己的裤兜里塞。

我连忙也过去,帮着梁小秋按住那老头。

这老头有点性瘾症,随时都会发作,他的妻子也一大把年纪了,受不了才把人送来的。他初次门诊时我也去了,哪怕是门诊那么一点时间,那老头的手都是放在裤子里的。

梁小秋去把药拿来了,那老头不肯吃,梁小秋就顺着他让他把她的手塞进去了,在老头叫的时候,把药喂给他,好一会儿,老头老实了,梁小秋的手才拿出来。

她脸上没什么表情,托着那只手去了厕所。

我看着她的背影,觉得和前几次她被推着摔在地上爬起,心肺复苏时一样。

老人们的活动时间结束,郝医生总算可以休息片刻,去了窗边晒太阳,我也晃过去休息:"康复科,基本上都是老人哎。"

郝医生笑道:"这里没有老人科,只好都挤到康复科来,本来老年痴呆这种病也治不好,也不存在康复和重症一说,这里倒也适合他们。"

我问:"那这些老人难道没有能出院的吗?"

郝医生说:"有的。"他的下巴朝窗外指了指:"从这里出去,就送到那儿去了。"

我顺着看过去,医院对面,是一家疗养院,说是疗养院,其实也就是养老院。

郝医生说:"本来这里的康复科就像个养老院,那些懒于赡养父母的,都把老人送过来了,有病的治病,没病的养老,老人没病的也没几个。"

我说:"住院也挺贵的吧。"

梁小秋不知什么时候过来了,抢话道:"贵啊,看有没有医保,基本上有医保的,摊掉点药钱和住宿费,分摊下来也要四千一个月,再看房间和伙食型号,最便宜起码两千要的,而且现在老人用的药都不在国家医保里了,都是新药,医生要推那些新药,其实效果都差不多,就非说得让你不敢用旧药,只得买新药。"

我一顿,连忙朝后看了看,没有别的医生,心道梁小秋说话可真大胆,再看看郝医生,面上没什么表情,应当是没往心里去。

梁小秋的下巴指去对面，说："那家疗养院更贵，一个月五六千起，还不如把爹妈扔精神病院来。之前有个从我们这出去的老太，我听到那媳妇在疗养院花了一万二一个月都坚持要把人送进去。"

我不知该说什么，就听着。郝医生从刚才起就没再讲过话，眼睛一直盯着对面的疗养院。

梁小秋顺着郝医生的目光又道："你说他们精不精，就在精神病院对面造疗养院，摆明了就是要赚老人钱，你看这里的人，哪一个放在家里子女能安生的，花钱买消停，多好，很正常。"

不知道为什么，我总听着她这番话说得有些刻意，但又找不到来处，我觉得她的想法有些悲观："也有真的希望送来治病康复的吧。"

梁小秋笑："有啊，每周四下午允许探视的时候你不是看到了吗，是有人来探望的，但有几个呢，这里住着多少呢，而且都是老人来看老人的，你见到探视者里有几个年轻人？"

我不说话了。

我们三个安静地晒了会儿太阳，突然听到后面有点动静，我们转头，一张病床被推了出来，床上的人盖了白布。

我一愣，梁小秋却习以为常，郝医生毫无反应，应该也是见多了的。

推着那床的护士有些焦头烂额："联系上了吗？"

一旁的护士也烦道："联系上了，是孙子接的，说不知道这回事，不知道老人被送来这里了。"

她们一晃而过，推着车消失在大厅，那张盖着白布的床也一晃而过，我什么都没看到。

那车走过的一瞬，对整个大厅的人好像都没产生任何影响，逗留在大厅的老头老太看着那床，什么表情都没有，等床过去，他们依旧各忙各的。

我却有点呆，一直盯着那车消失的地方，梁小秋嘲笑了我，说了什么我不太记得了，大概是说我没见识。等我回神，却见一直不吭声没什么表情的郝医生，也一直盯着那推车消失的地方，眼里的怔愣不比我少。

察觉到我的视线，郝医生说了一句"她好像又在闹了"，就离开了，步子稍微有些踉跄。

我问梁小秋："她？谁，胡老太？"

梁小秋说:"还能有谁。"

她的语气里包含着无奈、不甘,还有一种道不明的黯然。

我突然没头没脑地问她:"你是不是羡慕其他人可以被胡老太给郝医生做媒?"

梁小秋僵住了。

我问:"你一次都没有被她做过媒吗?"

梁小秋瞪上了我,我只好闭嘴了。

之后,我又见了好几次胡老太当场给郝医生做媒的样子,都会念道那一句:"他家里没老人,你会舒坦的。"

她最近被绑在轮椅上的次数越来越少了,因为不再像以往那么闹,恍惚的时间多了,她渐渐开始认不出郝医生了。

下午有个胡老太的督导,请了研究老人精神疾病的权威来。

我照例进去学习,看到郝医生也在,但他不坐在会议桌上,而是坐在最后。

照理来说他一个康复科医生是不需要听这种精神督导的会议的。

胡老太被推进来,她的状态是恍惚的,耷拉着脑袋,像是谁都看不见似的。

督导从桌上拿起一支笔,在她面前晃了晃:"知道这是什么吗?"

胡老太的眼珠跟着转了几圈,没吭声,像是没反应过来。督导又拿了桌上的书给她,胡老太依旧没什么反应。

督导于是从钱包里拿出了钱,不同面额的纸钞和硬币。

胡老太终于有反应了,眼睛直勾勾地盯着钱,督导拿起一个硬币:"这是多少钱?"

胡老太沉默片刻,说:"一块。"

督导又拿起一张十元的面额:"这个呢?"

胡老太说:"十块。"

督导拿起一张百元的:"这个?"

胡老太笑了,道:"一百块。"

督导室的我们都被胡老太的"见钱眼开"逗乐了。

督导对我们道:"查看老人的认知水平,看他们还认识什么,钱是必须用的,这一代的老人也只有对钱比较敏感，会有反应。"

督导又问起了胡老太："你为什么老是闹，想出去？"

胡老太反应了好一会儿才说："儿子，儿子等着。"

督导问："你儿子等着？那你儿子来看过你吗？"

胡老太又木讷了，好像听不懂。

督导又问："是你儿子答应要来接你出去的吗？"

胡老太反应了许久说："他答应。"

督导说："还记得儿子叫什么吗？"

胡老太又不出声了。

督导问："那你叫什么呢？"

胡老太回答："胡，胡……"

到她被推出前，她都没说出自己叫什么。

胡老太出去后，督导朝我们一个个看了过去："她最近是不是不怎么闹了？"

负责医生道："对，不怎么闹了。"

督导笑问："那你们是不是轻松了许多，觉得这样挺好？"

负责医生也笑笑，刚要开口，就见督导变了脸色："她不闹了，说明她不焦虑了，焦虑是认知功能的指标，这说明她的认知功能又衰退了。"

认知功能继续衰退，意味着阿尔兹海默症更为严重了。

负责医生一愣，笑容敛了去。

督导说："这对于你们医院也许是一件好事，她不再吵闹，不再想要出去，你们省了很多人力物力。"

督导的话让大家有些尴尬，这几天确实，安静恍惚的胡老太让众人省力了很多。

"所以这个病人要怎么治，我不知道，是让她就这样继续发展下去，不吵不闹，以镇定为主，你们也省力；还是将重点放在修复她的认知功能，但她又会回到鸡飞狗跳，这个要你们医院决定。"

在座都没人说话了，这个问题是任何一个精神病医院都会面临的问题。

督导笑笑："本来，老年人的精神疾病就是个大问题，中国的老年精神科正在消亡啊，老年人的精神疾病太多太普遍，又多跟生理病症挂钩，所以都囫囵地归为一类。年轻人还会分精神分裂、强迫症、焦虑症、抑郁症，老年人的这些症状，始终不受重视。我们能做的很有限，就算你们想往认知恢复治，患者的家属也不一定会同意，谁家希望多个鸡飞狗跳的老人呢，你们也是被动的。"

督导室里安静极了，良久，坐在很后面的郝医生突然问："那如果治疗选择修复她的认知功能呢？要怎么做？"

督导看了他一眼说："要修复也很难，对于这样的病人，你们的关注点不能在她失去的功能上，而是在她还剩的功能上，认知衰退是不可逆的，她只会变得越来越糟糕，你们只能尽可能地保存她还剩下的功能。"

督导室再次安静，不一会儿，门外响起了震天的嘶叫声，我万分熟悉那个声音，是胡老太的。

几天没有听到，今天又开始了。

最先冲出去的，是郝医生，然后是我。

我出门时，看到的是梁小秋已经被胡老太摔在地上，脸上很红，像是被打了巴掌，而郝医生蹲在胡老太的轮椅前，拼命地劝着她想让她安静下来。

没有任何作用，梁小秋爬起来想按住胡老太，被郝医生阻止了，从我的角度看去，郝医生的脸上满是崩溃，胡老太又是一声尖锐的高呼。

郝医生握住她的手大声道："妈！你停下来！妈！"

我愣住了，所有督导室的医生都愣住了，只有梁小秋的脸上没有惊讶之色。

郝医生是胡老太的儿子？

这里没有人知道这一点。除了梁小秋。

为什么要瞒着大家？是嫌丢脸吗？还是只是没必要说？

尽管郝医生大喊着妈，胡老太依旧没有消停，之后是医生来打了镇静剂才推去房间睡的，郝医生一直在房间陪着胡老太。

我和梁小秋站在门外看着，我没有问梁小秋是怎么知道的，何时知道的。

梁小秋告诉我，郝医生早就离过婚了，就是因为家里有个鸡飞狗跳的母亲，妻子受不了离婚的。在那之后，胡老太被警察带来了这里，他儿子工作的地方，等联系到家人后，她就彻底在这留下了，而胡老太忘掉了他。

我想象着郝医生面对着忘掉自己的母亲，天天被绑在椅子上朝着自己这个陌生人求救，而他身为医生的职责不能给她松绑，只能日日看着，然后以一个陌生医生的身份，给她做康复按摩，接受她的感谢。

他的心里会日复一日地轻松还是更沉重呢？

而即使忘掉了郝医生的胡老太，还记着要给自己儿子做媒。她或许潜意识记得，是自己毁了儿子的一段婚姻,她得给他补回来,所以她总是强调着那句话:"他家里没有老人,你嫁过去会舒坦的。"

她认可了自己要从儿子的生活中消失。

郝医生出来后,和我撞了个面,我什么都没说,他也是,我们一起走了一段路,他突然停住脚步,道:"我不无辜,我是真的丢掉过她。"

我不知该说什么。这样的母亲不只是一个患者,还是一个他弃母的证明,日日出现在他面前敲打他的道德线,这不是一种折磨吗。

郝医生是在用这种折磨提醒和惩罚自己吗?他完全可以给母亲换一家医院。

这是一个在康复科对老人最耐心最好的医生所做的事。我毫不怀疑,这世上少有人能做到郝医生对老人那般耐心的地步。而连这样好的他都受不住这样的母亲。

郝医生往前走了,我没再跟,梁小秋从后面走了上来,和我并排看着这个男人远去。

我们看着的好像不是郝医生,而是千千万万个家庭里的儿子。

梁小秋突然道:"我前两天看到一个新闻,一个老人在家里,等丈夫睡去后,戴上围巾,偷偷离开了家,一直没有找到,丈夫很崩溃,后来警察在湖里发现了她,她是半夜投湖去了,没有人知道为什么,这个老人没有精神病史。"

我呼吸一窒,不知该说什么,一个清醒的老人,等丈夫睡着后,默默地出去自杀了。是什么压垮她的?没有人知道。

我再看看这房檐压得极低的康复科,或说老人科更贴切,看着活动室里缓慢行走的木讷的老人。

这些老人承载着整个家庭的精神病态,或说整个社会和整个时代的精神病态,可没有人能够承载他们,而他们正在安静地等待死亡和被遗忘。

再后来,胡老太时好时坏,做媒的次数少了。自从传开胡老太是郝医生的母亲后,许多曾经被做过媒的女医生护士都远离了他们,那些未婚的医生护士或许曾真的有过想法,毕竟郝医生看着真的是个不错的丈夫,而在知晓这点后,那些想法全都消失了。

曾经她们口中的好好先生,不只是一个有着烂摊子母亲的麻烦男人,还是一个抛弃过母亲的丧良之子,这样的男人谁都敬而远之。

只有梁小秋,还和往常那般,日复一日地伺候着胡老太,目光追着郝医生时躲时迎。

我曾看到过一回他们三人在一起说话，胡老太忽然直直地盯着梁小秋，盯到她不自在时，问了一句："你有男朋友吗，你觉得他怎么样？"

梁小秋当下就愣住了，被摔、被打、被侮辱时都镇定极了，从未失态的梁小秋，在那一刻突然垮了脸，哭了。

那群护士又开始碎嘴，说她想攀高枝想疯了，怪不得愿意忍受这些事。

我看着那两眼通红的姑娘，想着她以往躲在暗处看过来的眼神，其实她想要的，也不过就是这样一次做媒。

后来，我又转岗了，离开康复科，我没有跟任何人道别。

我始终无法适应这个压抑的环境，这里有太多无望。老人的无望感，是一种一旦共情就会堕入无休止黑暗的东西，它们是家庭，社会和时代的不幸的总和。

我真心佩服每一位在康复科工作的医生和护士，也担心着他们，在习惯面对一个个无论怎么喊救命都被视而不见的患者后，他们在现实生活中听到同样的呼救，会麻木吗？

而那个在夜色中默默投湖的老人的故事和这群木讷地把方形木块硬塞入圆形拼图里的老年精神患者，始终占据着我心里一块地方。我不能时常把它拿出来温习，但会一直惦念着，惦念着，尽管我的惦念毫无用处，但它或许会作用在我之后对待任何老人的态度上。

恋爱症

——钟情妄想

Story-8

　　临床二科男病房近日不太平，一名患者控告护工猥亵自己，他称那名护工在扶他上厕所时，摸了他的屁股。

　　护工是男的，患者是男的，一来二去，这件本来稍显严肃的事，就在病区以一种狎昵的闲言碎语流传开来。

　　那位护工很快被停职了。据说他申诉了许久，坚决表示自己没有做过猥亵的事，但耐不过患者家属来闹，医院还是给了停工处理。

　　相比于停职的那位护工，自称被猥亵的患者对此事竟颇为自得。他叫孙志翔（化名），四十一岁，是名作曲家，在酷狗上有发表曲目，还能搜得到。入院之前，他正在家里整理邓丽君全部曲谱，打算集结发表。

　　入院当天，他就向医院申请了一台收音机，说若是没有收音机，会影响他的创作情绪。可他来住了一个多月，收音机放在床头天天播放，还是一首曲子都没写。每次问到上次作曲是何时，他总会含糊其词地带过话题。

　　他右腿有问题，一直坐在轮椅上，但只要收音机一开，他就会跟着那些二十世纪七八十年代的舞曲，在轮椅上摇起来。

　　他的诊断是偏执型精神分裂障碍，可目前接触下来，我倒没察觉他有多少偏执。

　　早上查房时，在孙志翔房间门口，主任交代了我一句话："别长时间看他。"

　　孙志翔今天的状态还不错，十分热情地招呼主任，有问必答，轮椅上的腿盖着薄毯，当主任提出要查看时，也相当配合地撩起来。

他先是掀开披在腿上的小薄毯，掀一半，只露出一只腿，然后弯下腰，从裤脚处，一点点卷起，动作缓慢而细致，似乎刻意在拉长这个时刻。卷到膝盖，主任说停，他就停，手老实地扒着裤圈。

主任伸手过去，捏他的膝盖，他战栗地一缩："有点凉。"

主任捏了一会儿，询问哪里痛，孙志翔老实回答，然后裤脚继续往上卷，露出青筋暴起的腿。青筋像蠕动的青虫，紫色的小细血管也瞧得着，他的腿特别白，但并非不健康的白，看起来充满生机和力量，让人难以想象这是一双站不起来的腿。

孙志翔还在继续往上卷裤腿，到腿根了，主任说停，他才恍若惊醒般，收住了劲，缓缓下放裤脚，细致地撵卷，抖了抖那半边毯子，重新盖在腿上。

我盯着他的腿，有些出神，孙志翔见我将视线留在他身上，冲我笑了下。

离开病房后，我问主任孙志翔的腿怎么回事，主任说他的腿是突然就无法行走了，不是病理性的，检查出来只是有些骨质疏松，不可能造成瘫痪。

主任说："下午他有个大督导，你做督导记录吧。"

我说："是因为护工猥亵事件吗？"

主任说："不算是，他的病情本来也要接受督导，不肯好。"

下午督导，专家是从总院来的，在心因性身体障碍类疾病研究方面颇有建树。

心因性身体障碍，大抵是指一些因为心理原因而导致生理性障碍的疾病，比如毫无缘由的瘫痪，毫无缘由的剧痛，在生物医学领域这也是常见的，像胃溃疡等消化类疾病，很大程度就是心因性的。

而在精神领域这块，心因性身体障碍更复杂些，比如一个女孩肥胖，也许是因为她潜意识想消除自己的性别特征，好避开"鬼父"的侵扰；也许是因为她不愿认同纤细苗条对身体管理过分的专制母亲；又或许只是因为一次童年时的习得性恐惧，她看到了一个饿死在街边孩子的新闻消息，把饿死的痛感内化到了自己身上，于是只能靠加倍地吃来消除那种恐惧。

导致肥胖的心因性原因，我随便就可以列出数十种，人的心是个复杂而易碎的小宇宙，它不分好坏地吸纳环境经验，再产生防御，任何因素都可能成为诱因。

主任怀疑孙志翔的腿部瘫痪，就是种心因性身体障碍。

督导会议前，我早早地过去打印分发病案资料，做签到表，准备茶水，这位督导在做督导前总是习惯吃一种小饼干，我跑了好些地方才买到。

然后我问了个傻问题，起码刘医生觉得那是个傻问题。

"要不要给患者准备茶水？"

刘医生笑个不停："要是来的是个异食症患者，专吃杯子，你说准备不准备？"

孙志翔显然不是异食症，但确实我参加过这么多次督导，没有一次给患者提供过茶水，这似乎是个理所当然约定俗成的事。

督导吃完最后一块小饼干时，孙志翔坐在轮椅上被推进来了，他见里头有这么多人，似乎还挺高兴，礼貌地给大家打招呼，视线扫过我和主任时，手掸了掸裤腿。

督导说："腿是什么时候开始这样的？"

孙志翔说："大概一年前。"

督导问："那时候发生过什么还记得吗？总不会是突然就瘫痪的吧。"

孙志翔想了想："不记得了。好像就是突然瘫痪的。"

督导说："裤腿撩起来。"

孙志翔掀开毯子，撩起裤腿，这次没有卷的动作，他一下就将裤腿拨至了膝盖之上，督导一点点捏过去，问："这里有感觉吗？"

孙志翔说："没有。"

督导继续问："那这里呢？"

孙志翔说："没有。"

督导说："放下吧。"

孙志翔一愣，道："您上面还没碰。"

督导笑道："碰了你会有感觉吗？"

孙志翔不说话了，放下裤脚。

督导说："护工猥亵你的事情，说一说。"

孙志翔说得很详细，当天下午，他想上厕所，喊了护工，护工推着他去了厕所，期间他们还有说有笑，孙志翔的双腿瘫痪，没有一点力气，上厕所需要靠护工搀扶，他双手穿过护工的肩膀，环住他，几乎整个人都是挂在护工身上被拖过去的，坐上马桶后，护工在放手前，摸了他的屁股。

督导问："他摸你是在二十七日，你为什么到二十九日才反映，中间两天干什么去了？"

孙志翔说："他照顾我也不容易，发生这种事也情有可原，本来想忍着的，要不是他说脏话。"

督导说:"说脏话?"

孙志翔说:"他二十八日过来的时候,说我的屁股很滑。"

督导点点头道:"你觉得这个是脏话?"

孙志翔反问:"那不然是什么?"

督导说:"他说这个的时候,你觉得受到侮辱了吗?"

孙志翔好一会儿没说话,脸色却有些潮红,我记录下了他的模样。

督导说:"你刚才说'发生这种事也情有可原',为什么这么说?"

孙志翔说:"人有冲动是很正常的事呀。"

督导说:"你觉得他对你有冲动?"

孙志翔说:"很明显咯。"

督导问:"他碰你的时候,你骂他了吗?"

孙志翔回答:"没有。"

督导道:"为什么没有?"

孙志翔说:"这有什么为什么的,没有就没有。"

督导问起了孙志翔的生平,孙志翔全都老实回答了,他看起来像个过分配合的患者,唯一让人觉得不体己的地方,是他说得太多了,我记录得手快抽筋了。

督导换了个话题说:"有相好吗?"

孙志翔的病历显示未婚,了解患者的亲密关系史是督导的必要环节。

孙志翔有些得意道:"您是问哪一个?"

督导一顿,道:"挑你印象深刻的说。"

接下来,孙志翔讲了四个他的爱情故事。

第一个爱情故事,主角是一位吉他手,他叫他春太(化名),日本人,两人在一场演唱会上认识的。春太是一位签约乐队准备出道的青年小伙,说看重孙志翔的创作才华,要带他一起去日本发展。

但那小伙并没有履行约定,离开中国后,没再回来。

两个月后,孙志翔首次入院,入院原因是邻居说看他孤家寡人想给他介绍对象,他说自己有对象,然后骂了起来,大吵大闹,非要逼着邻居相信,被邻居报警后带来医院。

当时住院记录良好,不到一个月,孙志翔就出院了。

督导问："出院后去了哪？"

孙志翔说："日本。"

督导问："找他去了？"

孙志翔回答："嗯。"

督导问："找到了吗？"

孙志翔说："找到了，但他已经结婚了，我去找他妻子，把我们相爱的事情告诉她，但她说早就知道了，他总是提起我，他妻子表示不介意，还问我要不要留下来。"

督导问："你怎么说的？"

孙志翔说："我当然说不行，没名没分的，算是怎么回事，他又不肯离婚，我威胁他要是不离婚，我就去网上开小号曝光他。可他还是不同意，给我买了机票让我回去，说只要来中国就会来看我，我同意了。"

督导说："你同意了，为什么同意？"

孙志翔说："我能在网上盯着他，他不敢乱来的。"

孙志翔自己叙述时，逻辑还算清晰，细节也很完整，但在回答督导问题上，有时会稍显驴唇不对马嘴。但他自己感觉不到，这是精神分裂思维混乱的典型特征，我在记录上标明：对答稍显不贴切。

那之后，这段恋情无疾而终了，因为那位吉他手再没来过中国，当督导问："你不再去日本找他？"

孙志翔说："去不了，他把我限制在国内了，一出去就会被抓。"

督导问："被谁抓？"

孙志翔说："春太。"

督导问："他为什么抓你？"

孙志翔的脸上显出一抹红晕，羞涩道："还能为什么，关起来呗。"

一众实习生都听得有些想入非非。

我在记录上标明：被害妄想，被监视妄想。

孙志翔的第二个爱情故事，主角是他的上司，是一个专制的男人，不成熟，脾气差，醋劲大，因为一些捕风捉影的事就会跟他大吵大闹。

分手是嫌他和其他男同事走得太近，所以报复性地把他开除了。分手之后，还会去他家楼下蹲守，孙志翔甩不开，搬了好几次家都被找到了。

督导问他:"那为什么不报警?"

孙志翔显得有些怀念道:"到底爱过一场,哪里舍得,他就是小孩子气了点,人还是蛮好的。"

我发现孙志翔讲话有诵诗的感觉,他的腔调里会自带一些氛围共鸣,用词稍显夸张,但和他的作曲气质又不违和。

孙志翔说:"他一直追来,我们就一直分分合合,拖了挺长时间的。他当时婚戒都买了,但是我没答应,觉得跟他观念不合,他呀,控制欲太强了,连上厕所的时间都要规定,这不是有病吗?而且他妈也是一个人,没有丈夫的,在一起不好。"

督导问:"为什么他妈没有丈夫,你跟他在一起就不好?"

孙志翔说:"就是不好。"

督导说:"你说他控制欲强,后来你是怎么分成功的?"

孙志翔抿嘴道:"也不算分成功了吧,反正时间久了,不就那么回事,现在他偶尔还会给我发消息的,拉黑了也没用的。"

第三个爱情故事,主角是一名公务员,他叫他小刚,孙志翔称他呆板无趣愣头愣脑,说自己是开启他人生密码的钥匙。

孙志翔笑道:"他说在我之前,他没有体验过那种刺激,他活得太循规蹈矩了,按部就班地升学工作,稳定而无趣,碰上我之后才解放了天性。"

他的脸上露出甜蜜,然后,急转直下。

"可能是解放过头了,我教他出入声色场所,教他恋爱,教他吉他,他反过来把这些用到别人身上去了。"

"要说这个男人还真有点小聪明,医生你们不知道,如果坏男人长着角,那并不可怕,谁都看得着,谁都能戒备着,可怕的就是这个男人平平无奇,你要是见过他,你不会相信他会偷吃的,一言一行都太老实了,撒个谎一眼就能看出来,我是真没想到他能骗我两年。"

督导问:"那你是怎么知道的?"

孙志翔顿了一下,面部出现片刻的空白,随即又立马连上了,自然极了,好像刚才的愣神不存在似的,他说:"就这么知道了,我知道之后还蛮绝望的,虽然刚开始我是看他愣头愣脑,有些同情才跟他在一起的,但三年时间里我确实把自己投进去了,你们不知道,他特别谨慎,因为是公务员,这种事情一点端倪都不可以有的,我都能接受他三五不时地去相亲，他连我想去接他下个班都不让。"

"我气得就去他上班的地方捅穿了，然后他下岗了。"

孙志翔的表情又甜蜜起来。

小刚下岗后，埋怨孙志翔，因为同性恋风波，他这辈子都不能再做公务员了，干脆赖上了孙志翔，孙志翔也就养起了他。现在他们还同居着，这次发病就是小刚送他来医院的。

我看了下病历，上面确实写着是一位男性友人把他送来医院的。

第四个爱情故事，是和一个女人，叫莉莉。

莉莉是开花店的，两人在一场葬礼上认识，莉莉去给葬礼送花，他去给葬礼伴奏，不同寻常的场合，生成了不同寻常的暧昧，孙志翔说他们之间的好感是气氛的产物。

离开葬礼后，孙志翔虽然有时常想到莉莉，但热情淡了许多，后来发现莉莉的花店就开在离他家不远的街上，他们又碰面了，有点缘分的意味。

莉莉热情极了，她每日都会给他家门前送去一枝花，手写花语信卡，还会写藏头诗，连花瓣的数量都是精确的，饱含数字的浪漫。

孙志翔感受到了姑娘家细致的小心思，这和男人的区别很大，姑娘敏感脆弱，情绪密度高，还善变，时而如被急雨打落的黄花，时而又是艳阳下的迎春，他感到一些措手不及，虽没有给出答复，却默认了享受。

督导说："这时候你还和小刚同居着？你们还是恋爱关系吗？"

孙志翔说："大概吧，我也不知道算不算。"

时间长了，孙志翔明确向莉莉表达了拒绝，莉莉因爱生恨，送了他会让他过敏的花，想把他弄进医院。

督导问："让你过敏的是什么花？"

孙志翔的表情又出现一丝空白，随即道："就是让我过敏的花，我去过医院好些次了，你们看，现在过敏还没完全退掉嘞。"

他撩起了袖子，手腕内侧确实有一些细小的红点，看着像过敏的。

我把这个也记录了下来。

孙志翔回去后，督导摘掉眼镜，揉了揉眉心说："他家属一会儿会来吧。"

主任说："已经到了，现在在门外，我叫她进来？"

督导摆摆手道:"等会儿,把刚刚的先总结一下,孙志翔的话带有一些性色彩,他描述护工猥亵那段,过于详细了,包括他的状态,等等。"

主任点头同意:"他是有一点这个方面的问题,我们注意了的。"

督导说:"他的腿是查过确实没生理问题?"

主任说:"拍了片子,没看出什么。"

督导又问:"精神方面给药呢?"

主任说:"还是照常给,没有增大剂量,他的腿现在有一点浮肿,可能是用药过量了,我在想要不要减药。"

督导翻着病案说:"不用减,你要考虑这个,他有近二十年的病史,对药物的耐受性是比较高的,不但不用减,你可以适当加一些看看,他病情一直没有改善,用药方面也许是有问题的。"

主任点头。

督导说:"还有他的腿……他身体其他方面做过检查吗?"

主任说:"就做了腿的。"

督导说:"我建议身体其他方面也去做一下,我们当医生久了,视野会越来越狭窄,比如肠道科的医生,来了个病人,什么症状都只会往肠道方面想,但其实可能存在其他病因,精神科做久了也是,我们会倾向于怀疑他的瘫痪和心理问题有关,但不能排除是其他地方病变引起的,他现在药物不敏感,腿不肯好,如果精神方面下手无效,我们就要考虑其他方面了。"

实习生们点头如捣蒜,督导的话大部分是对实习生说的。

督导说:"让他母亲进来吧。"

主任去开门了。

督导笑笑,重新戴上眼镜,对我们实习生说:"好了,从现在起,忘掉孙志翔刚才说的一切。"

孙志翔的母亲着实年轻了些,我本以为进来的会是位有白鬓的妇人,她却黑发乌亮,精神气不错。

我看一眼病案,她才五十八岁,是十七岁生下孙志翔的,父亲的那栏空缺。

他母亲唤名孙启香,稍有些不食人间烟火的模样,看穿着打扮就能知道家境不错。

孙启香坐下了，我去给她张罗了一杯水，她看里头片叶不着，对我笑了一笑，没去碰。

督导问："问您一些关于您儿子的问题。"

孙启香说："可以的。"

督导问："您知道春太吗？"

春太，孙志翔说的第一个爱情故事里的日本吉他手。

孙启香想了一会儿说："春太……是那个，一个日本乐队的？"

督导问："您认识他？"

孙启香说："不认识，是小翔房间贴了海报，他青春期有段时间追星，就追他们。"

督导追问："追星？"

孙启香说："是啊，还专门跑去日本追他们演唱会什么的。"

督导又问："孙志翔和他谈过恋爱吗？"

孙启香一愣道："他？哪个？春太有四个人啊……"

督导一顿说："春太是整个乐队的名字？"

孙启香点头，失笑道："是啊，医生你是不是搞错什么了，他们是很有名的明星，而且他们的年纪都能当小翔的爸了，什么谈恋爱啊。"

我一愣，立马在网上搜索春太的名字，果然是一个日本老牌乐队，出道已有三十多年了，跟孙志翔说的根本对不上。时间和事件都不对，他不可能在十岁时遇到未出道的"春太"，还谈了个恋爱。

实习生一时都有些懵，他们这才理解督导说的"忘掉孙志翔刚才说的一切"是什么意思。

督导问："那孙志翔有没有过一个上司，因为和他的暧昧关系，而把他开除了？"

孙启香的表情有些不自在地说："哦，那个啊……他怎么这个也说了，他确实缠过那上司一阵子，后来被开除了。"

实习生们又是一顿，主任接着问："是孙志翔缠着上司被开除了，不是上司缠孙志翔？"

孙启香回答："是啊，但那不是小翔的问题，那个上司我见过，不是能相处的人。"

主任问："那一阵子他是不是有频繁搬家过？"

孙启香说:"对,那上司不依不饶,找了人去堵他,还闹到了警局,特别夸张,小翔只能搬家。"

我深吸一口气,开始在先前记录的孙志翔口述的爱情故事后标注真实情况。

我想到了一个症状:钟情妄想。患者坚信某人喜欢他,爱慕他,哪怕被拒绝多次,依旧有理有据,在脑中构建了那些关系画面。他们非常容易陷入"被爱"的幻觉里,但凡跟他发生某种联系,或许只是多看他两眼,都会被他误会成爱慕。

确实是能对上一些的,比如上司的身份,开除,搬家,又比如春太这个乐队,吉他手,去日本看演唱会,这些是事实,他只是扭曲了事件的发生,又在里面填充了其他细节。

这四个故事,可能都只是他的妄想。

我这才明白主任早上查房时让我别长时间看他是为什么,钟情妄想的患者很敏感,你多看他一眼,他就觉得你喜欢他。

我立刻又想到了那名护工的猥亵事件,如果患者是钟情妄想,那名护工是不是也被这么扭曲了事实?

督导接着问第三个故事里的小刚,但孙启香表示她不认识小刚,似乎是从小刚开始,孙志翔的生活就离孙启香远了,她也鞭长莫及。

说到这里,孙启香显得落寞,特别是当督导提及莉莉的时候,孙启香显然又不知,她脸上的空白让人有些心疼,她似乎相当关心这个儿子,想知道他的一切。

督导询问道:"接下来想问一些关于您的事,先冒昧问一下孙志翔的父亲,可以吗?"

孙启香点头:"可以的,不过他父亲,我也不太记得了,可能说不出什么有用的东西。"

督导问:"您和他父亲在一起过吗?"

孙启香说:"在一起过的,但那时我并不知道他是有妇之夫,知道的时候孩子已经有了,我身体不好,打掉就生不了了,于是没有打掉。"

督导问:"您之后没再考虑找个伴吗?"

孙启香摇头道:"那个年代,未婚先孕本来闲话就够多了,再找人,要被说的,要被更讨厌的。"

督导点头道:"您很在意被人讨厌吗?"

孙启香有些莫名其妙地问:"这是什么话,谁会不在意?"

督导说:"您自己不想找吗?"

孙启香说:"倒也还好,我有小翔啊,小翔从小就很乖的,聪明伶俐,长得好看,很讨人喜欢,我抱出去都说羡慕我,说老天是公平的,给了我个坏男人,就还了个好儿子。"

督导重复她的话:"他很讨人喜欢。"

孙启香一顿道:"哦,现在不一样,他生病了,那没办法的,小翔没生病的时候,一直很讨人喜欢,去哪里都是最出彩的。"

督导强调:"孙女士,是您觉得他应该讨人喜欢,还是他真的讨人喜欢?"

孙启香语气开始夹带着反击:"这有什么区别?"

督导又问:"他小时候您经常带他出门吗?"

孙启香颔首道:"我的身份,自己出门其实会遭指点的,但只要带着小翔,大家都会对我和善些,他们都喜欢小翔,所以我只要出门,基本都带着他的。"

督导说:"他没有过出门不讨喜的时候?毕竟是小孩,也会顽皮,总有惹人烦的时候。"

孙启香垂下眼帘道:"那肯定也是有的。"

督导问:"那种时候,旁人看到了,您会做什么吗?"

孙启香沉默了,似乎不是太想回忆。她捏住桌上的塑料杯,发出清脆的收缩响动:"教育孩子,总归是这么几种方法。"

督导室沉默了片刻。即使大家都有数了,督导还是坚持问清楚:"什么方法?"

孙启香说:"就打骂一下,不严重的。"

督导点点头问:"您有工作吗?"

孙启香说:"没有。"

督导又问:"那您平常会做些什么打发时间呢?"

孙启香想了想说:"小翔还在家里的时候,教他些礼仪什么的。"

督导问:"礼仪?"

孙启香说:"就是行为举止怎么更得体些,更讨喜些,我和一般家长不太一样,我不是很重视他的学习成绩,我更看重他的性格和仪态。"

督导沉默片刻说:"他小的时候,您一天二十四个小时,有多久是花在他身上的?"

孙启香撩起了头发说:"十多个小时吧,他没有爸爸,我得多看顾着些。"

我打字的手停了下，十多个小时，这对孩子来说得多恐怖。

督导问："您自己没有什么兴趣爱好吗？就只围着他转？"

孙启香想了想，说："……他离家之后有了的，画画算吗？"

督导说："当然算。我能看看你的画吗？"

孙启香掏出手机，将头发挂去耳后，说："小时候学过一点，后来就没画了，最近又开始的，也奇怪，好像总是在画以前的东西。"

她翻看了一阵朋友圈，挑出一张最满意的，将手机递给我，让我将手机投影在大屏幕上。出人意料，单就画功来讲水平很高，孙启香的画画得很好，是油画，奇幻风格的。

但我惊的不是她的绘画水平，而是画的内容，督导室气压瞬间低了几度。

这画太压抑了，细节特别多，哪怕我不进行绘画心理分析，那些细节都直接冲击到了我眼里。

画中屋子是昏暗的，白色的窗帘被撩开了一半，露出的窗外一片漆黑，漆黑中有些白色的口子，像是数不清的嘴，房间门开了一条缝，像有谁正在偷窥。

房内的家具一地乱，能瞥见一些刀，碎酒瓶，缠成一团的红线，纸尿布，一只被捣碎的石榴。

电视开着，从电视里伸进来一根望远镜，扭向床上。

床是最夸张的，那床是一只巨大的眼睛，一个穿着黑色睡衣的卷发女孩躺在那眼睛上，七八岁左右，她微笑着，搂着一个正从肚子里拔出来的木偶，那木偶是个男孩，身后有一双翅膀，那翅膀是整幅画里最亮的元素。

这幅画里满是被监视和被闲话的象征物，撩了一半的窗帘，数不清的嘴，门缝，电视，望远镜，作为床的眼睛。

石榴应该是处子的象征物，它被捣碎了。

床上的卷发女孩明显是孙启香的自画像，睡眠应当是一个人最放松的时刻，她却觉得自己睡在眼睛上，她头脑里的被监视感必定异常强烈。

从她肚子里拔出来的那个男孩木偶，应该是孙志翔，可这木偶的嘴唇上，甚至抹着口红，衣角隐隐有裙子的倾向，他笑得极不自然，下巴的线脱落了，背对着"慈爱"地看着他的孙启香。

我当即能想象出孙志翔儿时的生活状态，他就是孙启香手里的这只木偶，被迫承受着抑郁不自知的母亲的压抑，每日被控制欲极强的她操纵着要讨喜，他就如那双最亮的翅膀，是孙启香灰暗人生里唯一能抓住的希望。

孙志翔的腿是怎么瘫痪的，我好像有猜测了。孙启香似乎还在等待着评价，但督导室没谁说得出话来，打破安静的是督导。

督导淡然道："画得很有想象力。"

孙启香开心地笑了笑。

督导看了我一眼，我立刻意会，把投影关掉了。

督导问："关于护工猥亵事件，您还是坚持控告吗？"

孙启香说："那当然，虽然这件事情有可原，但小翔不能在这里还受委屈的。"

情有可原，又是这四个字。

孙启香软糯轻和的声音，总让我有种她还是个姑娘的错觉，她也确实是个姑娘，十七岁生下孙志翔后，再没长大过。

在她的自画像里，她也是个小孩。

离开前，孙启香忧心忡忡地问督导："小翔的病情怎么办？我能做些什么？"

督导看了她一会儿，说："你对他常说一句话就可以。"

孙启香说："什么？"

督导道："你不被喜欢也没关系。"

孙启香僵硬着离开了。

相关人员都走了，督导开始总结今天的督导会。

"另外两个故事虽然还没确认，但也能看出患者的钟情妄想较为严重了，这方面可以针对治疗一下，你们要注意和患者的距离与分寸，尽量避免造成二次伤害，至于他的腿……"

督导停了一下，又继续道："大家应该有些猜测了，但猜测不落到治疗上没什么用，该检查还是检查，你们条件要是允许，看看能不能劝说这个母亲一起参加治疗吧。"

散会后，主任联系了社工部。

社工部是医院专门负责患者在社区生活的部门，经常出外勤，通常是对康复患者进行随访工作等，有时也根据一科二科的需要调人手出外勤。

主任说："送孙志翔来的小刚怎么都无法联系，他留了地址，孙志翔也住在那儿，他们同居，过去做个随访。"

我问:"是要确认孙志翔第三个故事的真伪吗?为护工猥亵事件做辩护?"

刘医生说:"现在有两个了,其实也能证明他的钟情妄想严重了。"

主任说:"同居人的证词分量更大,他毕竟是把孙志翔送来的人,如果真的闹到法庭,他很关键。"

我说:"那我跟社工部一起去吧,你们走不开,我应该没事。"

主任同意:"好。"

社工部的人很快就来了,是我之前在社工部轮岗时的带教老师,路上我简略地把孙志翔的事情说了一下。到地方时,是一个高层小区,按了许久门铃,才有人出来开门,是个矮胖的男人,约莫四十岁,他正满头大汗地在给他的猫修指甲。

我问他是小刚吗,他说是。

我继续问:"那您认识孙志翔吗?他是您送来医院的。"

小刚的表情有点古怪,似乎不太想理我们:"我不是说了别找我吗,他就是我的租客,我好心把他送医院了,他这样跟我可没关系,他来之前就这样了。"

我一顿,问:"租客?你是他的房东?"

小刚说:"是啊。"

我说:"那您送他来的时候关系填写为什么写朋友,租客关系是要写明的啊。"

小刚有些不耐烦道:"要被人知道一个精神病住在我这儿,我这房子还怎么租出去啊。"

我哑口无言,良久才问:"您或许,是公务员吗?"

小刚一顿,说:"……你怎么知道?我下岗很久了,现在就靠房租生活。"

我不知说什么。

确认了,第三个故事的真伪。

屋子里的猫蹿了出来,小刚喊道:"莉莉你别乱跑,回去。"

我诧异极了,问:"你叫它什么?"

小刚说:"莉莉啊……哦,这猫就是小孙的,他住院了没人看,我只好先帮他照料着,本来他就对猫毛过敏,上医院好几次了,也养不了。"

那猫蹿到鞋柜上,揪了一把盆栽的叶子下来,溜了,气得小刚大骂。

我的视线却粘在那几盆绿植上。

是花。

小刚说:"这猫皮得要命,就喜欢揪花花草草,之前小孙还住着的时候,每天早上肯定房门前一塌糊涂，都是碎花碎叶。"

在请求他若有需要为护工出面作证被拒后，我告别了小刚。

带教老师直摇头，道："所以那四个故事都是他的妄想？"

第一个要带他去日本却失约了的男人，是他追星的对象。

第二个为他吃醋想跟他结婚的上司，是他一直纠缠的领导。

第三个偷吃下岗被他养着的公务员同居男友，只是他的房东。

第四个每日送他一枝花的莉莉，是他养的一只爱拈花惹草的猫。

孙志翔长大后渐渐发现，他似乎不是母亲口中人见人爱的小孩，再怎么妄想，也难以隐瞒自己不被喜欢的事实，但他不能接受这一点，因为母亲不能接受这一点。

他分不清自己和母亲的想法，他们缠结太深了，他以为母亲的想法就是自己的想法。

那怎么办呢，只要出门，他就必须讨人喜欢，像儿时母亲每次给他精心打扮，就为了出去被所有人围着夸。

啊，那他只要出不了门就好了。

腿坏了，就出不了门了。

这不能怪他，不是他不想出去，是他出不去了。

接受"不被喜欢也没关系"，竟比接受瘫痪都难。

NO.:

精神卫生中心
住院记录

入院时间 2015.10.11 18:00

科　室 临床二科　　病　区 男病五　　床位号 2　　住院号 554
姓　名 孙志翔　　　性　别 男　　　　年　龄 41
监护人 孙启香　　　关　系 母

主述
右腿无故瘫痪，无法站立，无法正常行走。

个人史
生由家，有发表由因，有吸烟史，每天10支。父亲信息空缺，母亲孙启香健在，17岁时生下孙志翔，对孩子监管力度过大。

病程和治疗
1年前患者右腿突然无理由瘫痪，无法行走，在家中瘫倒后，由一位男性友人将其送来我院治疗，经检查，患者双腿无生理病变，功能正常。

精神检查
逻辑较清晰，细节完整，但对答稍显不贴切。可引出被害妄想，被监视妄想。

初步诊断
1. 心因性腿部瘫痪。 2. 钟情妄想。

签名：刘祀
2015.10.11

无法量刑的罪恶
——戏剧治疗

Story-9

每周三下午，是精神病院的戏剧心理治疗时间。

我和小栗子因为主任开会的缘故，到的时候已经晚了，但我们并不参与戏剧过程，只是旁观，便蹑手蹑脚进去，找了个地方坐。

戏剧心理教室里人不多，统共十来个患者，我们进去时，戏剧心理治疗的带领老师正带着患者们进行热身活动，患者们木讷地跟着老师的指令你来我往，跑跑跳跳，门打开的一瞬间，视线齐刷刷地转向我们。

那些眼睛里没多少探究，不像常人那般会对突然闯入的人产生某种情绪，他们只是被剥夺了注意，漠然地盯着我和小栗子，一盯就是许久。

导演韩依依朝我们翻了个大白眼，怪我打断了热身进程。

韩依依辅修心理剧，去年考取了美国的心理剧导演证，算是国内比较年轻的一位认证心理剧导演，她和医院原来仅有的一位上了年纪的戏剧心理治疗师分批带患者。

小栗子一脸窒息的表情，静音骂了一句，小声问我："怎么是韩姐啊？"

我坐下，道："本来就是她，这次是康复患者出院后定期的返院康复活动，她用心理剧的模式带比较合适，龚老师带的是住院患者。"

小栗子瞧着我的脸色道："哦，你没问题就好。"

小栗子对我和韩依依共处一室始终抱有警惕和惶恐，他是见我们吵架最多的一个。

韩依依花了点时间把患者的注意力再抓回去，让他们继续热身。患者中有一个二十八九岁的男生，远远地朝我点点头，嘴角艰难地上扬了一下，然后漠然地回头热身。

我立刻朝他大幅度招手，他肯定看到了，但他不再看我。

小栗子连忙抓下我的手："你再招摇，韩姐要来弄死你了！"

我放下手，盯紧那个男患者，只要他一回头，一定要让他看到我在注视着他。

这个男患者叫裘非，是三个月前出院的，人很腼腆，或者说是木讷，对康复活动很积极。他喜欢写作，出院后开了一个公众号，写一些短篇小说，通常都跟"神性"相关，虽然没什么人看，但我认为他是个很有灵气的写作者。

在他还住院时我就经常与他聊写作，一来二去算是熟悉了，但他总对我有些陌生，哪怕每次聊得很愉快，一旦脱离了聊天氛围，就又陌生起来，他对谁都是如此。

这也是我劝他参与康复活动时希望他改变的地方——重新建立与人的关系。

他的每场返院康复活动，只要我有空，都会过来看他。

小栗子好奇地问道："裘非为什么笑得这么难看？"

我说："哦，我逼他的。我跟他约好只要看到我，必须笑着跟我打招呼。"

小栗子翻白眼，说："也太勉强了，还不如不笑，裘非哪会笑啊，他哭都不会，他这人就没有情绪。"

我反问道："我让你关注他的公众号，他的小说你看了没？"

小栗子挠挠头："关注了，就是没时间看哇。"

我也不拆穿他，小栗子对这些东西本来就没兴趣。

我告诉他："你要是看了就知道，他不是没情绪，他情绪汹涌着呢，只是表达不出，都在文字里了。"

热身活动进展并不顺利，患者们放不开，做一些即兴动作的时候十分羞怯。韩依依给每人发了一个面具，只是一个寻常的白面具，用黑笔画着五官，都是一个表情，笑脸。

这是戏剧心理治疗里常用的技巧，利用一些小道具，让有社交恐惧的人逐渐抛开羞怯。

果然，患者戴上面具后，动作变大了点，刚开始三三两两聚在一起，现在总算能分开热身了。

我看着裘非脸上的那张笑脸面具，忍不住乐，估计他这辈子都不可能笑成这样，真想拍下来给他看。但心理剧是私密的,要给患者足够的安全感,不能进行拍摄。

热身活动结束后,进入主题,韩依依对他们说:"今天我们定的主题是,恐惧。大家回忆一下过往经历中觉得恐惧的一件事,不用太复杂,简单一些。"

"谁想来做今天的第一个分享者?"

大家习惯性地面面相觑,但是戴着面具也看不到彼此,三四分钟后,裘非举起了手。韩依依赞赏地把他请到了教室中间,其他患者在一旁排排站好。

"裘非想分享的是一个什么样的关于恐惧的故事呢?"

裘非好一会儿才开口:"以前在学校的一个故事。"

我一愣,裘非初中就辍学了,因为精神疾病的原因,再没去上学,所以他要分享的应该是他初中时候的故事。

这个故事里的角色加上他自己一共有四个人,都是同学关系,因为主题是恐惧,所以恐惧也会作为一个角色出现在心理剧里。

韩依依问:"还有其他角色吗?故事里让你印象深刻的物品或情绪都可以。"

裘非沉默片刻后说:"一条裤子。"

韩依依又问:"一条什么样的裤子?"

裘非回答:"校裤。"

韩依依说:"好,那我们就定六个角色。可以开始找演员了。现在,你在大家中间凭感觉找一个人,扮演你自己,做你的替身,你觉得谁跟你像,就把那个人牵过来。"

裘非朝大家看去,所有人都戴着面具,看不出所以然来,韩依依便让大家都摘下面具。

裘非一个个看了去,患者之中有的直视他,有的避开了视线。

他上前挑了一个偏瘦弱的男人,四十岁上下,看起来还算有气质。我见过他,他对我的点评令我印象深刻。裘非指着他说:"他。"

我看了看那个男人,没太看出他哪里和裘非像。裘非长得还挺壮实的,个子也高,这个男人比裘非矮小许多。但心理剧挑演员是靠潜意识直觉,外人看不出不要紧,关键是主角自己觉得像。

韩依依表示同意:"好,那齐素现在就是你的替身。"

那个叫齐素的瘦弱患者被裘非牵了过去,站在他身后。

韩依依说:"现在找一个人,扮演你的校裤。"

裘非挑了一个性格大咧咧的女人,把她牵了出去。

韩依依继续安排:"再找一个人,扮演你的恐惧。"

裘非对着患者看了一圈,转过了头,似乎是没找到合适的。突然,他朝场外走来,指着正看得有趣的我,说:"她。"

我不在心理剧小组内,只是个观众,但因为我也在这个私密空间里,原则上来说也算一员。戏剧心理治疗中,观众和演员其实是一体的,但能否选择还是得看导演的决定。

韩依依双手抱胸,语气带有调侃:"她啊,你觉得她哪儿像你的恐惧了?"

裘非没说出所以然来。

韩依依同意了,于是我就从观众变成了演员,任裘非把我牵去场中待着,小栗子在后头笑。

心理剧不需要演员具备演技,演技并不重要,心理剧里的"演员",重要的是依照分享者的叙述,把他的故事以某种形式呈现出来,让分享者看到,理清,从而达到宣泄的效果。它没有剧本,全都是临场发挥,要的就是在无准备状态下的即兴表达,所以任何一个普通人都可以作为演员进入心理剧。

裘非又找了三个人扮演他的同学,这三个同学,一个是领头,另两个是跟班。他挑的扮演领头同学的演员是个大块头,几乎是他自己的替身演员的两倍大,裘非叫他大兵。

韩依依道:"现在,请大家各自进入一下角色。"

齐素报告一般地说:"我现在不是齐素,我是裘非的替身。"

我也道:"我现在不是穆戈,我是裘非的恐惧。"

领头同学跟着说:"我现在不是谢志国,我是裘非的同学大兵。"

其他角色也如此这般念了一下。这是心理剧的一个小仪式,可以帮助角色入戏,同时区分自己和角色,暗示一会儿在表演过程中产生的任何情绪都是属于角色的,而不是自己的。

韩依依让裘非把场内角色的位置排一下。

裘非把我,也就是他的恐惧,排在离他的替身齐素最近的位置,但我和这替身却是背对着的,这说明裘非和他的恐惧是相悖的,他可能并不接受这份恐惧,却被它时刻缠绕着。

那三个同学，被他排成了包围替身的样子，领头同学站在替身正面，离得最近，其他两个跟班同学站在替身身侧。瘦弱的替身齐素和大块头领头同学站在一起，显得更瘦弱了，压迫感很明显。

而那位代表校裤的角色，被他排到了场外，站在椅子背后，距离替身最远，却是和替身面对面站着的。

这样排完后，人物关系图就基本出来了，也能分析出一些内容，这是我下意识的习惯。其实心理剧恰恰是不分析、只展现的心理治疗形式，它的核心是展现和体会，不是分析，就算有分析，也要等到表演结束后大家集体讨论。

剧开始了，裘非跟随导演韩依依的引导，叙述当时发生的事和角色所说的话，然后演员模仿他的语气、话语和动作，把当时的过程重现出来。

这是个关于校园暴力的故事。

在听到裘非分享的是关于学校的故事时，我就猜到了。

裘非当年发病的直接原因就是被同学殴打了，之后他便出现了耳闻人语、疑人害己的症状，幻觉和被害妄想日渐加深，医生诊断为精神分裂症，此后裘非再也没回过学校。

当裘非站在扮演大兵身后，叙述"大兵"殴打他的那段事情时，我看到韩依依犹豫了片刻，是否要让扮演大兵的演员当真演出殴打裘非替身的桥段，这会不会给裘非带去二次伤害。

类似的伦理问题，在心理剧中是不可避免的。

比如我曾参加过一个心理剧治疗小组，要对一个女生做被强奸后的心理干预，演员是否要重视那一段强奸过程，是否会对女生造成又一次的心理伤害，当时带领我们的导演治疗师也犹豫许久，最终在和女生反复确认好程度后，还是将过程演了出来。

事件的复演是心理剧演出中相当关键的一步，女生要借助复演，以第三者的角度旁观，借助替身，宣泄当时的恐惧，让她意识到，此刻的她已经安全了，那是过去的事情，是当时的无助困住了现在的自己，而现在安全的自己是有能力克服当时的恐惧的。

但像强奸这种极具冲击性的创伤，处理起来是相当复杂的。那个女生参与了七期心理剧就离开了，我不知道她最后有没有好，但在当时，我见证了她崩溃，然后在崩溃中重建。

校园暴力也同样棘手，但这件事已经过去十多年了，裘非在精神病院反反复复治疗了这么久，创伤感受应该降低了。尽管做心理剧治疗是第一次，但裘非在台上一直很冷静，几乎还没出现过什么情绪。

不过他没出现情绪，我不觉得好。

韩依依看了我一眼，她知道我和裘非熟悉，我点了点头，韩依依立刻做了决定，演。

于是，"大兵"按照裘非演示的，"揍"起了裘非的替身齐素，没有真动手，但也扎扎实实拍在了身上。替身齐素显然已经入戏，也可能是"大兵"的个头太大，压迫感太明显，尽管不痛，他却本能地喊叫了出来。

我立刻紧盯裘非。裘非只是漠然地看着，和往常一样，什么反应都没有，好像真的只是在看一个被殴打的陌生人。

我有些失望。

剧目继续，我在裘非眼里第一次看到情绪，是当他看向校裤这个角色时。

那条校裤，是当年他被大兵三人殴打后，被扒了带走的。他被留在厕所里，因为没有裤子没法走出去，就在厕所躲了一天，直到放学，天黑了很久后，才被学校安保巡逻发现带出来。

这条校裤他后来再也没找到。

裘非朝校裤那个角色走去，突然，教室的门被敲响了。

韩依依皱眉，她最反感治疗过程有人来打扰。

她让所有人停在原地，然后去开门。我望过去，看到一个西装革履的男人。

我和小栗子立马对视了一眼，八卦之火熊熊燃起，是韩依依的男人吗？韩依依这个三十多岁不结婚在外头花来花去的女人终于把男人招到医院来了？！

小栗子偷偷摸摸从后门出去听墙角，还没听几个字，就见韩依依快步回来了，先前的不耐烦一扫而空，满脸喜意，说心理剧暂时不进行了，让我们匆匆收尾，说有特别重要的人要介绍给大家。

我心知韩依依不是不务正业之人，她愿意打断心理剧，一定是有特别重要的事。

心理剧准备收尾，因为主题是恐惧，最后落脚点就选在恐惧这个角色上，韩依依让裘非对他的恐惧说一句话。

裘非于是站到我面前，看了我好一会儿，面无表情地对我说："你辛苦了。"

我一愣，裘非对他的恐惧说，你辛苦了。

我被冲击到。这份恐惧必然已经伴随裘非十多年，他摆脱不得，在被恐惧缠绕的过程中，最辛苦的一定是他自己。可在这份恐惧具象化后，裘非非但不骂它，还对它说辛苦了。

我分不清当下这份冲击是属于我的，还是属于裘非的"恐惧"的，毕竟我现在不是穆戈，而是裘非的恐惧。

韩依依说："裘非的恐惧，你有什么想对裘非说的？"

我有些战栗地抓起裘非的手，说："裘非，我，不是那么坏的东西，你让我留着，我不会害你，有一天，我会自己离开的。"

裘非顿了一下，然后木讷地点点头。

韩依依拍了一下手，说："好，现在请大家去角色化！"

齐素说："我不是裘非的替身，我是齐素。"

我说："我不是裘非的恐惧，我是穆戈。"

谢志国说："我不是裘非的同学大兵，我是谢志国。"

这是心理剧的闭幕仪式，为了不让演员把心理剧中的不良情绪带到生活中，区分自己是谁，进行这一步是非常有必要的。

韩依依让大家在原地活动，自己又匆匆出去和那个西装革履的男人说话。

她走之前，给了那个叫齐素的患者一个眼神，之后，齐素就带领大家活动了起来。

我有些奇怪，照理说，我在这儿，韩依依就算看我再不顺眼，我好歹也是个实习医生，带领这种事该交给我，怎么反而交给一个患者呢？

一些患者又重新戴上了面具，似是觉得好玩，裘非也戴上了，我注意到他总朝一个地方看。

是之前那个校裤的角色站立的地方。

对于这校裤，我也有疑良久了，便过去问他："为什么你把裤子排得这么远，却让它和你面对面？你这是想要它远离你，还是接近你啊？"

裘非摇摇头："我一直在找它。"

说完裘非去活动了，我在原地愣了一会儿，那条被施暴者带走的裤子，裘非一直在找——在心理上找。因为找不到，所以距离是远的；又因为想找到，所以摆在了对面的位置。

裤子竟是求而不得的一个象征。

我坐回到小栗子身边，出神地望着台上，望着望着突然发现，齐素带领得特别好，游刃有余，话术也很在点，甚至比韩依依都要厉害，轻描淡写几句话就切准了不同患者的性格，活动效率特别高。

我问小栗子说："那个叫齐素的患者，你认识吗？"

小栗子说："他啊，二科的患者，来了一段时间了。"

我说："住院患者？那怎么跟康复患者混一起去了？"

小栗子耸肩："不知道啊，韩姐带来的，他症状好像不严重，主任是允许了的。"

韩依依进来了，身旁是那个西装革履的男人。他不高，跟韩依依差不多高，但风度不错，进门就笑着，对患者挺亲切，让人挺有好感。

小栗子在我耳边吐槽："韩姐说过，比她矮的男人她都不考虑！"

我小声道："不一定，可能她年纪大了不挑了。"

韩依依的视线扫了过来，我俩立刻正襟危坐。她介绍了一下那个男人，叫孟施浩，做医疗投资的，先前我们医院康复人员做的咖啡吧计划，就是他投资的，可以说是我们医院康复患者的"金主爸爸"！

出院的康复患者，大部分依然是无法就业的，他们身上依然存在着各种社交障碍。因为长期住院，他们并不适应真正的社会生活，而且大部分工作又拒绝有精神病史的人，就算真就业了，也很可能因为工作和人际压力而复发。

可能有人会有疑问，为什么都康复出院了依然有问题？

其实医务人员对于精神疾病患者康复的定义，是经历了几个变革阶段的。最早，康复的标准是症状彻底消失，但这几乎不可能，大部分精神患者的症状都无法痊愈，而医院床位有限，于是有了"社区"概念。让患者在社区生活，这在国外比较兴盛，国内不多。

我们医院也有精神病患者社区，可以让他们在一个类社会的地方生活。然而社区终归有限制，患者依旧和社会脱节。在这个阶段，精神科的医务人员开始将患者的康复定义更改为：能够带着症状在社会生存。

既然症状无法完全消除，那么，让患者恢复社会功能，尽早回归社会，成为医院的主要治疗方向。

但许多治疗时症状较严重的康复患者，出院后仍需要长期的社会训练，才能真正进入社会工作。像戏剧心理治疗、读书会等，都是对康复患者进行的一些愈后训练。

先前我院的社区部门开了一个咖啡吧，由康复患者自己制作咖啡、奶茶、蛋糕、蛋挞等，工作分配包括制作、进货、收银、送外卖等，全院医生都经常给咖啡吧捧场，我平常的咖啡、奶茶、下午点心都是从他们那儿买。在医院的安全环境下，不需要太跟人打交道，又明确了绩效奖励的形式，很适合刚出院的康复患者恢复社会功能。

给这个咖啡吧投资的人就是孟施浩，但他今天来找韩依依，不是为了咖啡吧的事，而是另一件事：康复患者的社区巡演。

韩依依打算把戏剧心理治疗搬上舞台，就在我们院管理的几个患者社区进行巡演。

孟施浩打算投资这个巡演，希望不只在我们院的社区，也要扩展到其他医院的社区，虽说是走一步算一步，但他们拟定了一个长期的康复患者工作计划。

大家听完介绍后，流露出些许雀跃，他们把面具摘下来了，不知道怎么表达，就想以露出自己的全貌来感谢孟施浩。

孟施浩笑着和所有人握手，到裘非时，裘非没伸手，也没摘面具，孟施浩等了一会儿，大概知道这是个社交障碍的患者，也没勉强，拍了拍他的肩膀，去了下一个患者那儿。

直到孟施浩离开，所有患者都走光了，裘非都一直杵在原地，一动不动，顶着笑脸面具，看着门的方向。

我觉得他不太对劲，上前问他："你怎么了？"

裘非没回答我，依旧面朝门口。

我心神一动，问："你是不是认识那个孟施浩？"

裘非还是没动，我摘下他的笑脸面具，露出一张毫无表情的脸，虽然看多了他没有表情的样子，但他当下的模样，还是让我觉得不对劲。

"不认识。"

离开戏剧心理教室后，我去找了韩依依。

我问她："你要把心理剧搬上舞台？心理剧是私密的，因为私密才安全，这些康复患者可能还做不到把情感分享给这么多观众吧。"

韩依依解释说："观众也是患者，他们不会太紧张，而且没多少人，之前的社区患者联欢晚会你不是也去看了，一个社区统共不到三十个患者，他们其实是有表演欲的，上台之后，哪怕唱首歌，他们多高兴你没看到？"

我没有说话，我自然知道患者的内心是渴望被看到的，在被社会排斥，被工作单位拒绝后，他们需要的，是以任何一种形式肯定自己的价值。如今他们能去台上治愈其他患者，对他们来说，绝对是利大于弊的。

我说："会不会太冒险了，万一他们在台上没控制住。"

韩依依说："这个考验的是我的能力，你总不会是来关心我的吧。"

我沉默了。

韩依依又道："我要搬的不是心理剧，是剧。"

听她这么说，我也就了解了。她想做的是表达性艺术治疗，而不是单纯的私密心理剧，更改了心理剧的戏剧形式，适合舞台演出。

观众可参与的表达性艺术治疗，国内外都已经有很多了。我还在学校的时候，跟着韩依依参加过几个全息生命艺术治疗的工作坊，台上的人在演出患者的戏剧心理，台下坐着两三百人看，台上和台下的人产生共情，当时非常震撼我。

戏剧心理治疗起源于古希腊的酒神颂，人们在街上成群结队，唱唱跳跳，目的是跟酒神通灵。后来他们意识到，酒神颂并不能真的通灵，反而出现了观众和演员的区分，观众看着演员出演酒神和他的随从。从那一刻起，戏剧诞生了。

戏剧是自带治愈特性的，观众看到悲剧，对剧中人产生同情和恐惧，进而宣泄自身情绪。

古希腊的戏剧场都如同斗兽场那般，是圆形的，观众们环绕着舞台看表演。这里有个"井"的意象，而"井"又是潜意识的意象。最初的戏剧，目的就是让观众借由演员的表演，进行潜意识投射，发泄心中的痛苦和悲愤。

之后就出现了团体戏剧心理治疗的概念，发展出了心理剧——无准备状态下的表演，没有台本，全靠即兴发挥。演员、观众和分享者，三者同时在一部剧里宣泄情绪，再通过角色的互换理解对方的立场，达成与矛盾的和解。

韩依依很早就和院长提出进行舞台上的戏剧心理治疗，跟院长磨了很久，直到最近才谈妥。

我想起大一时，我初入学校的戏剧社团，韩依依读研二，是当时戏剧社的社长。我入社当天，韩依依就组织了一出无台本戏剧，我那时还不懂心理剧的概念。看完后，韩依依问大家戏剧是什么。我懵懵懂懂被抽起来回答，胡乱说了句戏剧的本质是治愈。也是这个回答，让我跟韩依依搭上了。

戏剧对于心理学专业的人有说不清的魅力，我们学院许多人都参加了戏剧社，可能是因为有大姐头学姐韩侬侬的宣传,我那一届的新社员一共三十多个,十个都是心理学专业的,这个现象直到韩侬侬退社都没有改变。

这么多年过去,韩侬侬依旧在坚持她想做的事情,虽然我和她现在关系恶劣,但我还是打心底里佩服她的。和她聊完后,我是支持的,任何进步都需要冒险。

第二天,裘非没有来。

他病情又发作了,现在在家里关着。

我很吃惊地问:"怎么会发作?他都已经好了这么久,一直很稳定的!"

小栗子也挠挠头:"不知道啊,就说发作了,他妈妈打电话来请假的。"

我给他们家打了个电话,他妈妈说裘非在睡觉,我没能和他通成电话。

直到第四天,裘非才重新回来。他似乎戴面具上瘾了,整场心理剧都一直戴着,韩侬侬也没有勉强他脱掉。

但他再也没有主动举手分享过故事。

韩侬侬决定把他的校园故事作为社区舞台的第一部心理剧,一来是对那天草草了结的补偿,避免在患者心里形成不被重视的郁结;二来是这个故事没完结,它既是个没有台本的故事,符合心理剧的模式,又已经演了半部,康复患者们都熟悉,不会那么紧张。

我有点担心,因为裘非的故事涉及暴力,万一刺激太大,现场混乱了收不住。

裘非总戴着面具,一副与世隔绝的样子。他变得不太积极了,看到我依然会点头,戴着面具,我不知道他有没有对我笑,但那面具在笑,仿佛就是朝我笑了。

我想起小栗子说的,太勉强了,还不如不笑。

我开始反省自己,是不是让裘非对我笑,就像他此刻戴的这个面具这样,又假又勉强,不应该强求他。

孟施浩来医院的次数变多了,主要来看大家的磨合进度。他不懂心理剧这一套,以为是有本子在排的。韩侬侬忙着带教,我就给孟施浩解释了一下心理剧,他挺有兴趣,还问能不能让他也参加。

虽然只是客套话,但他对患者不避之若浼的态度还是很让人亲切的。

我们在聊天时,总觉得有股视线盯着我们,我望过去,是裘非。那张面具笑嘻嘻的,一动不动地望着我们,一时竟有些恐怖。

孟施浩倒不觉得有什么,还开玩笑道:"看来我长了一副让患者很感兴趣的脸啊。"

我把孟施浩送出去，给他大概介绍了一下医院附近有趣的场所，孟施浩摆摆手："这里我熟。"

我说："您熟啊。"

孟施浩笑道："我初中就在这附近读的，那时候也基本玩遍了。"

我一顿说："育华初中？"

孟施浩："对啊，你知道啊。"

我心下一沉，问道："我能大概问一下您的年纪吗？"

孟施浩笑道："这有什么不可以问，明年就而立之年了。"

二十九岁，和裘非同岁。

我似乎知道裘非最近的反常是为什么了。

我回去找裘非，他依然坐在那儿，背挺得笔直，望着门口，直到我走入他的视线。他一顿，按照约定，朝我点点头，面具在笑着。

我相信，面具下，他此刻也一定艰难地扯起了嘴角，他答应过的，他会做到。

我走到他身边坐下，摘了他的面具，露出一张毫无表情的脸。

我问："孟施浩，就是大兵吗？"

育华初中，也是裘非初中所上的学校。

裘非僵住了，但什么都没说。

这就是默认了。

我觉得有点无力，不知该说什么，这世界也太小了，当年那个对他施暴的人，现在在对他施恩。

我把面具重新给他戴了回去。

我能做的，竟只是和他一样，遮掩起自己。

我把这件事告诉了韩依依，韩依依去问了裘非，上台是否会觉得勉强，裘非干脆地摇头，他想上台。

之后的心理剧活动，裘非一直戴着面具。有一回热身活动，面具不小心掉了，他慌张地去捡起，想戴上，但手忙脚乱，又掉回了地上，不小心踩烂了。

裘非僵在原地，盯着那只踩烂的面具。

我几乎当下就能理解他在想什么，他把当年被殴打的自己和这只稀烂的面具联系到一起了，为什么那时候稀烂，现在也稀烂？

齐素淡定地把那只踩烂的面具捡起，从道具袋里又拿了一只，裘非没有接，齐素就放了回去。

一旁的孟施浩忽然"咦"了一声，对我笑道："他长得好像我以前的一个同学啊。"

我顿住，不知该说什么。

这之后，孟施浩的目光就经常落在裘非身上，还自言自语了一句："他好像就是啊。"

心理剧结束，孟施浩朝裘非走过去，我连忙跟上前，心跳得很快。

孟施浩说："你是不是之前读育华初中的？你好像是我同学，叫裘什么？"

裘非漠然地看着他，我正要从中做调解，却听到裘非的声音："裘非。"

孟施浩说："对对对，就是叫裘非，你那时候就是这个德行了，不声不响的，哈哈，好巧啊老同学，真是好久不见了。"

孟施浩边说还热络地拍了裘非的肩膀，显得十分亲昵。

裘非下意识躲了一下，躲完后，身体又僵硬了。

我在旁边看着，孟施浩比裘非矮了许多，也没有他壮，可他那带有示好意味的轻轻一拍，对裘非却如千斤重。

我又想起了裘非的心理剧，他给自己找的替身那么瘦弱，给孟施浩找的替身却那么高大。它无关两人现实的体格，哪怕这么多年过去，裘非在体格上已经完全超过了孟施浩，可两人在裘非心理上的模样，却永远定格在他十五岁挨打的那一刻。

孟施浩收回了手，说："哦哦，你们介意这个是吧，我冒犯了，别介意啊，我就是许久没看到老同学了，高兴的。"

孟施浩又热络地说了几句，走之前还朝裘非比画眼色："你们这个心理剧有主角的吧，老同学我肯定照拂你做主角呀。"

孟施浩走开去拿包了。

我和裘非僵在原地，远远看着那个男人笑容满面地和其他患者打招呼。

我说："他……"

忘记了，孟施浩全忘记了。

那天，裘非再没说过一句话。

我照例送孟施浩出去,路上他问我:"裘非什么病啊,真是可惜,当年好好一小伙子,怎么患上这种毛病了。"

我不知该说什么,便问他:"您当年和他很熟吗?"

孟施浩还沉浸在老同学见面的气氛里,答说:"还行吧,我是班长,对班里的人总要熟个透的,他吧,总是不声不响,也不跟人玩,我记得他作文好像写得不错。"

我不出声,走了几步,听到孟施浩带点了然的笑意说:"原来是有病啊,我就说当年怎么每次问他要个作业本,他都像听不懂话似的,要说好几遍……哎,穆医生,他这个病是听不懂话的吗?"

我说:"……不是。"

孟施浩摇摇头说:"他不容易,你们也不容易,都辛苦啊,好了不用送了,你快回去吧。"

他哼着小曲出了医院大门。

我停在门口,孟施浩刚才跟我说话的语气,是带着社交亲近的,裘非在他嘴里,不过是一个社交谈资。

他真的不记得自己打过他了。

我回头,一顿,裘非正站在我身后,我差点忘了,他也是要回去的。

我不知道他跟在我们后面多久了,孟施浩的话又听到了多少,我迈不开步子,甚至不知如何开口喊他,仿佛刚才我听了孟施浩的话,变成了对他二次伤害的帮凶。

裘非走近我,和往常一样,勉强地扯起嘴角,点了点头,然后越过我离开。

天色渐黑,他朝许多车走去,那些车头灯像在来回杖打他。

那天晚上,裘非的公众号更新了一篇小说,篇幅非常短,是个寓言故事。大概讲的是一个渔民从水里捞起一条鱼,先放到桶里,再放到盆里,再放到锅里,再放到盘里。渔民异想天开,把吃剩的鱼骨埋进土里,希望里头长出鱼来,还是原来的那条。

文末写了两句话。

他们作恶,然后忘记。

他们作恶,然后忘记。

短短一千字的故事,我看了三个小时,反复看,反复看。

终于到了社区巡演的第一场,我到的时候,韩依依和所有患者已经在台上做热身活动,陆陆续续有社区患者进来,那是个非常小的礼堂,也就三四十个位置。

孟施浩也到了,招呼我去他旁边坐,给我看刚才相机拍的,笑道:"裘非还挺上镜啊,哈哈,是不是?"

没有,那张照片上的裘非,似乎是刚上台,脸上是木讷和无措,看着很蠢。

社区患者们全都到齐后,剧目开始了。

裘非依旧挑了齐素做自己的替身,但扮演大兵的演员,他换了一个身材不那么高大的,恐惧这个角色没有了,不知道是韩依依删的,还是裘非不想找。

开始都和先前那次一样,进展挺顺利,我朝后看,社区患者们都看得挺带劲。

问题是出在大兵的故事复演那里。

"大兵"站在裘非身后,依照韩依依的指示,裘非现在要把大兵当时的情况演出来。

裘非面对着齐素,也就是他的替身。

他用当年大兵的语气对齐素说:"哎,你们说他是不是听不懂人话,这么打都不吭声,跟个木头似的,难不成要改劈的?不是哑巴呀,嘴长了不叫,那是干什么,哦,吃啊……来,把他嘴给我掰开,谁对着他嘴撒个尿,看他会不会叫……你敢咬我!给我打!把他裤子给我扒了!扒干净!"

裘非说完,喘了会儿气,最后那句他几乎是吼出来的。

全场寂静,韩依依呆了片刻,先前那次根本没有这段,裘非从没有这么说过话。

我已经怔住了,这还是那个不假言辞没有情绪的裘非吗,心理剧的场景设定让他完全释放出来了。

甚至脱节了。

扮演大兵的演员傻了,接下来他该把裘非这段话给复述出来,但别说这么一大段词能不能记住,光是里头的话就让他无法开口了。

韩依依冷静道:"大兵,复述出来,你记住什么就说什么,一句话也可以。"

扮演大兵的演员显然被裘非吓到了,他的面部出现了混乱,有些手足无措。他本身也是个精神分裂愈后患者,刚才裘非的状态对他是有冲击性的。

"大兵"努力地开口,混乱地抓住他仅记住的一句话,学着裘非的样子,恶狠狠地大喊:"把他裤子给我扒了!扒干净!"

患者观众中隐隐有了些骚动,韩依依立刻引导下一步,请裘非给替身演示,当时的自己是怎么回应大兵的。

裘非站到了"大兵"对面,齐素跟在他身侧。

裘非死死地盯着"大兵",扮演大兵的演员害怕地后退了一步。

良久,裘非才开口:"我的裤子在哪里?"

我心一沉,这显然不是裘非当时对孟施浩说的话,那个时候裤子还没藏呢,这句话,是现在的裘非在问,裘非失控了。

韩依依明显也意识到了,但她镇定地任其发展。

同样冷静的还有裘非的替身,齐素,他学着裘非的语气,复述:"我的裤子在哪里?"

裘非又问:"我的裤子在哪里?"

齐素:"我的裤子在哪里?"

裘非:"我的裤子在哪里!!"

齐素:"我的裤子在哪里!!"

裘非:"我的裤子在哪里!!!"

齐素这回没说话。

裘非的表情已经满是狰狞,"大兵"连连往后退,裘非复读机一般凶狠地问,他压抑了太久无法纾解的情绪在这一刻爆炸了,越是压抑的人,爆炸起来越可怕,我的心沉到了底,现在没人能拉住裘非了。

裘非似乎再也忍不住暴怒,他推开了"大兵",往台下冲来,朝着孟施浩的方向。

我立刻起身挡在孟施浩面前,裘非比孟施浩高大太多了,他要是真的想揍人,孟施浩就惨了,裘非也惨了。

裘非几步就冲到了我面前,他双目赤红,已经不认人了,我几乎是哀求地看着他,不行,不可以,裘非,要冷静。

他这一刻是不可能看懂的,从来没情绪的人,从来压抑着的人,在这一刻终于释放了,而一直劝他释放的人此刻却要阻拦他,我都讨厌我自己,可我必须得站在那儿。

我以为自己会被裘非打出去,但裘非却停住了,虽然依旧面色狰狞。他停在我面前,对着我疯狂地质问:"我的裤子在哪里!"

"我的裤子在哪里!!!"

他对着我一遍遍地问，凶狠至极，他问的是我身后的人，因为被我挡住了，他便只能看着我问，不停地，一遍遍地问，甚至问出了一股委屈，为什么要拦他？

我有些想哭，直到这一刻，他怒发冲冠对着我质问的这一刻，我才明白了裤子指代的是什么。

是他那时未尽的勇气。他执着的是裤子，而不是挨打的那几拳。

他一直无法释怀的，不是挨打的当下，而是被打之后，他被困在厕所的十多个小时。

为什么他没能鼓起勇气冲出去？为什么要被羞耻心束缚？不是他的错，可为什么是他这么多年背负着错的结果生活？

他一直在心理上找的那条裤子，是他当时失去的，继而永恒失去的勇气和活下去的底气。

所以再见到孟施浩，戴面具藏起的人是他，而不是孟施浩。

为什么被施暴的人，反而是羞耻的？

裘非面目凶狠，声色俱厉，只有我看到他的眼泪流了下来，他依然在问："我的裤子在哪里！！！"

暴力是一瞬间的事，承受暴力却是漫长的。

之后场面陷入混乱，心理剧终止了。裘非是被赶来的工作人员押回去的，直到他走远了，会堂里还回荡着他那一声声的吼叫"我的裤子在那里"。

韩依依在台上僵硬了片刻，开始组织台上所有人去角色化。

我两腿发软，摔坐在椅子上，朝边上看去，孟施浩的面色也不太好。

我问他："裘非的裤子在哪里？"

孟施浩皱眉问："裤子？什么裤子？我怎么知道他裤子在哪里。"

我愣住了，说："你还没想起来？"

孟施浩拍了拍衣服，说："你说他刚演的啊，当时好像是有这么回事，这都多少年了，他怎么还记着，有病。"

我说不出话来。

孟施浩说："你们这就算是演砸了是吧。"

原来他的面色难看，是在心疼钱。

孟施浩叹口气，起身故作宽解道："我也知道你们这个是不容易的，不过下次还是排排好吧,不要搞什么没剧本的了,就正常的本子不行吗。"

我不知道该说什么。

孟施浩拍拍我的肩说:"别气馁,下次好好弄,这不还有时间吗,至于他演的这个事儿,谁没有年少不懂事的时候,成熟点,别记着了。我先走了,你们收拾吧。"

孟施浩走了,他把忘掉施恶,称作成熟。

我相信他是真的不记得裤子在哪了,他可能压根不记得自己真扒过裘非的裤子了。

回到医院,我得知裘非把自己关起来了,谁都不让进,进去他就摔东西。大家都不敢贸然进了,这也是破天荒,裘非从没惹过事。门口围了一圈人,有医生也有患者。

我走过去,小栗子立马拉住我:"不让进的,你别白费功夫了,等主任回来吧。韩姐被叫上去挨骂了,主任做中间人去了。"

我还是往里走说:"我能进。"

小栗子急道:"你怎么知道你能进?"

我说:"因为我是他的恐惧啊。"

我敲门,打开一条缝,问:"裘非,想见见你的恐惧吗?"

裘非缓缓转头,看着我,不吭声,也没有表情。我踏入一步,他没有扔东西,我就知道稳了,我关上门,走到他面前。

裘非看着我,一声不响,我坐到他对面,笑着问他:"你的恐惧,你又见到它了,它现在环绕着你吗?你想骂它吗?让它滚?"

裘非不出声。

我继续道:"或者现在你最想见的不是恐惧,而是你的委屈?你的愤怒?都可以,把我当成它们,对它们表达吧。"

裘非看了我许久,道:"穆医生。"

我一愣,又差点要哭。在这种时候,他也没想迁怒我,他在说,你不是我的恐惧,不是我的愤怒,不是我的委屈,你就是你,穆戈。

我们安静地坐了许久,我能感觉到他的气焰已经过去了。

我说:"记得我作为你的恐惧时说过,我不是坏东西,有一天我会自己离开。"

裘非看着我。

我说:"现在,我想作为你的痛苦,也这么说。我能感觉到你这么多年来的痛苦,你遭受了特别糟糕的事情,但它也许,成就了你写作的敏感和灵气,你的痛苦,不是毫无意义的,你找不到的那条裤子,可能给你做了一件新衣。"

裘非直勾勾地看着我说:"可我不必要非得是个敏感的作者,我宁愿自己是个愚蠢又快乐的商人。"

我一顿,再说不出话来,几乎是逃出那间病房的。

我这套痛苦意义化的说法真是太无耻了,我曾经多么反感这种说法,裘非的回答,就是这种说法的天敌,无解。

无论再怎么去意义化痛苦,终究抵不过四个字,叫"本可以不"。

我站在医院长廊,觉得哪里也有一道车灯在来回杖打我。忽然身边经过一个人,穿着病服,是齐素,他对我说:"不要肯定他的过去,肯定现在就好。"

我一愣,茫然地问他:"那过去怎么办呢?"

齐素笑道:"年轻人才会问这个问题。"

齐素走了,他轻飘飘的,走路似乎都没有声音。我一直看着他,渐渐的,先前那种厌弃自己的心态消失了。

我忽然想起来,啊,我是见过他的。之前宇可宇奇的事,就是他在茶水间,说我做的山的比喻很傲慢。

跟那天一样的背影。

韩依依被处分了,将患者的心理剧搬上舞台的事暂时搁置,我去看她时,发现她正跷着腿在看电视吃零食,满地的包装袋。

我嫌弃地进去,本想慰问她的,可看她这副样子,我一点慰问的心思都没有了,只干巴巴道:"我觉得你没有失败。"

韩依依一脸被雷轰了的表情:"至于吗,都轮到你来同情我了,这事儿本来就不容易,我有心理准备。"

我点头,离开了。我那话不是同情,是真的这么觉得,作为舞台表演来说,这出剧虽然是毁了,可作为心理剧,它是成功的。

裘非虽然还是没能找到他的裤子,但他不再找那条裤子了。

他依然热衷于康复活动,甚至比之前更热衷了,"看到我必须笑"的指令也在继续着,虽然那笑依旧勉强,却没有以前那么僵硬了。

他有过一次情绪的开闸泄洪后,终于开始和情绪做朋友了。

孟施浩还是常来医院，他这人有点邪乎，有一回要他买点道具，他就拎了一马甲袋的裤子来，我都捂脸了，觉得很是尴尬，他却理直气壮，拍了拍裘非说："不是你要找裤子吗，旧裤子有什么好的，新裤子随便挑。"

他的语气着实不像是在讽刺，尽管他做的这件事是讽刺的。我觉得裘非的形容真准确，孟施浩就是个愚蠢又快乐的商人。愚蠢到，你无法跟他去计较恶这件事。天真和残忍本就是近义词。

裘非真的挑了一条拿了回去，像个仪式一般，终止了他长达十四年的找裤子活动。

后来，他依然运营着他那看的人不多的公众号。他每发一篇文章，我都看，都点赞，用行动告诉他，我关心他的写作，不是关心他从痛苦中开出花，只是关心花。请忘了在泥里的时刻，而仅作为一枝花活着。

猫女
——依恋遗传

Story-10

我第一次见茉莉，是在医院的厕所。她缩在马桶和隔板的空隙里，淡定地看着慌张的我，眼神冷清得完全不像一个十一岁的女孩。

她身体虽不大，但绝对没有我想得小，我难以想象她是怎么能缩到马桶后边去的。

小栗子把她抱出来的时候，她已经在里面藏了十七个小时。

事情发生在上周四晚上，我独自查房，患者们吃过晚饭已经回房休息，整个临床二科的病区只亮着哑光的白炽灯。突然一声猫叫声传来，吓了我一跳，然后是接二连三的叫声。

照理说病区是绝对不可能养猫的，哪个护士这么大胆，把猫带医院来了？那叫声听着特别抓耳，我顺着声音走到病区的厕所，是从最后一个隔间传出来的。

当我试图开门时，发现门打不开，里面的叫声也停了下来。

一只猫，溜进医院的厕所，还反锁了门？

我一头雾水，打电话给小栗子，让他带点工具过来撬门。小栗子打了个哈欠，说让它自己跑出去不就得了，一会儿才后知后觉骂了一声："厕所根本没窗啊，它怎么跑进来的？"

小栗子来之前，我就把那门打开了，确切来说是它自己开的。门没锁，是用拖把从里面抵住的，拖把倒了，门缓缓弹开。然后我看到了那只"猫"——穿着病号服的女孩，缩在马桶后面，面无表情地看着我。

她叫了一声，是猫叫声。

我头皮发麻，僵在那儿，小栗子也到了，他愣了一下，认出了那女孩，道："茉莉？怎么从一科跑到二科来了？一科找她都找疯了。"

临床一科是女病房，二科是男病房。

小栗子通知了一科，来了好几个护士，带头的是刘医生，满脸焦灼。

茉莉是他的病人，本来安安静静任小栗子抱着，一看到刘医生，她又开始挣扎起来，猫叫声凄绝惨烈，似乎饱含愤怒。

那声音太响太尖利了，像真的猫，但又远比猫叫声响，我一阵鸡皮疙瘩。整个二科应该都听到了，患者被刺激到，病区传出些骚动。

一伙人架着茉莉迅速回了一科，小栗子也跟去了，因为茉莉揪着他那头栗子卷毛不放。

我问刘医生："她为什么这么仇视你，你抢她鱼了？"

刘医生丝毫不为玩笑所动，嘴抿成一条线，说："要真是一条鱼就好弄了。"

直到我查完二科的房，还能听到一科的动静，茉莉的叫声穿透力太强了。后来调了监控，发现她是躲在餐车里被送到二科的。那餐车本来就不大，还放满了餐盒，我想这女孩是不是有缩骨功，怎么什么窄小的地方都能藏进去？

茉莉是上个月入院的，症状是学猫叫。她现在十一岁，从八岁开始出现猫叫的症状，每回入院一个多月就出院，如此持续了三年。

我问刘医生："她只会猫叫吗？会说话吗？"

刘医生回答："不会。她的症状一般会持续一个月，这个周期结束后会说话的，一旦她开始说话，就表明她的异常行为快结束了。"

我问道："她这是周期性的啊？"

刘医生点点头："嗯，每年三月和十月发作。"

我知道，很多精神疾病的症状是周期性的，在特定时间复发，时间过去之后又好了。比如曾有个男患者患有抑郁症，但只有每年六月份的前三周才发作。最初的原因是他当年高考落榜，于是每年的六月，他都会毫无缘由地陷入抑郁。

哪怕那年六月他刚结婚，事业有成，家庭美满，也会陷入绝望。他来到医院时一头雾水，说他近期完全没有值得抑郁的事，莫名其妙就抑郁了。

其实很多重大事件都刻在心里，患者自以为忘掉了，身体却替他一直记着，症状会反复提醒他。在和医生充分地沟通过当年高考落榜的感受后，他的周期性抑郁症再没有发作过。

我问："三月和十月，茉莉有发生过什么事吗？"

刘医生摇头："没有，问过家属了。"

我想了想，说："三月和十月，分别是开学后的一个月，会不会跟她在学校有关？她学习怎么样？或者有没有在学校受欺负？"

刘医生说："她最初来的时候才八岁，也就二年级，学习没什么问题，她母亲也去跟老师确认过校园暴力的事情，都没有。"

也是，这种基础联想，我能想到，刘医生肯定早就想过了。

我跟着刘医生去见茉莉，她缩在床底下不肯出来，护士去扒拉，茉莉就咬，一个护士的手已经被咬伤了。护士们拿她没办法，只好守在床边，防止她溜出来再逃跑。

刘医生蹲下身，探去床底下，还没开始讲话，茉莉又尖利地叫了起来，叫声像饱含愤怒的猫叫声，惟妙惟肖，我几乎可以想象她炸起全身毛的样子，像一只真的猫。

刘医生不再刺激她，起身了，面上显出冷意，似是耐心耗尽。

我观察了一会儿，去前台找了一个原本放钥匙用的不锈钢小盆，洗了一下后，问一个护士要了包饼干，捏碎，放在小盆里，再回到茉莉房间，把那小盆搁在离床边不远的地上，嘬了几声嘴。

刘医生立刻意会，和我一起退开了。护士们躲着不出声，约莫五分钟后，茉莉出来了，四脚并用地爬出来，很谨慎，朝那小盆嗅过去。

她安静地趴在地上吃起了饼干。护士们松口气，开始准备换洗衣服去给茉莉洗澡。

茉莉的一系列举动，都跟猫太像了，简直一模一样。喜欢缩进窄小的地方，跟猫一样的愤怒表达方式，跟猫一样冷清的目光。

那么就要考虑另一个问题：她是在模仿猫，还是真的认为自己是猫？

我问："她学得这么像，应该和猫长期一起生活过，她家养猫吗？"

刘医生沉默片刻："养过，三年前死了。"

我一顿，道："三年前死的？那不是刚好对上了吗，茉莉就是三年前发病的，她的病症跟猫死应该有关？"

刘医生不说话。他的反应让我有点奇怪，从先前在二科找到茉莉时就是如此，苦大仇深，又讳莫如深。

我问:"猫是几月份死的?"

刘医生说:"一月。"

我说:"一月啊,和三月、十月的发病周期对不上。三月还离得近一点,可能情绪滞后了,那十月份又是为什么?"

我还在絮叨,刘医生已经把我揪出去了,还说:"你不是轮岗去二科了吗,跑一科来混什么?实习日志写好了?成天这么闲?"

我耍赖道:"我来学习啊,这个病例我没见过,好奇。"

刘医生板着脸说:"好奇害死猫,她不待见你。"

在刘医生把我撵走前,我抓紧机会问:"跟猫死有关,是不是要给她做哀伤处理?她没能接受这个事实,舍不得那只猫,所以把自己变成猫了?"

刘医生看了我一眼:"本来就准备要做哀伤处理,但她极其不配合,最近更是每见我一次都要逃跑。"

这样我就理解刘医生的苦大仇深了。给孩子做哀伤处理本就比给成人做难,领会死亡,并且消解死亡的概念,是比较抽象的,再加上孩子不配合,难上加难。

茉莉回避刘医生的倾向特别明显,她抗拒治疗。

从精神分析的角度来说,所有症状存在,都是为了让患者活下去,是患者需要症状,症状才出来的,所以抗拒治疗是本能的。比如茉莉无法接受猫死,于是让自己以猫的样子存在,潜意识欺骗自己猫还在,她才能活下去。

我立刻思索起来:"她是被家属强制送来的吧?她不配合会不会是因为那猫死得有由头,比如就是她弄死的,她心里有愧,所以必须保持症状才能获得心态平衡?一来自己作为猫的实体否认了猫的死亡,纾解焦虑;二来和猫置换角色用以惩罚自己?"

刘医生无语地冷眼看着我:"接着编。"

我闭嘴了,他在一科带我实习的时候,就极其讨厌我这毫无根据大胆假设的习惯。

刘医生说:"那猫就是偷溜出家被车轧死的,跟她没什么关系,直接发病原因应该就是无法接受猫的死亡,她和猫很亲近。"

我说:"哦。"

刘医生不耐烦地摆手道:"回你的二科去。"

我说:"哀伤处理打算怎么做呢?给她的猫办一个葬礼吗?"

刘医生说："嗯。"

葬礼是一种告别仪式，患者在仪式中向逝去者表达未尽的哀伤，承认死亡，达成心理上的道别，哀伤处理就在这个环境里发挥作用。

人活着是需要仪式的，不良情绪是水，它一直流，仪式就像是给它画上一个水龙头，哪怕是假的，人在心里有了水龙头的概念，就有了开关调节的概念。

哀伤处理定在这周，做之前茉莉又溜了一次，还是在二科找到的。不过这回不是我找到的，是齐素找到的。

齐素是二科的男患者，四十出头，身材瘦弱，书生气质。他的症状不严重，和康复学员一起参加戏剧心理治疗，是在患者中我能讲上话的。之前康复患者裴非的失控事件，他还给了我很大启发。

在我们找得焦头烂额时，齐素发出了猫叫，非常自然，他一边走一边学猫叫。

我一顿，其实我本来也想学猫叫的，一时没拂开面子，齐素却直接得很，不断调整着猫叫的语调，丝毫没有扭捏。

他真的在找一只"猫"，而我还是在找一个人。

没一会儿就有一声回应了，是茉莉。她藏在活动室的箱子里，齐素去把她抱出来，茉莉在齐素怀里很乖，叫声也很柔和。

我有些愣，问齐素："你们认识啊？"

齐素逗了下茉莉说："先前放患者去花园散步，她也被带出去了，那个时候认识的。"

我点点头表示明白："她频繁往二科跑，不是来找你的吧？"

齐素笑道："可能吧，她大概觉得我亲切。"

茉莉依偎在齐素身边的样子真是太和谐了。我从齐素身边去牵茉莉，她不肯走，目光虽冷情，但明显对我有敌意。

我疑惑道："我没招她吧。"

齐素说："你的白大褂招她了，她不想见医生。"

我明知故问："她为什么不想见医生？"

齐素说："大概，见了之后会失去什么吧。"

我一顿，问："失去什么？症状？"

齐素不说话。

好一会儿，他才道："穆医生，不然你问她吧。"

我说："……她也不会回答我啊。"

齐素说："你有试过模拟患者吗？"

模拟患者？这个词我第一次听说。

齐素接着说："模拟患者，把自己当成患者，尽可能地呈现症状，极致共情。"

我有些惊讶，齐素经常能说出些让我愕然又戳中我的东西。我还没来得及回话，刘医生就来了，他打断了我们："做医生不至于做到这份上吧。"

齐素笑了笑，没再说话。刘医生抓过了茉莉，茉莉又开始拼命挣扎，那种穿透天灵盖的叫声又响了起来，在那尖锐的一声声中，回荡在我耳边的却是齐素的话。

如果患者不配合，哀伤处理其实是没法做的，茉莉拒绝哀伤，不承认事实，就算把碑立她面前都没办法。

刘医生把茉莉的妈妈叫来了，她妈妈姓姜，离异独自抚养女儿，小栗子叫她姜女士。姜女士来了之后，茉莉就变了。在姜女士面前的茉莉，就是只奶猫。

看得出她们母女关系非常好。

我有些欣慰，姜女士没有嫌弃或是抗拒茉莉的症状。是否具备强健的社会支持系统是患者能否康复的关键，亲人的态度尤其重要。如果姜女士不喜欢茉莉，甚至厌恶她，那茉莉的治疗就会更难。

逃避妈妈的厌恶这一现实，会把她更加往症状的世界赶去。

我和小栗子杵在一旁看，小栗子很喜欢茉莉也很喜欢姜女士，他看着看着忽然道："穆姐，也有狼孩什么的啊，茉莉这样，也不算太不正常吧。"

我点了下他的栗子头说："狼孩是狼养大的，是环境使然，如果茉莉是猫养大的，那正常，可她是人养大的，这就有问题了。"

小栗子咂嘴叹息。他不知道此刻我背上冷汗直冒，我偷偷地拿起手机，小心地录下了眼前让我毛骨悚然的一幕。

姜女士离开后，我立刻拽着小栗子走到刘医生面前说："我有东西给你们看。"

我把刚录的视频放出来，刘医生立刻就是一个白眼说："你这是侵犯患者隐私！"

我挥着手机道："行行行，你继续给我扣分，反正我在你手下的实习记录已经惨不忍睹了，大不了就负分，实习不及格，明年咱接着见。"

小栗子喜道："好啊好啊，那明年我也不用充饭卡了。"

一番掰饬之后，我们三颗圆润的脑袋终于凑到桌前开始看我违规记录下的画面。

视频里是茉莉上半身趴在姜女士腿上，姜女士正在听刘医生讲话的画面，当时桌子挡住了刘医生的视线，他看不太清。

放过一遍，刘医生的面色凝重起来。小栗子一头雾水问："这有什么问题？"

我翻了个大白眼，恨铁不成钢。

刘医生道："她们太亲近了。"

小栗子还是满脸问号，我直接上手，揪着小栗子挠他的下巴，另一只手揉他的栗子卷毛头，从头揉到腰，笑眯眯地问："我温柔吗？我们亲近吗？"

小栗子浑身鸡皮疙瘩都起来了，一蹦三尺远，护士帽都歪了，指着我大骂："你拿我当狗撸呢！"

我摊手，看着他，小栗子在不带重样地对我静音骂了半分钟后，终于反应过来了，渐渐地脸色变了，他戴正护士帽，冲过来抓起我的手机又放了一遍。

视频里，姜女士认真听着刘医生的话，一只手亲昵地挠弄着茉莉的下巴肉，另一只手抚着茉莉的头。茉莉趴在她腿上，她的手从茉莉的头顺到腰，再摸回去。茉莉舒服得眯着眼，头跟着姜女士的手一晃一晃的。

小栗子一时半会说不出话来。姜女士的手法，是标准的撸猫姿势。

我和刘医生对视一眼，道："茉莉这样，很可能不是她自己变成的，而是姜女士，在把茉莉当猫养。"

小栗子惊了许久，道："也不一定吧，毕竟茉莉这样发病也三年了，姜女士可能只是学会了怎么和茉莉相处，顺着她，让她开心？"

刘医生说："茉莉的周期性症状只有每年三月和十月，每次只持续一个月不到，一年两次，每次中断大半年，姜女士不可能达到接受、适应并溺爱女儿病症的程度。"

刘医生用了"溺爱"这个词，一下子戳中了小栗子。

我提示小栗子："关键不是姜女士的动作，而是她的态度。女儿得病了，就算再想表达怜爱，她心里应该是抗拒的、悲伤的，但你看她，觉得她悲伤吗？"

视频里，姜女士虽然没有笑，但每一次，茉莉回应了她的"撸猫"举动后，她的情绪都有些微的雀跃，她在高兴。

小栗子说不出话来了，姜女士原本温柔坚强的美丽面容，此刻突然有些可怕。

看他垂头丧气的，我问："你为什么这么喜欢姜女士？"

小栗子挥着手说："她很漂亮啊，而且很温柔，每次来医院都给我带吃的，我都说我们不能拿吃的了,她还喂我饼……"

说到这他说不下去了,似是想到了什么,脸色变得惨白。

我同情地摇摇头,说:"喂你什么?饼干?哦,她可能是猫养腻了,想养狗子了。"

小栗子的脸垮了,瘪着嘴,一副要哭出来的样子:"我真的这么像狗吗?"

我无语。认识小栗子大半年,他每次的抓重点能力都让我吃惊。

即将下班,我收拾好办公室准备撤退,整理病案资料时,我忽然注意到姜女士的名字:姜木离。

我念了两遍,笑道:"哎,你们说,木离,木离,听着像不像茉莉?"

另两人都当玩笑地回了个不冷不热的"呵",没一会儿,气氛就有些不对,他们想了想,念了念,还真有点像。

一种精神病院医生直觉上的像。

我又想到什么,问了一句:"哎,你们谁知道茉莉的猫叫什么名字吗?"

气氛更不对了,我们三人都僵了一会儿。

茉莉的猫,也叫茉莉。

刘医生打电话问了姜女士,姜女士说是叫起来亲切,就这么取了。

这个家,有三个茉莉。

茉莉开口说话了,意味着三月的周期结束了,姜女士来接她回家,向我们表示了感谢,小栗子有些尴尬,但依旧对姜女士好声好气的。

刘医生说了一些和往常一样的注意事项,姜女士认真地记下了。

姜女士和我不熟,她温柔地和我说再见时,我也笑眯眯地说:"再见呀,十月份再见。"

姜女士起先没什么反应,似乎觉得这句很理所当然,后来才顿了一下,朝我点点头。

我在后面招手说:"等您再亲手把茉莉送来哦。"

姜女士又看了我几眼,走远了。

小栗子期期艾艾地回前台去了,我和刘医生又站了一会儿,我问:"刘医生,你是不是早就知道姜女士有问题?"

刘医生不说话,算是默认了。那天我给他看视频时,他并不惊讶,而且从最开始，他对茉莉就总是表现出一种矛盾和犹豫。

我继续说:"你知道茉莉是这个家庭的索引病人。"

刘医生在门口站了很久，还是不说话。话已至此，我也不再说了，我耸耸肩，回头离开，找小栗子吃中饭去。

茉莉是姜女士家的索引病人，她的猫化症状是服务于这个家庭的，或说是服务于姜女士的。刘医生比谁都清楚，就算茉莉在这里治好了，她回去依旧会复发，因为真正有问题的是姜女士。

这也是家庭治疗在精神治疗中兴起的原因，单个患者的治愈其实没用，当他回到家后，又会被固有的生活模式困住，呈现出症状来。

要治疗的不只是一个人，还有整个家庭的生活方式。

但这个对精神科医生来说，是超纲的。每天接诊的患者太多了，精神科医生不像家庭治疗师，后者可以预留足够的时间和耐心只为一个家庭服务。在这一点上，刘医生是被动和无奈的。

虽然我觉得他本来就不喜欢多揽麻烦事，能躲就躲了。

约莫一周后，刘医生带着我和小栗子去姜女士家做随访。

这可真是破天荒，以不多生事为宗旨的刘医生居然主动揽了随访的活，像他这么忙的医生，完全可以不用亲自走随访，交给社工部就可以了。

小栗子小声说，刘医生一定是看上姜女士了。我立刻说放心，我更支持你，姜女士看着像喜欢吉娃娃，不喜欢哈士奇。

小栗子脸红了一大圈，又对我进行了长达半分钟不带重样的静音辱骂。

姜女士家小小的，很温馨，一进家门，我左右的两个门神就礼貌客气地跟人鞠躬寒暄了半天，然后规规矩矩地坐在沙发上，等着姜女士泡茶送小饼干来。

我心里叹气，一个知情理，一个要面子，那么不知情理不要面子的就只能是我了。我从沙发上起来，冒昧地说:"姜女士，我能随便参观一下吗?"

姜女士显出为难，但我都提了，她也不好拒绝:"家里挺小的，参观也算不上了，茉莉，带姐姐看看。"

小栗子小声哼哼:"姐姐?叫姨还差不多。"

我顺路拔了他几根头毛，跟着不太情愿，但还是牵起我的茉莉，进了房间。房间收拾得很干净，没有我想找的东西，应该在我们来之前就整理过了。

但姜女士可能不知道，很多东西，不需要靠亲眼所见。

我闻到了猫粮的味道，并不轻。她们常年生活在有猫粮的环境里，可能已经嗅觉疲劳了。猫已经死了三年了，现在还有猫粮，是用来做什么的？是给谁吃的？

茉莉把我牵到房间，就自顾自安静地玩去了，她在玩一个毛球。我走过去，把毛球拿起，在她眼前举高，她显得有些兴奋，扑起来抢。

周期性猫化症状已经过去了，说明这是她日常的反应，姜女士应该经常用逗猫的方式这么逗她。我把毛球还给她，看了她一会儿，然后装作难受地坐到地上。

茉莉有些慌，瞪大眼睛看着我，在她喊妈妈前，我抓住她，故作虚弱道："姐姐只是饿了，太饿了，茉莉能给我一点吃的吗？茉莉平常吃什么，给我吃一点就行。"

茉莉犹豫片刻，从一个箱子后面扒拉出一个红色塑料袋，里面装着一些东西。然后她把桌上铅笔盒里的笔倒出来，把铅笔盒放在地上，把那袋东西倒进去一些，推给我。

是猫粮。

我只是看着，没动，茉莉有些急，似乎以为我不知道怎么吃，还给我示范，趴下身，头伸到碗里，她连着给我示范了三遍，最后一遍自己舔了一颗到嘴里，嚼起来。

那一刻怒火直冲我脑门，茉莉才十一岁，那个女人给茉莉吃猫粮。

她可能已经吃了三年了。

我几乎控制不住要出去骂人了，齐素的话却忽然闯进我的脑子："你有试过模拟患者吗？把自己当成患者，尽可能地呈现症状，极致共情。"

我出神地看了会儿地上那盒猫粮，伸出手，抓了一大把，塞进嘴里。

我恍惚地走出房间的时候，刘医生常规的部分已经聊得差不多了，小栗子无聊地在边上走来走去，见我出去，立刻招呼我过去了。

他拿起置物架上的一个相框，相框里放着一张狗的照片，然后比对自己，做口型："像不像？"

我乐了，别说，还真挺像的，那是个非常老旧的相框，照片上是一只沙皮狗，耷拉着脑袋，满身松垮的皮。

我接过那个相框看，小栗子却"咦"了一声，极小声道："这后面有字。"

我立刻把相框翻过来，小栗子也一同凑过来看。

相框后面的字迹似乎因为年代久远，已经有些模糊了，但大致还是看得清的，笔触有些稚嫩，应该是个孩子写的。

六个字，我和小栗子看完，皆是呼吸一室。

茉莉，走好，想你。

又是茉莉，指的是这条狗？这是这个家的第四个茉莉了。

难道是他们家在养猫之前还养了狗？一直没听说茉莉还养过狗。"走好"又是什么意思，死了？也死了？

想到这，我和小栗子一下子头皮发麻、脊背发凉，他们家叫茉莉的动物怎么都死了？

我们缓缓转身，看向坐在沙发上，朝刘医生温和微笑的女人。她似是感受到视线，姜女士回头，对我们也笑了一下。

小栗子立马转头，撇开了视线，我迎着她的目光，很快发现她不是在看我，而是在看我手里的相框。

我干脆就拿着过去了，把相框递给她说："不好意思，觉得这条狗挺可爱的，就直接拿起来看了，是对你很重要的伙伴吗？"

姜女士点头："嗯，是我爸爸养的狗，陪着我长大的。"

我一愣，爸爸养的狗？所以在相框背后写字的人就是姜女士了。我立刻问："这条狗的名字也叫茉莉，是你取的吗？"

姜女士不说话了。

我沉默片刻，决定开诚布公："冒昧地问一下，姜女士或许小时候，也被叫过茉莉吗？你的名字跟茉莉发音也很像呢。"

姜女士依旧没什么反应，似乎毫无触动，却也没有反驳。

我又凑近一步说："那么，这条狗叫茉莉，跟你叫茉莉，是否有关呢？"

姜女士终于抬头看我。

刘医生皱眉道："穆戈。"

我退远一步，做举手投降状："这么一串，忽然想起刚刚在里面，茉莉跟我讲了个事。那只死了的猫茉莉，不是茉莉养的，是姜女士养的，是她父亲送给她的猫。"

刚刚在房间里，吃饱了猫粮的我，试图开解一下目前神思清明的茉莉，把哀伤处理做了，我问她："猫死了，茉莉难过吗？"

茉莉点头，又摇头："小茉莉难过，大茉莉更难过。"

我一愣，问："大茉莉是谁？"

茉莉不讲话，我猜是姜女士。

我问："你的猫死了为什么大茉莉更难过？"

茉莉摇头说："是妈妈的猫，外公送给妈妈的。"

意思是，这只猫死了之后，更受打击的应该是姜女士，而不是茉莉。

那为什么发病的是茉莉？

本来我对这也没上心，一个家庭中无论是谁养了猫，都是大家一起相处的，孩子跟猫还可能相处得更多，猫死了茉莉悲伤发病也正常，但看到这条叫茉莉的狗也死了，忽然就串起来了。

刘医生显然已经意会全部了——该做哀伤处理的，是姜女士。

他问姜女士："茉莉是你的猫，那它死了之后，对你打击很大吧？"

姜女士点头。

刘医生说："那你或许，有宣泄过吗，或者……崩溃过吗？"

姜女士恍惚片刻道："好像有过，但我记得不是很清楚了，有过一阵子，意识好像飞走了……我也不知道怎么形容。"

意识飞走了！解离，是创伤后应激障碍的症状！患者会觉得自己的意识和身体分离了，不知道自己是谁，不记得自己做过什么，严重一点，甚至可能会产生另一个身份。

刘医生连忙追问："是几月份你还记得吗？猫死是在一月份，你崩溃呢？"

姜女士蹙眉，似乎不太想回忆，但刘医生目光灼灼，姜女士没逃开，她回忆了好一会儿才说："好像是，是三月份。"

三月份！我和小栗子悬着的心落下一半，茉莉发病的第一个周期原因找到了！是母亲因为猫死的第一次崩溃。

我问："那你能记得任何你意识飞走之后做过的事吗？任何都可以。"

姜女士摇头，抗拒之色尽显："没有。"

刘医生说："那么你意识回来后呢？在做什么记得吗？"

姜女士一僵，不说话了。我们都知道，这个问题问到点上了。

刘医生说："我们的初衷，都是希望茉莉能健康，如果年复一年，我们都要在三月和十月在医院见面,茉莉的人生会变得怎么样?"

姜女士脸色白了些。刘医生毫不心软:"如果这样的茉莉有一天也生下了孩子,茉莉的孩子会怎么样?"

这句话似乎把姜女士击垮了,她面色惨白,忍不住掩面,哆哆嗦嗦道:"我意识回来的时候……我在……我在吃猫粮……夜里,在厨房,扒着装猫粮的碗,头扎在里面吃猫粮……茉莉,在旁边看着。"

刘医生继续质问:"茉莉在旁边看着,只是看着吗?"

姜女士深呼吸,道:"看了一会儿,她过来,也吃起了猫粮。在那之后,她经常翻猫粮吃。"

屋内一片寂静。基本可以复原了,妈妈的猫死后,妈妈崩溃了,突然不认识自己了,而且行为奇怪,大晚上在吃猫粮,茉莉全都看到了。

起先她可能只是受了影响,渐渐地,她发现吃着猫粮的自己,会让妈妈冷静下来,她和妈妈的互动,也渐渐成了猫茉莉和妈妈的互动,为了让妈妈能活下去,茉莉让自己成了猫。

在房间的茉莉听到妈妈在哭,连忙跑了出来,抱住妈妈,似乎是觉得那样的自己不够安慰妈妈,于是习惯性地,猫叫了一声。

姜女士再度崩溃了,她死死抱住茉莉,让她别叫了,别叫了。

茉莉很着急,只能一声接着一声学猫叫。因为不在症状发病期,她的猫叫,其实不太像,完全没有在医院时让人头皮发麻的真实感,但她努力学着像。

小栗子跟着在哭,但刘医生面无表情,在所有人情绪深陷的时候,他一定是最清醒的那个,因为要把质询继续做下去。

刘医生大声说:"姜女士,想让茉莉停下猫叫,你不能靠说,得有行动。"

姜女士泪眼蒙眬地看向他,刘医生道:"你得配合我们,把关于茉莉,你们家所有茉莉的事情,都尽可能详细地告诉我们。"

姜女士点点头。小栗子连忙上前,想把茉莉哄走,但茉莉死抱着姜女士不放,小栗子无法,看了眼刘医生,刘医生点头,示意算了。

刘医生说:"那我们来聊一下十月份的问题,现在已经知道,茉莉的症状,是因为姜女士你的情况而产生的,那么每年的十月份,姜女士你有什么问题吗?"

姜女士很努力地想,然后摇头道:"没有,我十月份什么事都没有。"

刘医生说:"你小时候养的那条叫茉莉的狗,是几月份死的?"

姜女士想了会儿:"是在冬天的时候,具体日子不太记得了,狗茉莉是冬天在屋子外冻死的。"

冬天,那就不可能是十月份了,要说为了狗茉莉崩溃,拖到十月那也太久了。

大家讨论了好一会儿,没有定论,我忽然有一个猜测,问姜女士:"或许,你父亲还活着吗?"

姜女士一愣,摇头。

"那你父亲的忌日,是什么时候?"

姜女士瞪大了眼睛,似乎是有些震惊,她完全没有想过这方面,她道:"我,我不记得了……但是不可能吧……你们等我一下,我去翻一翻。"

她抱着茉莉去了房间,步子有些踉跄,也有些急迫。

片刻后,她出来了:"十月八日。"

所有人都沉默了,茉莉的第二个周期性原因,找到了。

姜女士还是满脸难以置信,她显得慌张极了:"可是我从来不记得啊,我也一点都不想他,我没有想到过他的……这不可能的,我都不记得,茉莉又怎么会知道?她从来没跟外公生活过的,面都没见过几次。"

刘医生也明白了:"你以为你不记得,但你的身体是诚实的,每年十月你产生的情绪变动,都被茉莉捕捉到了,孩子是很敏感的。"

姜女士还是难以置信,脸上满是慌张。

刘医生问茉莉:"茉莉,每年夏天开学之后的一个月,妈妈会有什么不同吗?"

茉莉安静了一会儿,抱着妈妈道:"妈妈不怎么吃饭,妈妈晚上睡觉会哭。"

姜女士又崩溃了一次,她几乎站不住了,小栗子连忙上前接住茉莉,怕她给摔了,但姜女士下意识把茉莉护在怀里,她站得很稳,她收住了崩溃,强忍着。

下一秒,茉莉却哭了,哭得很大声,她代替姜女士在哭。姜女士怔神地望着茉莉,在这一刻,她完全意会了刘医生的话。

刘医生向她解释:"每个家庭都是如此,总有一个承担家庭症状的人,那个人不是你,那就是茉莉了。你无法消解的情绪,通过相处和互动,全都流去了茉莉那,孩子是被动的,敏感的,她只能从你那接收东西,你给的无论是好是坏,她都会吸纳,并且在最短的时间内呈现出症状来,这就是孩子作为家庭的索引病人所给予的警示,你要重视。"

姜女士绝望极了,她抱着茉莉坐回沙发上后,终于跟茉莉一起哭了起来。

之后,她讲了许多事。姜女士小时候是有一段时间,被父亲当狗养。狗茉莉在她出生之前就在了,是父亲离异后相依为命的动物,给姜女士取名木离,也是受狗茉莉的影响。

狗茉莉死后,父亲就变得有些魔怔,有时候会对着她叫茉莉,把她的饭盛在狗盆里。

她讲了许多事,唯独没有讲和父亲的感情,她也没有评价,叙述时好像在说旁人的事。但她每年十月影响了茉莉的强烈情绪,已经说明了一切。

无论好坏,姜女士和父亲的依恋关系是很深刻的,哪怕她在意识中遗忘了父亲的忌日,或是刻意遗忘了,潜意识里也还记着,并且通过身体表达了出来。

孩子与父母的依恋关系,其实是带有传递性的。你小时候,父母是怎么养你的,那你长大了,就极有可能也是这么养孩子的,你与父母的依恋关系,会传递成孩子与你的依恋关系,你自己可能意识不到这点。

这个有着四个茉莉的茉莉之家,就是典型的依恋传递家族。

当刘医生跟姜女士解释了依恋关系的传递性后,姜女士震惊了很久,隐隐又要崩溃。她显然是不喜欢父亲养育她的方式的,可不知不觉间,她已经变成了父亲那样的人,把父亲和她的悲剧,重演在她和女儿身上。

我有些心疼姜女士,她的成长必然万分艰辛,她现在又是离异未婚,自己都未曾收获到足够的温暖和爱,要怎么把爱去分给茉莉?她已经很努力了。

我道:"可是你把茉莉送来医院了不是吗,其实你已经意识到了,你想切断这份不良依恋关系的传递,我知道你不是故意的,你也不想这样的,你只是没办法,你只是……病了。"

姜女士大哭起来。

我停了一下,继续说:"所以你把茉莉的猫粮,换成了小饼干。"

先前在房间,我为了极致共情,抓了一把猫粮吃,发现那并不是猫粮,不腥,甜的,是小饼干。

我拍拍她说:"你已经开始在心里画一只水龙头了,想要阻止从上一辈流下来的坏水通过你再流去茉莉那,现在你只是需要把它画完而已,让我们帮你。"

姜女士带着茉莉一起来医院治疗了。

茉莉穿得白白净净,牵着妈妈的手,她这次踏入医院,不是以猫的身份,而是以人的身份。

刘医生还是她们的主治医生。

姜女士首先要做两次哀伤处理，猫茉莉和父亲的。

小栗子嗑着瓜子说："我就说，刘医生肯定看上姜女士了，他忙成狗，哪还顾得上做家庭治疗，这也太麻烦了，不是爱是什么？"

我也嗑着瓜子道："难，你看茉莉对他那讨厌劲儿，要我说就该转介，等茉莉能喊他一声爸，前路漫漫。"

齐素听着有些好笑："你们一定要在病区嗑瓜子吗？我好像是个病人。"

我抓了一把放他手里说："齐大仙，你考虑收徒弟不，你看我怎么样？"

齐素叹了口气，也嗑起了瓜子。

姜女士和茉莉的治疗是长程的，我经常能在医院碰到她们。茉莉讨喜地逗笑姜女士时，姜女士还是会下意识挠弄她的下巴肉，但她会突然醒过来，停住，改成刮鼻子。

她心里的水龙头正在画成。

NO.:

精神卫生中心
住院记录

入院时间 2015.9.19 11:48

科 室	临床一科	病 区	女病区	床位号	6	住院号	653
姓 名	茉莉	性 别	女	年 龄	11		
监护人	姜木离	关 系	母				

主 述
模拟猫，丧失人类思维，入院一个月后即痊愈出院。

个人史
出生于上海，单亲家庭，受教育程度尚可。患者与母亲感情极好，母亲姜木离离异后未再婚，无虐待情况。初次发病时是二年级，无校园暴力情况。宠物死亡后未进行哀伤处理。

病程和治疗
3年前，患者家中的宠物猫"茉莉"意外死亡，于是患者开始出现模拟猫科动物的行为。患者在本院有6次住院史，每年3月和10月固定入院，理由均为模拟猫类，会丧失语言能力和人类思维，无法正常进食，症状持续1个月，反复发作近3年。

精神检查
患者发作期间，完全失去人类习性，喜欢躲在狭窄地方，具有极强的警惕心和攻击性，对治疗反抗剧烈，无法进行哀伤处理。未发病期间，精神状况良好。

初步诊断
姜木离？索引病人？

签名: 刘祀
2015.9.19

红色恐怖症——习得性恐惧

Story-11

一天下午，我去门诊室旁听学习，进了一个 VIP 室，接诊的是刘医生。

里面的患者是来复诊的，我因为开会去晚了几分钟，刚进去轻手轻脚地坐下，这位女患者就突然惊恐地看着我，蹬开椅子往后退，似乎极度难以忍受。

我不知道哪里招惹到她。

刘医生皱眉道："你先出去。"

我一头雾水地走出门诊室。直到一小时后刘医生接诊完毕，我都没想出来我到底何时招惹过她。患者出门时，戴着副墨镜，唇色发白，一眼都没在外头等候的我，径直出了医院。

我立刻进门诊室问道："她怎么了？为什么这么怕我？"

刘医生说："不是怕你，是怕你手上的东西。"

我看向我手上，除了一本笔记本和一支笔，什么都没有。刘医生伸手指了指："你笔记本的颜色。"

我还是一头雾水，说："红色啊，怎么了……她怕红色？"

"嗯，红色恐怖症。"

刘医生告诉我，这名患者名叫落落，二十七岁，来咨询自己红色恐怖症的状况。她看不得任何一样红色的东西，只要见到就恐惧得不行。现在她的症状日趋严重，严重影响到她的生活和工作。

她害怕红色的衣服、红色的水果、电视里红色的镜头，甚至酱油放多了的红烧肉她也怕，渐渐地连"红"这个字也难以忍受。她无法正常出门，因为外面的世界不可控，她可以把家里所有红色都换掉，但家外不行。她没办法，才来医院求助。

刘医生补充道："她的恐惧对象泛化得很厉害，连看到自己的嘴唇、口腔，都会怕。"

我又是一惊："不是正红色也怕啊？"

刘医生说："嗯，泛化得很厉害。"

我恍然大悟，难怪她的唇色惨白，应该是用唇膏画过的。

刘医生说："就连她的墨镜也是专门找人特殊处理过的，削弱了红色视野，这样她才有安全感。"

我问："那源头找到了吗？她恐惧红色的原因？"

刘医生摇头："没有。"

落落再一次来复诊的时候，我特意换掉了红色笔记本，也确认了身上没有任何红的东西，跟着刘医生去旁听了。

落落依然戴着那副特制的墨镜，这回她连在门诊室里也不愿意摘下，抑或说是不敢摘下，可能是上次被我那本通红的笔记本吓到了。

刘医生温和地说："没事，门诊室没有任何红色，你可以把墨镜摘下，这是你治疗的第一步。"

落落犹豫了一会儿，摘下了。摘下墨镜后，她显得局促不安，看着有些怯懦，我观察着她，大概能想象她是鼓起多大的勇气才来医院咨询。

落落穿着很朴素，几乎没有任何亮眼的色彩，一身白，连她裸露在外的皮肤看上去也白得过分，一点血色都没有。

我猜想，她可能因为过于恐惧，反映到生理状态上了。为了让自己免于看到红色，生理上表现出失去血色的样子。

其实大部分生理症状都和心理疾病相关，身体会为了"保护"心理而产生体征。

看到红烧肉都会怕的人，大概也不吃肉。因为无论是处理肉的过程，还是对肉的血色联想，都会使她无法进食荤腥，于是整个人更瘦了，单薄得像张一撕就坏的宣纸。

刘医生问了许多事，落落有问必答，但没什么有用的信息。

刘医生问她开始怕红色是什么时候，落落只说是很小的时候就开始了，那时候没这么严重,渐渐地就这样了,她也说不清。

行为心理学历史上有个著名的实验,叫白鼠实验。实验者华生给一个婴儿展示一只白鼠,白鼠很可爱,婴儿想去摸,当婴儿要摸到的时候,华生突然在婴儿身后重击,婴儿吓了一跳,收回了手。当婴儿第二次再去摸白鼠时,华生又重击,婴儿又吓一跳,重复几次后,婴儿害怕得不敢去摸白鼠了,他形成了"摸白鼠=受惊吓"的条件反射。

开始婴儿看到白鼠就害怕,渐渐地,恐惧泛化,他看到任何毛绒玩具、带毛的大衣都害怕,因为会联想到小白鼠给他带来的惊吓。他形成了"惊吓=白鼠=所有像白鼠的东西"的条件反射。

虽然这个著名实验因伦理问题被后世诟病,但它为我们揭示了条件反射的形成和原理。在条件反射的作用下,原本不具备恐怖意义的东西,经过与某样恐怖东西的关联,也会让人产生恐惧。

一小时的问诊,没问出什么有用的东西。落落的防备心理很强,但她其实是愿意开诚布公的,她尽力想回答些有用的东西,但怎么说都是些边角料,我能看出她的急切和无助。

刘医生宽慰她,哪怕记不起来也没关系。找不到那只恐惧源头的"白鼠",那就不找了,用认知行为疗法,系统脱敏治疗就好。

落落离开后,我问刘医生:"要不问一下她的家长?她不记得,可能家长记得。"

刘医生一边整理着桌子一边说:"不用了,系统脱敏就行。"

我还想说什么,刘医生打断了我:"你就是对精神分析上脑,不是什么精神疾病都需要追本溯源的。"

我闭嘴了,刘医生是生物学取向和行为认知流派的,不喜欢精神分析。

突然外面传来一声女人的尖叫和跌撞的声音。我和刘医生立刻出去,看见落落昏倒在地。她前方有一桶打翻的油漆,两名在刷墙的油漆工手足无措地看着我们。

落落是惊醒的,她醒来第一件事,就是去摸脸上的墨镜,发现它在,才松了一口气。

我问她:"你醒了?现在感觉怎么样?"

仿佛是才知道这房间不止她一个人,落落吓了一跳,看向我,然后摇摇头说:"没事。"

我说:"我怕你醒来害怕,就帮你把墨镜戴上了,会不舒服吗?"

落落小声道:"不会,谢谢了。"

我说:"这里是刘医生的休息室,你没有办住院,突然晕倒,也只能让你在这儿休息了。"

落落说:"麻烦你们了,我现在就走吧。"

我说:"不急,你再休息会儿吧,外面油漆工还在施工,是出去的必经之路。"

落落听到油漆工一僵,不再坚持。

我看了她一会儿,问:"那桶打翻的,是白色的油漆,你也会害怕?"

落落不说话。

我说:"你戴着墨镜,其实看不出是什么颜色的油漆,你把它们认成什么了?"

落落似乎很紧张。我试探着给她递了一杯水,她接了,但我没错过她片刻的抗拒和后退。

我心里已有推测:"那摊油漆,你以为是血吗?"

落落一愣,低着头不说话,但身体反应已经出卖了她,她似乎听到这个字就忍不住战栗。

我问:"落落,你是不是有晕血症?"

落落呆了一会儿,问:"我,我有晕血症吗?"

我笑道:"我在问你呀,你平常看到血,会不会觉得头晕、呼吸急促、心悸,或者像这次一样直接昏厥?"

落落似懂非懂答道:"好像经常这样,对红色就会这样,血也是红色的,我以为就是正常的。"

我想了想,换了种方式解释:"你平常戴着墨镜,哪怕看到红色的东西,你也不会发现,但油漆或者水之类的,你会有比较强烈的联想,正因为戴着墨镜不确定颜色,你就会立刻联想到血,然后引发难以忍受的生理反应。"

落落点点头。

我进一步试探道:"你对血,比对其他红色的东西更敏感。"

落落想了想说:"好像是这样的。"

我说:"你父母或许也有晕血的情况吗?"

落落沉默片刻道:"我爸爸有。"

那大概可以确定了。晕血症通常都有家族史,具有遗传性,后代会遗传对血和伤害有强烈反应的迷走神经。患者在受到刺激时，会降低血压来平衡高血压，导致脑血流量暂时减少，大脑供血不足，产生晕厥。

它是一种特定恐怖症，源头是对血的恐怖，进而可以发展成对一切与血相关的事物的恐怖——红色恐怖。关于落落恐怖症的那只"白鼠"，我可能找到了。

我让她休息，打算去跟刘医生说这个推论，看她还局促地坐在床上，便温和地说："刘医生下班前都不会过来的，这房里我已经收拾过了，没有红色的东西，你可以安心摘下墨镜。等油漆工完工了，我会来喊你的。"

落落犹豫了一会儿，点点头，摘下墨镜，她对我稍微敞开了点心扉，开始信任我了。

我正想跟她再多说点话，却见她猛地转头，看向窗外，那里不知何时飘出来一根红色的尼龙绳，应该是系什么东西的，上面满是杂灰，被风吹断了，只有一小截飘到窗前来。

一般人根本不会注意它，因为太常见了，而且它飘的幅度如此细微，我根本没发现它。

落落瞪大眼睛看着那根红色尼龙绳，又开始面色惨白，呼吸急促起来，我连忙过去拉上了窗帘，再回头时，落落已经重新戴上墨镜了。

我看着她惊魂未定的模样，想到刚才那根尼龙绳，一瞬间感觉好像有什么不可抗力，在阻止着落落对世界敞开心扉。

我分不清这是我的体感，还是我共情到了此时的落落，刚摘下墨镜对我信任了一分的她，又被世界赶了回去。

我去跟刘医生交流了晕血症的推论，刘医生没说什么，也确实没什么能说的。如果源头是晕血症，那精神分析就没有大用，因为它更多是基因和生理作祟，后天原因不大，还是得用系统脱敏来干预。

诸如此类的特定恐怖症，比如自然环境恐怖症，对风害怕，对雨害怕，对水害怕；或是对特定情境的恐怖，像是隧道、桥梁；或是对某种动物的恐怖，需不需要治疗，其实也要看当事人的需要和决心。

不少人是可以终身带着这一障碍过基本正常的生活，尽量把影响控制在可以忍受的范围内，但落落的恐惧泛化如此严重，明显是无法靠自己忍受了。

再一次约定的复诊日，落落没有按时到来，她出车祸了，在医院。

我下了班立刻去了她在的医院，虽然刘医生说听电话她似乎没事，我还是很不放心，因为车祸、血、伤害的联想，车祸给落落造成的心理创伤应该比生理创伤严重。

到那儿的时候，落落一个人坐在病床上，脸上戴着墨镜。其他床的病人不时看向她，觉得她有问题，在室内戴什么墨镜。

落落看到我有些惊讶，也有些高兴。我发现不过一周没见，她更瘦了，更白了，面上有某种灰色的崩溃感。

落落说她只是被吓到了，车没碰着她，就是摔倒后有点擦伤。

我问："见到血了吗？"

落落点头："墨镜摔掉了，看到了一点。"

我问："当时尖叫了吗？"

落落似乎有些难堪，答道："我不太记得了，应该叫了，还挺夸张的，所以司机吓了一跳，以为撞到了。"

我几乎能想象当时的画面。

落落昏倒后，被司机送来医院，一通检查后发现没事，司机的怒意就上来了。他怀疑落落是在碰瓷，双方在医院一通闹，落落什么都没追究，也吵不过，司机骂了一阵就走了。

我坐着听了会儿，落落显得有些局促，她好像不太会应付来客。她脸上的崩溃感太强了，强到掩住了她想招待我的眉目。

我问她："落落，你在绝望什么？"落落一愣，什么都没说。我问她要不要出去走走，在病房人多也不好聊关于她病情的事，她犹豫了片刻答应了。

我搀扶着她走到廊上，找了一处干净的位置坐下。落落显得格外谨慎，走得很慢，看得很慢，非要把那排椅子里里外外全都看清楚了，确认没有一点可疑的地方，才坐下，显得疑神疑鬼。

我是理解她的。恐怖症本质上是一种焦虑障碍，无论看到还是看不到刺激物，患者都会一直处于神经紧绷的焦虑状态，因为不知道刺激物何时会出现而惴惴不安。

刚坐下，落落就惊声叫了一下，我看过去，她的脚上有一道很小的划伤，细小的血珠冒了出来。

尽管戴着墨镜，落落依旧难以克制地惊呼了好几声，我立刻拿出纸巾去捂住，落落却崩溃极了，她拿手捂脸，大喘息着。

这么点血，绝对不至于让落落有此反应，她像是积压已久再也受不了，先前脸上的崩溃，此刻爆发了。

我问："怎么碰伤的？"

落落连连摇头说："不知道，我根本没注意。"

我接着问："你经常磕伤碰伤吗？"

落落混乱地点头，有些语无伦次："我是不是见鬼了啊，怎么总是这样，怎么总是要让我看见。"

她说得不清不楚，我却瞬间会意了，说："你是不是常觉得，好像无论怎么努力，都无法避免看到你害怕的东西，越怕越来，像宿命一般，有什么东西推着你，非要让你看到？"

落落惊悚地看着我，更语无伦次了："是这样的，是这样的，穆医生，你怎么知道的？"

我说："我从你身上感受到的。"

落落脸色灰败，呆呆地放空着自己。

我想了想，道："其实，不是宿命，可能是基因。"

落落木讷地转头看我。

我说："我给你介绍一种说法吧，它对我影响蛮大的，叫基因—环境理论，也许能给你解释宿命这件事。"

基因—环境理论，说的是人的基因会对人所创造的环境产生很大影响。拿晕血症来举例，晕血症会遗传对血和伤害反应敏感的迷走神经，而被遗传的人，他的性格特征里会有比较明显的冲动倾向，容易与人冲突，或者大大咧咧，不注意就会被磕到碰伤，或者好奇心过旺，看到街上的车祸现场，总要忍不住进去观望，于是经常会看到血。

我最后总结道："你的基因会不断地促使着你去面临这些场景，好让自己得到显现。"

落落听得茫然。

我再次解释："我发现你特别敏感，有一点风吹草动都要注意。那天在刘医生的休息室，你会留意一根常人都无法发现的纤细尼龙绳，而你这次车祸，我虽然不太清楚过程，但可能是你过马路瞻前顾后，寻找能威胁到你的东西，没有分出注意力去避免意外。"

我说："你总是高度专注于各种需要防备的东西，但是你越这样，就越容易受伤，好像真的有什么不可抗力在推着你，你越来越绝望。"

落落抓住我的手问："那，那怎么办？"

我安抚她说："基因的事，一出生就定了，但它不是宿命，我们想办法解决就好了。你别绝望，没有谁在把你往地狱赶，只要你意识到这个问题，肯定会有所改善的。"

落落有些恍惚，在嘴里喃喃着"基因"两个字，然后再没说话，面上的灰白，并没有褪去。

离开前，我问她："你跟单位请假了吧，这次打算休息几天？"

落落摇头："我辞职了。"

我一顿："什么时候辞的？"

落落低着头说："去年就辞了。"

"因为恐怖症吗？"

落落点头道："有点原因，我跟同事关系也不好，他们觉得我矫情，动不动就大惊小怪，怕这个怕那个，还整天戴墨镜。"

她身上那股恨不得把自己隐身起来的羞耻感又出来了，说这话时她声音细如蚊蝇，似乎是觉得这么说出来，自己确实很矫情。

我沉默。世人对他人的痛苦是没有想象力的，我看了她好一会儿，说："你是不是也觉得，你有病，是你错了？"

落落没说话，但表情说明了一切。

我把手放在她的肩上："你是错了。"

落落瑟缩了一下。

我继续说："在很多人眼里，有病就是错的。你不快乐就是你有问题，你阴郁你有问题，你不合群你有问题，你大惊小怪你有问题，你有病你有问题，而你有问题，你就是错的。"

落落的嘴抿成一条线，颤抖道："可是我有很努力忍……"

我打断道："努力没用，他们不在乎你的努力，只在乎你的呈现。"

落落头低得很低："那我能怎么办。"

我摸了摸她的头发，说："人们对痛苦是懒惰的，只要不在自己身上，能推多远推多远，既然无法让整个社会认知都改变，那变的只能是你自己了。你只能带着这份

"错误心"来医院看病,等着医生慈祥地告诉你你没错,等治好后,再鼓起勇气,回到社会中去,接受人们的判决。"

我看着她:"你把判决权交给他们,那你一生,都只能不断地经历错。"

落落站在那,显得更单薄了,好像一阵夜风就能把她刮走。

"落落,把判决权拿回来吧。"

她沉默许久,忽然哭了起来,大哭,说她已经很久没敢哭了,她给别人添了太多麻烦,连哭都是没有底气的,是矫情的。

我拍着她,安慰了许久。

她哭完后离开的背影,好像有点颜色了,不像以往那么苍白了,想来,那种苍白,或许也是被这五彩斑斓又理直气壮的世界给驱逐出去的。

落落开始治疗了,系统脱敏,直接针对血液进行脱敏,但碍于晕血症的症状,为了防止落落受不住晕倒,脱敏层级必须分得很细,逐一暴露,进展很慢。

三次之后,刘医生的眉头里可以夹死苍蝇了。

我问:"一点用都没有?"

刘医生不说话,就是默认了。

"不会吧,她的治疗意愿还是挺强的,怎么会没效呢,只要多做暴露训练,一般都会起效啊。"

刘医生把病案丢在我面前,说:"你看下这个。"

我拿过看了起来,是落落的基础病案,随着接诊次数的累积,现在已经有点厚度了。我看到最后一页的家庭关系上用红笔标着"更正"两个字。

我一愣,瞪大眼睛不可置信:"落落是养女?不是她父母亲生的?"

我呆了好一会儿:"那她的晕血症?她应该没有遗传到啊。"

刘医生点头:"她父亲那辈往上,确实有晕血症的家族史,但她是领养的,她不应该有。"

我试探着问:"那有没有可能,她亲生父母也有晕血症,然后……"

刘医生冷哼一声:"有啊,这世上什么没可能啊,那你觉得这可能性大吗?"

我不说话了,我们都知道,这不是可能性大不大的问题,而是,养父有晕血症,却"传染"给了养女,这个联想才是关键。

我立刻脑袋嗡嗡,那之前所有的猜测,全都推翻了,落落的红色恐怖症源头,不是晕血症。

那她为什么这么怕血？

我想起了那日在医院，我给她介绍基因—环境理论，她虽然惊讶认可，但并没有豁然开朗的表现，看来是因为她根本就知道，她身上不存在遗传到的迷走神经。

我有些疑问："不是，这么重要的信息，她怎么不说呢？"

刘医生不语。

我转身就走，说："我去问她。"

刘医生立马喊住我："穆戈，你别过分卷入患者，影响专业度。"

我头也不回道："她又不是我的患者，是你的啊，我以朋友角度问。"

刘医生翻白眼："你真是冥顽不灵。"

我去问了落落，她说以为不重要，就没说。我又问我说到基因的时候，她为什么不反驳，落落低着头道："觉得你说得挺有道理的，而且你说我的能动性是关键，我以为没必要说。"

面对这样的回答，我也不知该说什么了，只好再细致地问她关于领养的事。

落落是在四岁前被领养的，养母没有生育过，家里只有她一个孩子。

当问到她和养父母的关系时，落落支吾了一会儿，说还可以，不好不坏，现在就是各顾各的。

再往下细问，落落就想不起来了，她童年的记忆十分零散，甚至都拼凑不完整。

什么都没问出来，我当下感受到了刘医生的无奈。落落看起来非常配合，治疗动机很强，但几乎无法从她嘴里得到有用的消息，关键是她没有想隐瞒，她也很急。

她的潜意识，一定有什么在阻挠她说出有用的东西来，潜意识在保护她。

我没再逼她，浑浑噩噩地把她送走了，落落看我眉头紧锁的样子有点紧张，像是很怕我放弃她，离开医院时一步三回头。为了让她安心，我便一直站在医院门口，直到她消失在路的尽头，再也看不见我。

之后的几天，我一直在想落落的事，怎么想都没有头绪，她明显是对血和伤害的恐怖反应更强烈，但她没有晕血症。

想了好几天后，我去找了齐素。

齐素虽是患者，但见识非凡，在患者的症状上有独到理解，经常能点拨我，导致我现在养成了有问题就去请教他的习惯。

活动时间，其他患者都去活动室了，齐素一个人坐在屋里看书，我敲门，他头也没抬："这回又是什么？"

我好奇道："你怎么知道是我？"

齐素翻了一页书说："整个病区进患者房间会敲门的只有你。"

我嘿嘿一笑，走过去说："呀，齐大仙这是夸我了？"

齐素抬起眼皮说："别叫我这个。"

我笑着说："你不收徒，不让我叫你老师，除了这个，哪还有尊称配得上您？"

齐素没理我的马屁，放下书道："直接说吧。"

我恭敬地坐下说："恐怖症患者，红色恐怖症，我找不到源头，明明以为找到了，又像找错了……你说让我试着极致共情，那她的恐怖症，我要怎么极致共情？我不怕红色啊。"

齐素问我："那你怕什么。你最恐惧的东西？"

我想了想答："蜜蜂，还有鲨鱼。我想过无数次，如果有一天鲨鱼会飞了，我就立刻自杀。"

他哭笑不得，问我："你为什么怕鲨鱼？你被鲨鱼咬过吗？"

我摆摆手说："哪能啊，被咬过我还能站这跟你唠嗑？就是小时候电视里看的，什么淡水湖鲨鱼，吃人太可怕了，童年阴影严重……"

说到这我一愣，停住了，豁然开朗："你是说……"

齐素笑而不语，我激动了，恨不得把他抱起来转圈。落落的恐惧症是习得的！是习得的！我怎么忘了，有的恐怖症，根本不需要亲身经历，而是虚假习得的！

落落的红色恐怖症源头确实是晕血症，但这晕血症不一定是遗传的，而是习得的。

打个比方，一栋楼里，电梯出了事故，夹死了人，死相惨烈，看到这一幕的人肯定会留下阴影。尽管他没有亲身经历过电梯恐怖事件，但他看到了，他习得了对电梯的恐怖症。

而隔壁的一栋楼，没有亲眼看到，但听说了这件事，听说了死得惨烈，他们从听说中习得了对电梯的虚假恐怖。再放远了，看电视新闻的我们，我们既不在现场，甚至可能住在没有电梯的地方，但依旧能从这些带有警告色彩的文字中习得对电梯的恐怖。

就像我害怕鲨鱼，我从未被咬过，甚至没见过真的，但不妨碍我对它怕得深沉。

落落虽然不具备晕血的遗传特质，但她一定从哪里习得了晕血症，而离她最近的一个晕血症患者，是她的养父。

是什么，让落落习得了养父的晕血症？

我刚想继续问齐素，刘医生走了进来，语气不善："你又在教她什么？"

我一愣，回头，却见他这句话是对齐素说的。

齐素朝刘医生点了点头，没说什么。

刘医生把我领走，路上他说："你不要再来找他说话。"

我问："为什么？"

刘医生不说话。

我说："刘医生，你是不是认识齐素？"

刘医生说："他是患者，我当然认识。"

我说："我是指，在患者之外。"

刘医生像没听到，没回答我的问题。

我说："你不给我合理理由，我没办法，和患者沟通本来也是我实习的目的之一啊。"

刘医生说："理由？整个医院，谁都可以跟他说话，你除外。"

他这话让我惊到了："为什么我除外？"

刘医生没再说什么，无论我怎么问。

齐素的问题作罢，我给他讲起了我对落落晕血症的新推测。

刘医生沉默片刻道："你想给她做催眠？"

我望着他："您觉得呢？"

直到第二天，刘医生才给我答案。

我带着刘医生的医嘱去找了韩依依。她依旧一副花孔雀样，我指着她鸡零狗碎的头发，身上的挂饰和手上的指甲油等："全都撤了。"

韩依依气笑了："你又皮痒了？我妈都不管我这些。"

我把那医嘱拍她桌上："患者是红色恐怖症，你别刺激她。"

韩依依看了会儿单子，道："知道了，什么时候做？"

我说："这周吧。"

我跟她把落落的情况大概都说了一遍。

韩依依问："你怀疑她小时候被养父母虐待过？"

我说:"不知道,也可能只是习得的。"

到了落落做催眠那天,她似乎很紧张,我安抚道:"只是帮你把你忘了的事情记起来,这些事对治好你的红色恐怖症有帮助。"

落落点点头,迈进了催眠室。那天的韩依依,是我认识她以来见过的最朴素的韩依依。

催眠进行了很久,韩依依出来时,面色凝重。

我忙问:"怎么了?"

韩依依说:"有点难,她的防备心很强,哪怕进入潜意识了,也不愿意开口,我只好让她画下来了。"

她把画给我,我立刻看了起来,入眼就是满纸红。

画上几乎都是乱划的红色条纹,画技不好,只能算涂鸦,但满纸混乱的红色十分扎眼,仿佛每一笔都是划在人心上。落落下笔非常重,纸都要被划破了。

从内容看,大概是一个室内,能看出窗户,也有门,但那窗上、门上、墙上满是红色的痕迹,到处都是。明明只是幅儿童画的水平,却看得我心惊肉跳。

这痕迹是什么?血吗?

我问:"中间地上那两个缠在一起,黑乎乎的两团是什么?她的养父母?"

韩依依摇头说:"不知道,她不说。"

我心里有了很不好的推测。一个有晕血症的养父,在一个满是血的屋子里,当时的场面一定很难看。

我把画收起来,问:"她人呢?"

韩依依说:"在里面,醒来就开始哭,我不确定她记起来没有。二次创伤是免不了了,接下来的你去问吧。"

我愣住:"我?我不行吧……"

韩依依直接打断了我,说:"怕什么,人都醒了,又不让你做催眠。她防备心强,不信任我,我问不出什么,你去。"

我还在支吾,被韩依依一把推进去了:"你怂什么?平常上蹿下跳,功夫又没丢。"

被她这么一推,我心里的慌张忽然就消失了。一进去我就看到落落还躺在躺椅上,闭着眼,满脸都是泪痕。

我知道她醒了。我走过去,坐下,轻声道:"落落,我是穆戈,你要是能听到我,动一下眼珠。"

等了一会儿,她的眼珠才滑动了一下。我松口气,起码她愿意跟我交流。

我问她:"你刚才画的,是你几岁时候的事?"

好一会儿,落落才回应:"四岁,五岁。"

我继续问:"你能跟我讲讲吗,我没有太看懂,我很关心你过去发生的事,那黑乎乎的两团,是你的养父母吗?"

落落等了点头。

进展还算顺利,我接着问:"他们在干吗?"

落落等了许久才说:"打架,爸爸打妈妈。"

我深吸口气:"红色的,是血吗?"

落落点头。

我试探着问:"怎么会有这么多血,怎么都跑去墙上了?是爸爸打妈妈打出来的吗?"

落落不说话,我便等着,好一会儿,她出声了:"一部分是,但更多的,是妈妈自己割的。"

我愣住:"自己割的?"

落落接着说:"爸爸晕血,妈妈为了让他打不了自己,故意骂他、刺激他,让他把自己打出血来,好让他晕倒。血不够多,妈妈就割伤自己,把房间蹭得全是。爸爸见到血就尖叫,然后晕倒,等醒了又更加生气,一边害怕,一边继续打妈妈,妈妈就故技重施。"

我一时说不出话来,好半天,才接着问:"那你呢,你当时在哪?"

落落说:"在自己房间里,然后被妈妈拖出来,要我看着爸爸,看着那个'畜生',让我以后不能找这样的'畜生',她逼着我反复看爸爸惊恐晕倒再醒来的过程。"

我沉默片刻,问:"爸爸有打过你吗?"

落落摇头道:"从来没有。"

我感觉心都在颤抖,说:"他们这样持续了多久?"

落落说:"到我上小学。有一天是爸爸生日,上学前妈妈就说今晚有惊喜,让爸爸早点接我回家,那天晚上回家,一开门,爸爸就惊恐发作晕了,妈妈把家里全部涂上了红漆。"

我呼吸一窒。

"我就记得爸爸晕了，我也开始尖叫，之后就没意识了。后来好像闹大了，是邻居把我们送去了医院。那次爸爸差点没醒来，之后妈妈就后悔了，他们没再怎么打过架，也可能是因为邻居偷偷报警说怀疑他们虐待孩子，警察找来了，他们怕了，只有偶尔爸爸酗酒，才会打骂几下。"

落落的话匣子打开了，平静地跟我分享了许多。她说自从那天失去意识进了医院后，她的很多记忆就开始模糊，创伤记忆被封存了起来。她开始害怕红色，但不知道自己为什么害怕，她发现自己害怕红色的反应跟爸爸很像。

她初中就住校了，高中也是，到了大学就彻底搬出了家，现在除了每年过年，从不回去。

她说她虽然忘了很多事，但始终记得一个画面，那是妈妈在控诉爸爸，说她的孩子是被他打没的，她把落落拉到他面前说："你喜欢打，把她也打死算了。"

她本能地开始远离这对父母，却没想到症状与她纠缠得如此之深。

我沉默地听完了全部，明白了落落红色恐怖症的习得途径。

她习得的是养父对于血的恐惧，是养母对于暴力的恐惧，是养母利用血进行反暴力的恐惧，是这个家对于红色的纠缠。

虽然她没有被直接虐待，但对于一个孩子而言，亲眼见证这一切，和虐待无异。

讲了许久，落落似乎是讲累了，终于睁开眼，但眼神很是木讷。

我轻声问："那时看着他们的你，心里想了什么？"

落落喃喃道："想了什么？"

我提示说："有没有感到自己无能？什么都做不了，阻止不了？"

落落愣了好一会儿，眼泪又下来了，她点头："有，特别，特别讨厌只能站在那看的我，我希望他们别打架，可我什么都做不到。"

我轻抚着她的头："这可能就是你系统脱敏无效的原因。你潜意识里在惩罚自己当时的无能，阻止自己变好，因为他们还在深渊，你怎么能独自离开那里。"

落落哭得上气不接下气，又问出了那句话："那我怎么办？"

我拍着她说："你要意识到一点，在深渊的你，不是在陪着他们，只是在拖累自己。你要先上来，才能去拽他们，渊底的人，是救不了渊底的人的。"

落落似懂非懂地点了点头，她从躺椅上起来了，和我一起出了催眠室。

目送落落离开后，韩依依扶了我一把，我一头雾水地看向她，她道："你刚差点摔了。"

啊？我要摔了我怎么不知道？

韩依依皱眉说："你现在有每周接受督导吗？处理你的负面情绪。"

我摇头说："我暂时还不需要吧。"

韩依依眉头紧锁道："你之后每周来找我一次。"

我一头雾水。我疯了还是她疯了，我俩老死不相往来才是正常剧本，但看她一本正经，我还是点头了，去嘛，也是不可能去的。

这次之后，落落的系统脱敏开始有作用了，而且进步神速，刘医生能夹死苍蝇的眉头终于放下来了。

我每次都在脱敏室外面等她，虽然她出来时总是小脸惨白，但看到我又会露出大大的笑，然后跟我分享过程和心得。

到第四次的时候，发生了一个不大不小的意外，脱敏室前不知道被谁泼了一桶红油漆，样子非常像血。我去晚了一点，到的时候正碰上落落开门出来，看到那摊红油漆。

惊恐迅速爬上了她的脸。她已经不在医院戴墨镜了，这种突然遭遇的"血"和脱敏室有准备的层级脱敏血物不同，她毫无防备，措手不及。

我急得大喊："落落你已经快好了，你已经不是儿时那个对血无能为力的孩子，你现在能跨过去的，用二十七岁的你来对待它，而不是四五岁的你！"

落落死盯着那摊"血"，呼吸急促，面色惨白。她盯了许久，一直在吞咽口水，然后努力保持镇定从旁边走过。我松了口气，却见她又走回去了，手上还拿了根拖把。

她把那摊红油漆给拖掉了，拖得很慢，但干干净净。这一幕让我差点哭出来，这是她在自证，二十七岁的她，会这样处理血。

她确实长大了，不再那么无助无能，她能够抹掉过去的伤害，抹掉那个深渊。

她真勇敢。

我跑去夸刘医生，红油漆这一出虽然冒险，但效果很好。刘医生一脸疑问，说什么红油漆，不是他做的。

我有些奇怪，不是刘医生，那是谁？

能在脱敏室门口泼这么大一摊油漆，肯定是医院里的人。但患者太多，医生太忙,谁也没精力管这么个小乌龙。

之后,我买了点小零食打算去孝敬我那有实无名的师傅,没想到在那里看到了一个熟悉的人,韩依依。

韩依依在和齐素说话,看样子,对齐素似乎很恭敬。

我心里的疑惑更多了,刘医生和韩依依都认识齐素?但刘医生明显对齐素的态度是多有不满,韩依依就恭顺多了。

我等到韩依依离开才进去,也不提刚才看到的那幕,把零食往前一递,道:"齐大仙儿,您笑纳。"

齐素也不客气,接过就拆开了,放在一边。

我舒坦地坐在他边上,伸手拿零食吃,和他聊些不着调的事,聊着聊着突然问了他一句:"哎,齐大仙儿,极致共情,是不是你的人生态度啊。"

齐素笑道:"算是吧,你的呢。"

我想了想:"我的啊,跟你差不多吧……永远对他人的痛苦保持最大的想象力。"

齐素一顿。

我说:"我希望我永远不会对痛苦麻木,永远敏感。"

齐素沉默了好一会儿:"可如果这样,你就会永远承载更多痛苦,别人的风吹草动,在你身上可就是刮龙卷风,别人身上刮龙卷风,那你就直接四分五裂了。"

我点头道:"是吧,不过每个人都有自己的天性和使命,这可能是我的天性吧。哎,齐大仙儿,你说会不会有人生来就适合承载痛苦?"

齐素的嘴抿成一条线:"没有这种人。"

落落做了十次脱敏之后,刘医生终于宣布她康复了。她一时没有反应过来,羞怯地问还可以再来吗。

刘医生不客气地说:"来啊,你复发了,或者又得什么精神病了,欢迎再见。"

落落于是闭嘴了。我在一旁白眼翻上青天,刘医生真是"金刚直男",祝福他单身,直到宇宙毁灭。

我送落落出院,落落眼眶又红了。我理解她是害怕的,从今天起,这个能包容她一切的医院就要和她挥别了,她又要回到那些社会判决中去。

我拍拍她,笑道:"不怕,你已经把判决权拿回来了。"

落落点点头。

我退后一步，朝她挥手："哪怕这个判决权现在在你手里，它可能还会溜走，你要不断地和社会去争夺它，不断地为二十七岁、二十八岁、三十岁、四十岁的自己去争夺对的立场，不要把它让给对痛苦毫无想象力的人，他们不配。"

落落郑重点头，目光坚定了些。她迈着温和小巧的步伐离开，谨慎却又终于大胆地开始看这个世界。

NO.:

精神卫生中心
住院记录

入院时间 2015.8.15 7:30

科 室 门诊室	病 区	床位号	住院号 431	
姓 名 黎落落	性 别 女	年 龄 21		
监护人 赵诗	关 系 养父			

主述
恐惧红色物体，无法正常生活。

个人史
患者既往体健，病前性格温和，亲生父母不详，被现任父母领养，养父患有晕血症。

病程和治疗
患者常年不明原因的红色恐惧，见到红色物品时会受惊吓，包括红色的衣服、食物、颜料、自己的嘴唇等，对红色液体恐惧尤甚，严重时可致昏厥。

精神检查
定向力好，逻辑清晰，时间、地点等对答贴切。对鲜红色有明显、强烈的恐惧情绪，伴有无法控制的自主神经症状，部分记忆缺失。

初步诊断
红色恐怖症。

签名：刘昶
2015.8.15

压抑的性欲望
——强迫症

Story-12

我轮岗到 CDC 随访出院病人时，参加过一个康复患者的相亲。她叫淑芬，三十四岁，离异单身，病症是精神分裂伴随严重强迫症。我随访时她已经出院一个半月了。

这场相亲非常尴尬，我几乎是如坐针毡地度过了一小时二十分钟，虽然两名当事人都无知无觉。

媒人介绍来的男方，也是个患者——精神发育迟滞（也就是俗称的智力障碍）。我本以为照淑芬的性子，应该会当场给人难堪，我都准备好善后了，结果没有，她很安静地看着对面的男人。

四个月前淑芬入院，主诉是精神分裂和强迫症。她是个海归，在国外读研时，因为病情而肄业，回国后做了一名幼教老师，没做多久，也离职了。

她身上有种文化人的精致气质，主要凸显在遣词造句上。哪怕住在精神病院，她也要显出一副与众不同来，似乎跟身边这些患者有云泥之别。

我和她聊过一次后，就再没第二次。她的姿态让我无法和她聊出什么有效内容。她是遭了"阉割"的文化人，没能在国外修学毕业是她心里的一根刺。她于是更滥用那股子文化特质，像撒野一样四处控诉，控诉这身让她肄业的病。医院也被她搞了连坐，好像她发病跟这满聚精神病的医院脱不开干系。

她的脸上常布阴云，对主治医生都不冷不热，每次聊完拔腿就走，生怕医生与她攀谈一般。我旁听过一回，见识过她把主治医生堵得哑口无言，脸上露出轻蔑。

总而言之，淑芬似乎很擅长让女人"讨厌"她。大概是发现了这一点，淑芬的主治医生从女医生转介给了男医生——刘医生，治疗顺利了些。

她的精神分裂，阳性症状不明显，阴性症状稍多些，治疗还算顺利，至于强迫症，就复杂多了。来医院前，她在家总是一天几十次地开关冰箱门，怀疑冰箱会漏电要爆炸。

她总是忍不住把手指伸进家门外卸了的门铃洞，一天好几次，只要看到那个洞就要伸进去，想确认里面有没有电。不只如此，她还破坏整个小区的门铃，非要把别人家的门铃也凿个洞。

她来精神病院，是小区居委会送来的。那时她在发疯，用一把螺丝刀捣碎了别人家的门铃。工作人员把她绑起来，送到医院来。

那是我第一次见到淑芬。她披头散发，穿着睡衣，手上攥着一把螺丝刀，刀头对准掌心，捏得过于用力，手心都扎破了。

那时难堪极了，但她脸色不变，目光如鹰，在那种窘境下也保持了一份高傲。我试图让他们松绑，刚上前一步，她的螺丝刀就朝我飞过来，我躲得快，只擦到一点耳朵。

她那奋力一掷像是警告，拒绝我的"施舍"。

她住院之后也不太平，我们总是收到患者投诉，说淑芬大半夜对着满病房的人教书，但静悄悄地，不发出一点声音。

她把手指当成教棒，指着床位上睡着的患者，或训或笑。患者醒来，看到床边站着一个女人，在黑暗里拿手指着自己，不知道想做什么。

护士被尖叫吵醒好多次，反复确认了正门外的监控，才确信淑芬没有伤害的意图，她只是在"上课"，抽"学生"起来回答。

我看了那个监控视频，挺瘆人的，小栗子也吓到了，对着视频爆了句静音粗口。但他本人对淑芬印象很好，他是颜狗，淑芬长得很有韵味，而且她那清冷高傲的文化气质，最能镇住小栗子这种涉世不深的小男生。

淑芬虽然没给小栗子什么好脸色，倒也没拒绝小栗子偶尔的鞍前马后，她似乎很习惯男性的谄媚。习惯，并蔑视。

我观察过她，除了蔑视，她的眼里还有些别的东西，像在讨要什么，又因为自己刻意伪装，不愿承认而转为更明显的蔑视。

见我反复看那段监控，小栗子不解地问我有什么好看的。

我又倒放一遍，问："她在干什么？"

小栗子说："上课啊，这么明显，她之前不是幼教吗。"

我继续问："这像不像一个仪式？"

小栗子不解道："啊？"

我指着屏幕说："她反复在夜间重复上课这个动作，其实是个强迫仪式，而所有强迫仪式和动作，都是为了压抑和驱逐心里某个不被接受的强迫思维或想法。强迫症的核心是想法，而不是行为，是某个想法需要被压抑，症状才会如此严重。"

"你说她不停地重复上课的仪式，是为了驱逐什么想法？包括她捣碎门铃洞和开关冰箱？"小栗子一听这些就头大，"我咋知道，你问刘医生去。"

我耸肩说："算了吧，我对她没兴趣。"

相亲是淑芬的小区居委会安排的。

淑芬夜里的"授课"行为严重打扰其他患者，她又远没有到要住重症病房的程度，加上她本人的出院意愿强烈，精神分裂症状控制得较好，刘医生便批准她出院了。

出院后，淑芬的病案转去了社工部，归社区康复患者的科室管。负责她的是王医生，一年要对她进行几次随访。

淑芬住的是老小区，住户不多，又都住了很久，邻里联系很紧密。淑芬一家在小区里备受关注，淑芬四五岁死了爹，母亲没再嫁，小区里很多人热心给她母亲张罗过，都被拒绝了，一些人就开始说她母亲不识好歹。

而如今，三十四岁的淑芬，结婚还不到半年，就相继患病、退学、失业，三年前也离婚了，还在小区大肆发疯，她家可以碎嘴的事情太多了。

王医生带我去做过随访，居委会的人很热情地拉着我们说三道四。从他们口中，淑芬被形容成了一个像是会放火烧楼的疯女人，他们说起来的语气里有着些恐惧，好像光是说出来就会被烧了头发。

他们私下里都叫淑芬"疯女人"。

"这个女人什么都做得出的！她疯的！"

也有人骂她狐媚精，是个下贱胚子，但当问到她做什么下贱事了，又没人能说得上来，有名妇人一口咬定，淑芬就是在勾引人。

淑芬出院后，热心的居委会又上门为淑芬张罗相亲，他们认为有个男人管着她会好一点，认定淑芬是狐媚精的妇人尤为支持。

但淑芬的母亲拒绝了，她和淑芬有种类似的高傲，对精心栽培的女儿寄予很高期望。她素来活在别人的指点下，淑芬的优秀是她嘴边的依仗，时间久了便也眼高于顶，觉得一般人都配不上女儿。

后来淑芬患病、退学、离婚、失业一系列变故相继发生，她尽管崩溃，却依旧死守着那条高贵的线，认定小区里介绍不了什么好人来，索性宁缺毋滥。

居委会的人就不舒服了："你不要自说自话呀，你起码要问问淑芬，她现在这副德行，年纪又大了，婆家真的很难找的伐。也就是我们好心，才帮她张罗，你这个样子是打算让她老了跟你一样孤苦无依伐，没有这样子做娘的。"

淑芬母亲被戳中痛处，脸刷白，居委会的人还要说，被淑芬赶走了。她倒也没说什么过激的话，只是问了她们几个问题。

"为什么女人一定要结婚？"

"结婚真的这么好，你们为什么不把时间花在你们丈夫身上而总来我这嚼舌根？"

"是你们自己不幸又不敢离婚，所以看不得逃过一劫敢于离婚的人吗？"

居委会的人是骂骂咧咧走的，之后又在小区里大肆宣传淑芬的"病入膏肓"，她们理解不了淑芬的女性独立自由思维，只把那当成是病，当成没有妇道。

我和王医生去的时候，被她们拉着好一通说道，问了好几遍，淑芬这样需不需要送回医院去啊。

劝退那些居委会大妈后，我和王医生在小区里撞上了一个人。他人高马大，双眼上斜，鼻梁和上颚扁平，嘴小，典型的精神发育迟滞长相。

当时他正捧着一只死鸟，头部僵着，横冲直撞地走，完全不看路。

他和死鸟一起被撞倒在地上，王医生扶起了他，我捡起那只死鸟，还给他。王医生职业病犯了，想沟通了解他的病症情况，但他并不配合，捧着那只死鸟急于离开。

我问："你要去埋葬它吗？"

他有些艰难地开口："要飞，六楼。"

他的语言功能显然不好，只具备单个词汇的表达力，构不成句子。我初步推测，他的智商应该在九岁以下。

我理解了一会儿才道："你要去放飞它？飞去六楼？"

他很用力地点头。

我说："可它已经死了，它飞不了。"

他无法理解,执拗地要离开。我看向他来的方向,那里有栋通体玻璃幕墙的楼,鸟不知那是镜子,以为是天空,飞过去,撞死了,落到地上。

他应该就是在那里捡的死鸟,他以为它们能飞。

我想再问点什么,居委会的人就过来了,声色俱厉地打掉他手里的死鸟,嫌丢人似的把他藏到她们身后:"他就这样,傻的,讲了几次死鸟不能摸,有细菌,不听的……医生别误会哇,我们小区也就两个有病的,别的都挺正常的,就这个傻子和那个疯女人。"

他们给他取了个绰号叫"傻子"。"傻子"趁机捡起鸟逃跑了,跑到一半又跌了,死鸟和他一起摔在地上。

王医生是个热心肠,对待康复患者春风化雨,就是人比较虎。他一向在康复患者中很受欢迎,奈何这回碰上了个铁板,淑芬不怎么领情。

王医生不死心,跑去咨询淑芬的主治医生刘医生。刘医生和他正相反,能避事就避事,性子冷说话毒,所以特别不待见热情如火的王医生。只要刘医生没问诊的工作安排,身后总有只喋喋不休的"王尾巴"跟着,闹得他烦不胜烦。

几次之后,但凡老远响起一句:"老刘!"刘医生总是起身就走,能躲就躲。

小栗子乐颠颠地对我说:"感觉刘医生看到王医生比看到你还烦呢。"

王医生试着邀请淑芬来参加读书会、戏剧心理治疗等康复活动,几番努力之后,淑芬来参加戏剧心理治疗。

文化人淑芬会被戏剧心理治疗吸引,不奇怪。

来了之后,对谁都眉高眼低的淑芬,却和裘非关系不错。裘非也是康复患者,是戏剧心理治疗小组的长期成员,爱好写作,很有才气,康复出院后运营着自己的公众号,他曾通过戏剧心理治疗克服了长达十五年的心理创伤。

裘非是个寡言的人,脸上表情不多,但和淑芬很能聊,两人经常在戏剧心理治疗休息间隙,坐在一起说话。淑芬用这种方式,将裘非和她与其他康复患者划分开来,明晃又随意地显示着,这里除了裘非,她谁也看不上。

我每次去探望裘非,只要发现淑芬和他站在一起,我就不过去了,一个人坐在边上。几次之后,他就会自己走过来,然后按照约定,朝我扯起一个僵硬的笑。

为了调动他的情绪能力,我和他约法三章过,他看到我必须笑。

我问他:"怎么过来了?"

裘非沉默片刻说:"你不喜欢淑芬。"

我一顿,裘非是很敏感的。

我说:"你交到了新朋友,我很为你开心。"

裘非点头。

我笑道:"去吧,别把新朋友晾太久。"

裘非站了一会儿,就回去淑芬那儿了,看着他的背影,我有种儿大不中留的怅然。

我跟小栗子这么说,他满不在意道:"至少你这当妈的开明,没有因为个人喜好,阻挠儿子交友啊。"

过后没几天,居委会来了电话,说淑芬答应相亲了,问我们有没有人可以介绍。

居委会可真不客气,这种事也想麻烦CDC,这本不在我们职责范围,礼貌回绝就是了,奈何接电话的是王医生。

王医生真是有点虎,还真张罗起了这事。他来找我,说淑芬和裘非相处得不错,让我去打听一下裘非的意愿。

"裘非和淑芬不是关系很好吗,裘非都快三十了也没谈过恋爱,现在康复状态稳定,可以想想个人问题了。你信我,我不会看错的,裘非肯定对淑芬有意思,不然他这么沉默寡言的人,能和淑芬聊这么起劲吗。"

我道:"那你自己怎么不去问?"

王医生说:"你和他关系好啊,这事不能公事公办,我去问就特别像任务,你问就是朋友的关怀,性质不一样。"

王医生真能叨叨,跟我掰扯了半天,我当即感受到了刘医生被"王尾巴"支配的恐惧,躲不过,我只好硬着头皮去了。

我尴尬地问完裘非,裘非沉默片刻,笑了起来。我有些微惊讶,因为从没见他这么自然地笑过。看来交朋友确实让他的情绪感受力提高了很多。

裘非认真地看着我说:"穆医生,我和淑芬就是朋友,没别的意思。"

我说:"好的我明白了,我就瞎问问。"

裘非还在笑,我看了他一会儿,不知为何,觉得他的笑,很像一个人。

居委会电话又打来,说不麻烦了,他们有好人选了,然后和王医生约了方便的时间。淑芬的康复情况不稳定,相亲最好有专业人士看顾。

王医生和我到相亲地点时，淑芬母亲的脸黑得能吃人，她得知相亲对象是个智力障碍者后，拉着淑芬就要走。

红娘是居委会的，也意识到过头了，有些怕淑芬这个疯女人会做出什么事来，但还是嘴硬道："你们也要弄清楚自己条件呀，就你们这样的，配他差不多，别嫌这嫌那，至少他肯定不会出轨的。"

介绍来的男方，就是那天我们在小区撞到的"傻子"。

红娘小声地同我和王医生解释，做出操碎了心的体己样，说小区里就两个病的，凑一起还能互帮互助，起码能生孩子，多好。

我们心领神会，居委会多少是存了恶心人的心思。

淑芬母亲破口大骂道："傻子遗传的！生下的也是傻子！"

红娘嘟囔道："生傻子也比没得生好。"

淑芬母亲怒不可遏，王医生尴尬地解释："这个不一定是遗传原因，也可能是产期感染和养育环境不好，而且严重的精神发育迟⋯⋯也就是智障，是不太容易生育的，自然选择让这种基因不容易在人群中延续⋯⋯"

王医生没说下去，因为淑芬母亲的脸更黑了。

这场啼笑皆非的闹剧，我本以为会在一片混乱中戛然而止，没想到淑芬劝住了母亲，要继续这场相亲。

我们坐了下来，气氛难以言喻，淑芬母亲剑拔弩张，红娘畏畏缩缩，我和王医生面色尴尬，淑芬和"傻子"倒是坦然。

"傻子"有个好听的名字，叫思澈。

淑芬没有摆出文化人的架势奚落思澈和红娘，她轻飘飘地问了思澈几个无关紧要的问题，思澈答得磕磕巴巴，有的根本没听懂，但都尽力给出了回应，没让淑芬有任何一句话落了地。

淑芬说："几岁了？"

思澈说："三十一。"

淑芬说："会写自己的名字吗？"

思澈呆滞片刻，把杯子里的水倒在桌上，歪歪扭扭地写了"淑芬"两个字。

淑芬盯着那两个水字说："知道今天来干什么吗。"

思澈说："讨娘子。"

一听就是红娘教的，红娘脸上又尴尬了一分，淑芬母亲的视线已经阴毒至极。

淑芬看着他，浅笑道："喜欢我吗。"

思澈的目光呆滞却清澈，他点头："喜欢。"

红娘这会儿的脸色就复杂多了，大概又在心里骂她狐媚子了，连"傻子"都勾引，但更多的是难堪。

在座除了思澈，谁都看得出淑芬此刻面上的虚伪，她说这话是想膈应红娘，只要她不尴尬，尴尬的就是别人。

这场除了当事人外都如坐针毡的相亲，持续了一小时二十分钟。

过程中，淑芬的强迫症又犯了，她不停地把咖啡杯拿起，敲向杯碟，拿起，放下，拿起，放下，却始终不触及杯碟。思澈每回答一个问题，她的频率都会更高一些。她偶尔把杯子挪离杯碟，放到桌上，片刻后又挪回来，始终让杯子悬空着，又一次次无限接近杯碟。

我观察着她这个强迫性动作，她做的时候应该在排遣内心的某种想法，结合她其他的强迫症行为，我有了一些猜测。

相亲结束，王医生吐槽，这居委会膈应人也过分了些，淑芬这种眼高于顶的性子，对智力障碍者得有多排斥，红娘把他们俩拉到一个条件水平，是赤裸裸的羞辱。

我没说话，想起了一件事。

那天在小区撞到思澈，思澈执拗地说要让死鸟飞去六楼，我本想问为什么是六楼，被居委会的人打断了。

淑芬家，就住在六楼。

相亲狼狈收尾后，居委会消停了一阵，王医生却频繁出入起了小区，他试图劝说思澈的家人把思澈送去医院接受训练。

精神发育迟滞的患者，根据严重程度，经过训练，自理能力是能进步的。首先，得确认思澈的心智年龄，判断严重程度和改善上限。

思澈的父母已经离异并各自成家了，他被扔在旧小区，是奶奶带大的，亲生父母几乎没来过，只会定期打钱，但名义上的监护人还是他们。奶奶当着王医生的面给那对父母打电话，他们没听完就答应了。

思澈的智商测出来和我推断的差不多，心智八岁，中度的精神发育迟滞，言语贫乏，能辨亲疏，情绪不稳，经长期训练可进行简单的人际交往。

思澈却不愿意去医院，王医生来接他那天，他躲了起来，一整天翻遍小区都没有找到。奶奶怕了，不想勉强思澈，去医院训练的事搁置了。

没多久，居委会联系了王医生，要把思澈送来，说他犯事偷了东西，被当场抓住。王医生和我赶去，看到了思澈偷的东西——杯碟。他溜去之前相亲的小餐厅，偷了很多杯碟。

它们整整齐齐地垒在淑芬家的楼梯口，差不多有十几只，显眼极了，好像就要叫人一眼看到似的，光明正大得让人不敢随意去动，像是有什么玄机。

这恐怕就是这些杯碟矗立在这，却没人碰倒的原因。

思澈一到地方，就挣开抓他的人，迫不及待地上前，小心翼翼地从怀里又掏出一只杯碟，轻轻地叠上去。

半晌，居委会有人笑了，笑里满是揶揄道："什么呀，傻子也知道要讨女人欢心啊，但这都什么跟什么啊，杯碟？真的是傻子。"

思澈在调笑声中不为所动，专心守着面前这些越垒越高的杯碟。

我有些恍惚，相亲当天，不只我在观察淑芬，思澈也在观察，他记住了淑芬将杯子悬空敲向杯碟的反复行为，将之理解为淑芬喜欢杯碟。

他来的时候放了一只上去，像完成了今天的任务，店员又说他是陆续偷的，我寻思着问："思澈，你是每天都来送一个吗？"

思澈点头。

显然，淑芬从未收过，住在六楼的她，可能压根不知道这回事。

一贯如此，就像思澈终日捧起死鸟，希望它能代替自己飞去六楼，飞到淑芬眼前，淑芬也不会知道。

这是属于"傻子"愚笨的爱意。

楼梯口的杯碟全部被收走了，安静的思澈在那一刻忽然变得凶狠，把收碟子的居委会大妈推倒在地上。更多的大妈惊叫着一拥而上，谁都没想到思澈爆发起来这么可怕。

最后小区保安来了，思澈失败了。

保安把杯碟拿去还给餐厅，思澈被制服在原地，他发出了喊叫，那是一种奇怪的声音，我不知道是怎么发出来的。可能鲜少说话的思澈，不太会运用人的呐喊方式，是本能的动物性的叫喊，难听却直击心灵。

那天之后，整个小区都知道了"傻子每天都送一只杯碟给疯女人"，看好戏的人等来了淑芬母亲尴尬、满是戾气的面容。

王医生没有勉强思澈去医院，思澈不想离开小区，他就去小区给思澈做训练。针对目前思澈八岁的心智，要矫正的东西很多，他不能，也不适合在矫正阶段发展恋爱关系。

　　思澈成了患者，而淑芬是康复期患者，他们之间除了智商不匹配，又多了一层患者的身份障碍，不过这对淑芬没什么影响，"傻子"喜欢疯女人这件事，和疯女人无关。

　　居委会大妈指着思澈的头，让他别想着那个眼睛长在天花板上的女人了，人家当你癞蛤蟆想吃天鹅肉呢，说完又一阵笑，明明两个都是癞蛤蟆。

　　众人只当"傻子"是因为那场乌龙相亲发疯，一时兴起，除了调笑，没几个当回事的。

　　但王医生教思澈练字，思澈每天只会写五个字——"淑芬和思澈"。

　　他在一张白纸上，从左边写起，"淑芬和思澈"五个字只占了一行的六分之一，但他不会再往后写，而是换行，再从左边写起。

　　整一张纸，右边都是空的，王医生教他写满，他就是不写。我看着那张纸，觉得这也许是思澈的小心思。"淑芬和思澈"后面全是留白，只要不写，好像"淑芬和思澈"就可以在这留白处做很多事情。

　　淑芬和思澈去玩耍，淑芬和思澈去吃饭，淑芬和思澈在一起，淑芬和思澈不分离……

　　只要留白，就有无限可能，他以一个孩童的心智，在这留白里乐此不疲。

　　而让思澈无限快乐的这五个字，在小区的人眼里，是"疯女人和傻子"，在医生眼里，是"康复患者和患者"。除了他，谁也没把他们当成"淑芬和思澈"。

　　一周后，思澈被打了。

　　淑芬母亲的兄弟家来探望，正巧撞上在楼下转悠的思澈，不知怎么就动上手。

　　王医生和我赶过去时，那三个男人正使劲拽着思澈，拳头落在他身上，思澈像无知觉般，咬着牙往前冲，伸长了手，要把地上偏了的杯碟摆正。

　　我这才发现淑芬家楼下又有一只杯碟，楼梯口不知被谁画了一个框，只够放杯碟。思澈正挨着激烈打来的拳头，奋力把偏出框外的杯碟移回那个小框内，屡次失败，又屡次努力。

　　居委会的女人没敢上前，只在一旁喊叫，保安把隔壁小区的保安也拉来了，凑成四个人，才上前试着把他们分开。

我感受到一股视线，抬头，在三楼的楼梯窗口看到了淑芬。

她在笑。

她观看楼下的混战，观看奄奄一息却还在为杯碟的位置搏命的"傻子"，她的眉目间满是赏心悦目，像出席一场略值票价的斗兽赛。

那一刻，我心领神会她在想什么，她显然愉快极了，有男人愿意为她死，没有什么比这个更让她自恋了。

她的目光对上了我，毫不闪避，有人发现了她，有人做了她加冕自己时的观众，她更快乐了。

直到保安把他们分开，打斗结束，淑芬悄无声息地消失在三楼的窗口，仿佛她先前站在那儿，只是我的一个幻觉。

我从这场闹剧中，意识到一个事实：淑芬从头到尾都知道，"傻子"送碟，"傻子"的爱慕，"傻子"被揍。她在亵玩一个男人的谄媚，甚至为了清晰地看表演，特地下来了三楼。

王医生陪思澈去医院，我跟着居委会去调监控，确认一些事情。

我去看了思澈即使挨打也要固定杯碟的那个框，是用粉笔画的，非常规整。粉笔，老师的东西。

监控斜对着她家的楼道口，是淑芬母亲的兄弟先动手，似乎是因为思澈不听劝，让他走他还非要在那放碟，淑芬母亲对他厌恶至极。

我请求他们把监控往前放，然后发现，哪怕王医生明令思澈暂时不要去找淑芬，白天训练结束后，思澈依然会在夜里去淑芬家楼下。他还私藏了一只杯碟，每天晚上放在楼梯口，等上两三个小时，离开时把杯碟拿走，第二天晚上再来放回原位，像是和以前一样，每日都送，已经持续大半个月了。

居委会的人又一阵唏嘘嘲讽，我继续往后拉，她们问我还看什么。

框，那个框还没出现。

居委会的人走了几个，我又翻看了几小时，终于看到了那个框。四天前的夜里，思澈去送碟，楼下的铁门开了，出来一个人，是淑芬。

她下楼来见了思澈！

监控没有声音，但模糊看去，他们似乎什么话都没说，只见淑芬蹲下身，用粉笔在台阶上画了个框，对着思澈指了一下，指到框里。

思澈意会,把手里的杯碟递进淑芬画的框里,小心翼翼,放得整整齐齐。淑芬上楼了,思澈在那站到了半夜,守着框里的杯碟,生怕它被风吹出去一毫米。

居委会的人叫道:"哦呦!这个女人在干什么?她是不是在玩弄这个傻子!作孽了!是她招惹他的呀!把他弄得这么魂不守舍!"

我指着屏幕右上角问保安:"可以把这个地方放大吗。"

我指的地方,是淑芬家所在的楼的三楼楼梯窗口。保安照做,监控的位置只拍到一角,放大后很模糊,但已经能看出,三楼的楼梯窗边,站着一个女人,是淑芬。

居委会的人又惊叫一声,吓到了,说:"要死,真的要死,她不回家还在那偷看那傻子?"

不,她看的不是思澈,而是一个听她颐使、为她守杯碟的男人。

画框、指碟,这个行为本身透露的是一种控制欲,用了粉笔,又意象化了她做幼教时对学生的掌控。她把框画得很小,刚够一个杯碟,说明她收束欲严重,分毫都要拿捏,她对那些献出谄媚爱意的男人有控制欲,或者说,她对谄媚爱意有控制欲。

监控继续拉,那夜之后,思澈每次送碟,都很规整地将之放在那个框里,小心翼翼,乐此不疲。

所以今日,哪怕被打成这样,他也要固定杯碟在那框里,因为这是淑芬规定的。

这个女人知道他送碟,但她从未收过,却对他画出一个框,要他把爱意按她指定的方式上贡,供养她歌舞升平的自恋。

思澈的右手脱臼,其他地方还好,打人的事居委会想处理,但思澈的奶奶不打算追究,她们愤愤不平也毫无办法。

在她们琢磨着怎么让淑芬家付出点代价时,两个主人公却开始约会了。

小区里经常可以看到,吊着绷带的思澈和淑芬在一起散步,思澈跟个猴似的,断了手也不老实,这里摘朵花,那里挖个沙,还去捡死鸟,统统捧到淑芬眼前。

这些礼物也都和杯碟一样,映在淑芬不明思议的笑容中,却从未被收下过。

小区里的人每见到这一幕,总是一副见了脏东西的样子,小声嘲笑吐槽,说"傻子"被打成这样,疯女人可怜他。

就是苦了王医生,思澈无心白天的训练,总是偷溜去找淑芬,气得王医生咬碎银牙说:"说了八百遍暂时不要接近淑芬,等他矫正完了,爱怎么谈恋爱怎么谈,谁拦他。"

王医生试图找淑芬谈，让她暂时不要和思澈见面，没有任何用处，还被思澈知道记恨上了，训练进程更慢了。

裘非来找淑芬，我去探望思澈，我们在小区碰上了，这还是我们第一次在医院外见面。在路上我们遇到了淑芬和思澈，思澈在公园里玩沙，淑芬靠在一旁的栏杆上，像母亲带孩子。

我皱眉，今天明明是思澈的训练日，又被淑芬引出来了，她根本不想他好好训练，脱离她的掌控。

我们走上前，淑芬看到了，朝裘非点头，裘非过去了。

我招手道："思澈，过来。"

思澈看了我一眼，不为所动。

淑芬也喊了一声："思澈，过来。"

思澈立马扔了手里的沙，蹦回了淑芬身边。她朝我笑，消遣一场信手拈来的胜利。

我远远地冷眼看着她，裘非走到一半，不发一言地回到了我身后。

CDC 忙起来，王医生两头跑，我也很少去思澈的小区了，直到又接到居委会的电话，说思澈昨晚进了淑芬家，到现在还没出来。

我和王医生连忙赶往小区。让居委会盯着，两人关系过密了就通知，是王医生吩咐的。思澈在矫正期，是不允许发生关系的。

王医生满面愁容说："应该不至于吧，淑芬好像不怎么看得上思澈。"

我说："不，她就是想要他。"

王医生一愣，车开得飞快。

到了之后，居委会的人已经在楼下了，说淑芬母亲刚刚回来，上去没多久又走了，看上去气得要死。我们上楼，淑芬家的门是开着的，估计是淑芬母亲气得没关。我们挤在玄关往里看，卧室的门紧闭，毫无动静，居委会的人喊了声，没有回应。

我拨开其他人说："我来。"

我走到紧闭的房门前，敲了敲，没动静。于是我拧开了门，一股味道扑鼻而来。

床上只有淑芬，我走进去，关上了门，隔绝了外面的视线。

"思澈呢？"

淑芬没看我，似乎完全不介意有个人进了她卧室，她说："走了。"

我问她:"你们做爱了吗?"

淑芬说:"你变态吗,问这个。"

我看着她,再次发问:"你们做爱了吗?"

她依旧不说话,眉目间又流露出那种令人嫌恶的轻蔑。

我走近一步道:"你需要男人,你见他第一眼就打算了,你不停地用杯子敲向杯碟,又不肯触底,是在驱逐你内心想要和他结合的渴望。你怕你的饥渴暴露得太快,而你认为性的快感是需要矜持的,于是你看着他一次次给你送那个杯碟,一边压抑欲望,一边升腾。你的强迫症越重,说明你想和他结合的欲望越重。"

淑芬脸上的傲,碎裂了。

其实这点在相亲那日我就有猜测。弗洛伊德有一个经典的强迫症案例,一个女孩每晚睡觉前,一定要把枕头拿离床背,中间留一条缝,就是不能让枕头靠上去。分析得出,女孩对父亲有性幻想,而枕头靠上床背,是交合的象征,她强迫性地把枕头拿离床背,是要压抑和阻止内心不伦的交合渴望。

强迫症患者所有看似无意义的强迫行为,都是为了驱逐内心不被接受的想法。

杯子和杯碟本是一体,象征着交合,包括她入院前其他的强迫行为,手指不停地伸入门铃洞,家里的冰箱不停地开关,都和性的象征有关。她明显对实现性体验有障碍,又无比渴望,她捣碎别人家的门铃,显示了对别人的性的嫉妒。

至于她夜里在病房教书这个仪式,是因为教师的身份,是性压抑的象征,她不断地重复教书行为,来提醒自己要得体、知耻、远离本能。

居委会有人说她狐媚精,不是因为她真的做了什么,而是她身上积聚的过盛的无处挥发的性能量,让她无论做什么,都充满性张力。

我继续说:"你离婚三年,又因病症出入医院,无法拥有新的恋情,你的精致涵养又不允许自己滥交,你毫无机会排遣欲望。这时一个傻子出现了,傻子削弱了你对自我评判的严厉性,一个傻子不会介意你的'肮脏',他甚至爱你的'肮脏'。你接近思澈,不是什么可怜或感动,你只是找到了一个可纾解的渠道,一个经你测试,完全满足你控制欲,让你安全的渠道。"

淑芬死盯着我。我走到她床边,轻蔑地看着她说:"我知道什么话让你最疼,我不说,只是因为我善良。"

她沉默片刻,忽然笑起来。接着她掀开被子,站起身,衣不蔽体,满床的痕迹。

她站得比我高,慢慢走近我,用汗湿的、碰过男人下体的手抚到我脸,然后凑近我，盯住我的眼睛说："你也挺可怜的。"

我看着她。

淑芬说："你觉得我被欲望控制，那你何尝不是被善良控制。"

我不接茬："你连善待你的工具都做不到，这么点时间都忍不了吗？王医生找你说过，思澈在矫正期间，尽量别见面，更别说做爱，他是不懂，那你就是纯粹的恶。"

淑芬面露嘲讽，退开一步说："别跟我扯这些了，什么矫正训练，他三十多年都这么活过来了，你们现在才想到去跟他周旋训练有什么用？他的悲剧不是始于娘胎，而是始于这个对悲剧不宽容的世界和你们这群马后炮的清道夫，你们定义精神病，定义他需要矫正，才是在给他上镣铐。"

"好，我告诉你训练他有什么用。他如今全盘接收了你的施与，但没人教他，当这些东西被收回，当他对你而言仅作为一根棒槌的用处失效，用腻了，被扔掉，他该如何处理被抛弃，如何摆脱一根棒槌的阴影而只作为一个人活着，如何消解继娘胎的悲剧、来自不宽容的世界的悲剧后，你作为爱的对象施与他的又一个悲剧，我们要教他用他八岁的脑子去理解这一切，理解一根棒槌，理解你虚伪的爱是挂羊头卖狗肉，教会他在还没有被你毁掉之前，警惕毁掉这件事。"

试图让一个八岁的心智拥有自由意志，这是王医生的努力。

淑芬不说话了。

我走近她说："你在他的矫正期和他做爱，他错过了最好的警惕期，他一定会再受伤，会为你和我们反目成仇。他在接纳新的世界前，先接纳了你。噢，当然，你哪里会在乎这些，毕竟你只要一根棒槌，会动就行了。"

淑芬依旧沉默，面上却带笑，似乎在回忆什么，那笑容出现在床上一片狼藉的背景里，十分膈应人。

我不再说话，转身就走，开门前，她的声音从身后响起："你笃定我没有爱吗？"

我没有回答，拧开了门把，忽然一阵轻巧的风从后面吹来。一种奇怪的感觉促使我回头，却见淑芬不知何时已经走到了窗边，窗开着，没有装防盗窗。

她坐上了窗台，赤着身，双腿轻轻地晃，这里是六楼。

这一幕转折得太突然，我一时没能反应过来："你要做什么？你在吓我吗？"

淑芬笑出声："不吓你，桌上放着遗书，你可以看看。"

遗书？她早有准备要在今天自杀？！

桌上的确有张纸，我紧盯着淑芬，挪去桌边把纸拿起来，入目就是"遗书"两

211

个大字，十分扎眼。我的视线不能离开淑芬，只潦草看了个大概，这封遗书，言辞犀利，说是状纸更为确切。

遗书里面写了她这些年来因为精神病而遭受的不堪，她控诉这个小区，控诉社会，她说凶手是"每一个你"，里面有不少言过其实的地方，内容煽动性极强。

淑芬指着电脑说："网上还有一份，再过一小时，当我躺在下面后，网上的那份就会发出来。"

我一愣，明白了，她的目的是要煽动网友。我几乎可以想象，如果这封东西发出去，这个小区的人，一定会被"人肉"，被道德谴责压垮。

她竟真是早有预谋。可我觉得奇怪，淑芬在我眼里和轻生从不沾边，她不是"懦弱"的人，更不是舍得把报复权交给别人的人，她也远没有到走投无路的地步，她是精致的利己主义者，她怎么可能放弃自己？

而且她身上的性能量如此庞大，性能量在一定程度上代表了个人的建设能力和生存渴望，她和那些因为过度荒淫而变得虚无、没有生存理想的人有本质区别，她甚至没有去满足欲望。淑芬确实不像轻生之人！

但现实不允许我思考，淑芬的两只脚都已经跨出去了。下面有人发现，开始惊叫起来，淑芬坐在窗台上，晃着腿，接纳所有注视，无论这些视线是否惊恐或猎奇。她白净的身体似乎要被日光穿透。

在我眼里，她从一个女人变回了女孩。

我强迫自己冷静，想办法，脑子却嗡个不停。这一幕我曾想象过无数次，可它真的到来时，我却发现自己手脚冰凉，手足无措，几乎成了哑巴。

洪流涌过脑海，我慌乱地抓住了她方才问的一句话。

我说："淑芬，你看得清下面吗？人多吗？"

淑芬说："不少。"

我说："人群里有思澈吗？"

淑芬晃荡的腿僵了一下，又继续晃："他回家睡觉去了。"

我说："是你把他支开的，你不想让他看到你死？"

淑芬说："你别劝了，你也走吧。"

我说："我没劝，只是陈述即将发生的事实，你跳下去之后，思澈的视角。"

淑芬不语。

我说："他一觉醒来，刚刚体会了前所未有的快乐，他迫不及待来找你，除了你家楼下一摊划出区域的血迹,什么都没找到。他以为那种快乐是一瞬的,你只是和往常一样不见他罢了。那个框框还在,他继续送碟,一个月,两个月,他都没有见到你。他看到了黑色的,配着白花的车停在你家楼下,看到有人捧着一个罐子,看到那摊划出区域的血迹一天天变淡,他不理会小区里的人日渐同情唏嘘的眼神,这些都不妨碍他继续送碟,等着你下楼见面。"

淑芬说:"别说了。"

我说:"时间久了,他终于忍不住问,淑芬怎么不出门,那些同情的眼神告诉他,淑芬死了。他问死了是去哪了,死了就是再也见不到了你个傻子,怎么会见不到呢?淑芬给了他快乐啊,同情的眼神告诉他,淑芬几个月前就死了,和他快乐后就死了。于是他恍然领悟,快乐是有代价的。原来淑芬给予他快乐,是为了永远地收走他的快乐;淑芬给他开门,是为了将他所有的门都关上;淑芬对他笑,是为了给予他绝望。"

淑芬说:"我让你别说了!"

她身体不稳,又朝外偏了几分,楼下惊叫一片。

我喉咙发紧,虚汗直冒,要很用力才能继续出声:"他问淑芬是怎么死的,他们告诉他从这里跳下去的,于是他也会站到这里,站到你此刻坐的地方,他想起他们说那些鸟也是死的,但他把死鸟放飞到了你的窗前,然后你也跟着飞出去了,现在轮到他了,于是他纵身一跃,作为一只死鸟,飞向你。"

淑芬惊叫起来,战栗不已。

我深呼吸,道:"你还跳吗,我听到警车的声音了,小区动静这么大,思澈可能醒了。"

接下来是长达一分钟的沉默,我安静地站着,她安静地坐着,空气是紧的。在一声清晰的警笛后,淑芬的脚跨了回来,她腿软,跌在了地上,看向我的目光如视恶魔。

"你太恶心了。"

我旋开了房门,王医生和居委会的人立刻进来了,我用最后一点意志力,拽住王医生说:"她网上有一篇遗书,记得撤下来。"

说完便跌撞进厕所,抱着马桶开始呕吐,胃部痉挛了,王医生吓了一跳,问我还好吗,我立刻锁上厕所门,把他关在门外,抱着马桶吐了个昏天黑地。

在一片荒乱中,警察来了又走,我被扶去居委会休息,她们絮叨着道谢,我没法回应,我暂时失声了。

一张照片吸引了我的注意，它夹在居委会的照片墙里。这是小区文化栏，有些年代了，记录了小区的人事物。

那张照片里有思澈，还是孩童的思澈，长相轮廓和现在很像。我看了下照片的时间，是八岁的思澈，他坐在跷跷板上，对面是一个女孩，女孩是淑芬。我在她家的照片里看到过，十一岁的淑芬，他和她坐在跷跷板的两端，思澈咧着嘴，淑芬恬静地笑。

我恍惚地想，他们那时就认识了，或许曾经是玩伴，互相表达过孩童的喜欢，但那一年后，淑芬在长大，去了成长后的世界，思澈却永远停在了八岁，用八岁的目光十年如一日地注视着淑芬。

那淑芬呢？

我忙乱地搜索起来，视线停在一张三年前拍摄的照片上。照片拍的是别人，带到了淑芬家的楼，思澈又在楼下给淑芬放飞死鸟，三楼，不起眼的窗户前，站着一个人，是淑芬，她在看他。

不是相亲之后，早在那之前，很早很早。

思澈的死鸟，真的飞到了淑芬眼前。

我回了医院，路上，看到裘非的公众号更新了一篇，名字叫《她爱上了一个傻子》，点进去是一首诗：

傻子在培养皿里，她是显微镜，
她伸长身躯，观摩傻子的纹路，
为这纹路命名，为这纹路定性，
傻子的纹路，是显微镜给的。

傻子在垂吊，她是钢丝，
勒他的腿，为他秀美地结扎，
她把傻子切分，灌进指甲里，
她吮着指尖，口涎惊雷。

傻子公布了一个秘密，

她埋起了一个秘密。

他奔涌向她，

在她的食欲上结了痂。

"他奔涌向她，在她的食欲上结了痂。"我反复默念这最后一句。

到医院后，我去找了齐素。

病房就他一个人，我进去，坐下，一声不吭。他看了我一眼，也不说话，继续看书。

良久，我开口，声音恢复了一些，像刀子拉地，极其难听："可以帮我督导吗？"

齐素把书合上说："说吧。"

我沉默片刻说："面对某个患者时，我变得好恶毒。"

齐素说："你想找我聊的不是反移情的问题吧，直接点。"

我一僵，在齐素面前我几乎是透明的。

我低头，沉默了更久，变得难以启齿："我高估自己了，我曾坚持死亡是自由的，死亡权是个人的，不要去拉一个想死的人，可当她在我眼前，我还是拉了……用了我曾最不齿的一种方式，用她爱的人绑架她。"

齐素说："不齿，但有用。"

我不说话。

齐素继续说："问题不在这，穆戈。问题在于你为什么会因为救了一个人而罪恶？"

空气又紧了，我噌地起身，朝门外走："还有工作，我忘了。"

齐素喊了我，我没有回头，走得飞快。

跳楼事件后，淑芬又住进了医院，思澈也终于被带去CDC，虽然在一个地方，可他们没法见面。思澈闹了一阵，发脾气、砸东西。一段时间后，他偃旗息鼓了，在王医生的训练下，他开始学着延迟满足。

淑芬正视了她对思澈的毁坏性，开始远离思澈。有的爱是有腐蚀性的，它在霉地里开花，她得先把自己移出霉地，才能去栽种阳光。

居委会寄来了一沓照片，是前两个月的社区文化墙，拍到了我和王医生，我们互相吐槽着难看，王医生笑道："这里还有裘非呢，给他也带一份。"

应该是我和他在小区碰到那日被拍的。我拿过照片，看到日期却一愣，四月七日,不是我们见面的那天,是淑芬跳楼的前一天。

一些遗漏的瞬间浮了上来,裘非见了她,她隔天就跳楼。他和她说了什么吗?

淑芬跳楼我存疑很多,不只因为她不像轻生者,更重要的是那封遗书,煽动性过重了,像是为了公布遗书而死,笔触我很熟悉,像裘非写的。

可他是淑芬的朋友,没有理由害她,而且我了解裘非,他宽厚善良,是我想多了吧,裘非文采好,淑芬拜托他来润色遗书也正常。

我连日都在病区发呆,有一回想倒水,却打了空杯回来,身后有笑声,回头一看,是齐素,这是他第一次主动找我。

我不知怎么开口,满脸问号。

齐素叹了一口气,朝我伸手:"你不是想拜师吗?"

我愕然许久,呆钝地把一次性空杯往前递,齐素接过,喝了这杯空拜师茶,我嘴一瘪,没出息地哭了:"师傅。"

我正式开始接受齐素的督导了。

CDC有手工课,思澈学起了陶艺,他只做一样东西,杯碟。最开始的成品歪歪扭扭毫不成型,但他在这件事上显出了超常的耐心,杯碟的模样渐渐正了,他在每一个杯碟的背面,都刻上"淑芬和思澈",包括那些做坏了的。

他不再吵闹,沉静地忍耐着,盼着出院,把亲手做的杯碟送出去。等待就让他乐此不疲,终年如此,他早已习惯在等待中获得虚妄的快乐。

淑芬一如往昔的高贵阴沉,走在病区的长廊上,她的目光里依旧谁都没有。她对手工训练兴趣缺缺,但真的被我带到那里,还是做了。我建议她做杯子,并提供了几个适当的尺寸。

我是有点无耻的,假装不知道思澈在做杯碟,假装不知道思澈做的杯碟大小,构陷一场巧合。当有一日,她移出霉地,他们在外面相见,她发现思澈送给她亲手做的杯碟,奇迹般地和她做的杯子契合,浪漫的陷阱会跌向何处?

NO.:

精神卫生中心
住院记录

入院时间 2015.7.4 15:56

科 室 临床一科	病 区 女病区	床位号 1	住院号 644
姓 名 淑芬	性 别 女	年 龄 34	
监护人 姚贞洁	关 系 母		

主述
精神疾病发作，撬锁，扰民。

个人史
籍贯上海，受教育程度高，曾在海外攻读硕士，但因精神疾病辍业。回国后在幼儿学校任教，也因疾病失业。患者4岁时父亲病逝，母亲定重贞洁之说，一直未再婚，对患者期望较高，家庭氛围压抑。

病程和治疗
患者精神分裂阳性症状不明显，没有太强攻击性和痫癫行为。强迫症较严重，一天几十次地开关冰箱门，怀疑冰箱会漏电要爆炸。把手指伸进家门外卸了的门铃洞，想确认里面有没有电。还会破坏整个小区的门铃。

精神检查
患者交流能力正常，意识清晰，接触可，未到出幻觉，情绪易激动，院外有发脾气吵闹表现，强迫行为严重。

初步诊断
精神分裂伴随严重强迫症。

签名：刘祀

2015.7.4

纵火癖

——躯体转换障碍症

Story-13

早上，一辆警车的鸣笛吵醒了我的瞌睡。

向窗外看下去，醒目的红蓝灯光先入了眼。警车门开了，两个警察下来，带着一个穿着灰衣的男人。

他们往毒瘾鉴定科去了。

主任来敲门，让我带上纸笔跟他去。路上我问主任去哪，主任说送来一个纵火犯，警方希望医院协助调查，检查他的精神状态。

"我看到了，是刚刚送去毒瘾鉴定科那个吗？"

主任说："嗯，纵火犯通常也有药品滥用的问题，先检这个。"

到毒品鉴定科时，负责鉴定的医生正在让那纵火犯靠墙站立，蹲下，向前举平双手，看五指是否颤抖。

助手取了他的头发去验。头发会残留毒品的代谢物，若是发根端三厘米以内的样本测试结果为阳性，则可以证明他在六个月内摄入过毒品。

主任进门，鉴定的医生向主任打招呼，看那纵火犯蹲着的状态，没有明显症状，只能等毛发检验结果。

我观察起了那人，他很年轻，十七八岁，眼里毫无落网后的不适和尴尬。他坦荡荡地在那儿扎马步，在这间满布警察和医生这类权威象征的房间里，也不露怯。

年轻并不奇怪，纵火行为很多都发生在未成年身上。我们研究纵火行为的心理，也基本都是从未成年着手，成年的纵火犯研究较少。

虽然相貌年轻，但他给我的第一感觉是老成，不是学校里或从学校刚出来的孩子，一看就是闯过社会的，但也不是常见的不学无术的刺头小流氓。他身上有很强的个人风格，区别于其他小孩外强中干狐假虎威的状态。

我直觉他是搞艺术的。

主任带上了我这个实习生，陈警官也带了一个新人，叫小刻。主任和陈警官单独出去聊，让我留在鉴定室向小刻询问案件详情。

这个纵火犯叫乔郎，十七岁，初中就辍学了，是一名摄影师，也是公安局正在追捕的一个纵火团伙里的一员。这个纵火团伙经常在网上发布纵火视频，网络犯罪科盯了大半年，才逮住他一个。

小刻是第一次带嫌犯来精神病院做鉴定，开始有点紧张，但看我一副抠脚大叔似的八卦样，也放松下来。

他说这个纵火团伙很难抓，唯一的线索是几个网上流出的纵火视频，在表层网里无法检索到源头，说明是暗网里的。网络犯罪科花了大半个月查到其中一个视频源头，但那网站早没了。

暗网上的犯罪大多如此，打一枪换一个地方，服务器挂在国外，每分钟甚至每秒钟换一个IP，根本查不到。

小刻说："暗网你知道吗？"

我说："知道一点。"

我们日常使用的网络只占很少的一部分，是表层网，而在表层网之下，还有非常庞杂繁复的深网世界，拥有极高的隐匿性，是普通搜索引擎搜索不到的。暗网就在深网的深处，它本是帮助用户对服务器隐匿身份，不泄露隐私的技术，但却为网络犯罪打开了大门。

暗网使用者的IP代理是多层代理，每层都有加密，实时变换，极难锁定。因其高度隐匿性，暗网的世界暗黑至极，里面的犯罪涉及人口和器官买卖、毒品交易、军火走私、色情屠杀直播，甚至是恐怖主义的活动聚集地。

小刻说："你根本想象不到里面正在发生什么，没有人性的。"

乔郎所属的纵火团伙，是一群对纵火有极端兴趣的人，他们烧房、烧车、烧人，在暗网发布纵火视频，赚取打赏，也会有人雇佣他们进行纵火，观赏纵火现场。交易用的是数字虚拟货币——比特币，乔郎每上传一个纵火视频赚三个比特币。

我查了一下实时的比特币汇率，心头一跳，一比特币兑换五万多人民币，三个比特币，乔郎一场纵火就赚了十六万五千块。

小刻纠正我说："比特币汇率变动快，他当时拿是一个比特币兑六万多人民币，总共十八万。"

我一时不知该说什么，这个世界上，有人花十八万买一场火灾来观赏。

我说："十八万的视频是什么样的？"

小刻把截录的视频放给我看，是一个小区一楼的住户，家中起火了，火不是很大，但烟很多，背景隐隐约约有一段音乐。

我问："这不是直播，他还配乐了？"

小刻点点头说："对，这个视频是火灾后两天放出来的。"

"烧的这一家是有仇吗？"

小刻说："他说是随机选的地点，和屋主没任何恩怨。我们也查了，他们之间确实不存在社会关系。当时这家里只有一个上初中的男孩，父亲不在，门反锁了，是邻居报的案，消防车赶到时，孩子已经呛晕了。好在人救出来了，除了一些财产损失，没造成什么伤害。就是这孩子吓到了，在医院不肯回家。"

说到这儿，他停了一下，继续道："不过不排除交换纵火的嫌疑，是他团伙里的共犯和这家有仇，或者只是受雇办事。他说是随机，哎，你说他这算不算纵火癖？"

我摇头说："不一定，纵火癖在纵火犯里是极少的，大部分纵火犯都只是发生了纵火行为，而不是纵火癖。他目前有涉及财物问题，不是单纯的以纵火为乐，纵火可能是工具性的，但看这段视频……对了，他们隐蔽性这么高，你们是怎么抓到他的？"

小刻说："我给你看另一段视频，你看看两段有什么不同。"

他换了一段纵火视频放，烧的是一辆车，火很大，已经烧到高潮部分了，车体完全淹没在火里。

我问："这一段，不是乔郎拍的吧。"

小刻说："你怎么知道？"

我说："乔郎拍的感觉，怎么说，更有美感，他是摄影师嘛。"

小刻说："对，就是这个原因。我们发现有几段纵火视频无论从角度、光影、气氛都和其他纵火视频有区别，推测该嫌犯可能从事摄影方面的艺术工作，于是把有类似拍摄风格的纵火视频都假定为一个人，对他做了一个犯罪地理侧写。"

小刻给我解释道："罪犯在行动时，有他的心理安全区，他不会去一个完全陌生的地方犯罪，也不会在家门口犯罪。他的行动空间是有规律的，可以通过分析这几个纵火地点在地图上形成的点、线、面空间分布关系，找出他作案的活动中心点。这个中心点通常就是嫌犯的家或居住地，再根据拍摄角度推测身高，在该中心点锁定一个从事摄影工作，身高一米七八左右，独居孤僻的年轻男性。"

我说："这样，那接下来就是通过他去抓他的同伙？"

小刻说："对，这是最快的方法，那伙小子太难抓了。但乔郎什么都不肯交代，这小子难搞极了。"

他摸摸鼻子说："如果能切中他的心理要害，撬开他嘴就好了。"

我听出他话里有话，说是带乔郎来做精神鉴定，实则是希望主任能分析他，套出同伙的事。

我没搭腔，他观察了一阵，继续说："你别看他年纪小，他可是老手了，有十年纵火史，第一次纵火在八岁，什么都烧过，草树、车房、人……"

我说："人也烧过？"

小刻说："烧过，他说烧的是尸体，人本来就是死的。我们搜了他家，看了他所有纵火视频，没找着，但整个纵火团伙烧死过的人可不止一个两个。"

小刻给我放了一些乔郎其他的纵火视频，说他纵火的时间间隔还挺稳定，两个月一次，除了这次的小区纵火不一样，只隔了不到一个月。

我指着十八万打赏的小区纵火视频："这就是他被抓前最后一次纵火？"

小刻说："对，这地方离他家还挺近的，对我们做地理侧写有干扰，不然还能更早抓到他。"

我问："多近啊？"

小刻说："就隔壁小区。"

我说："这挺冒险吧。"

小刻说："纵火犯嘛，有点冲动失控性也正常。"

我摇头道："他看着，不像是冲动型纵火犯。"

小刻说："怎么说？"

我说："他对纵火的拍摄是有要求的。他追求美感，或者别的什么，从视频能看出他对火的感情不一般，他还会配乐。他对纵火是严肃认真的，必然是选好了满意的时间、地点、视角才会纵火拍摄，不太可能随便冲动行事。他有十年纵火史，而纵火时间间隔稳定，他显然在纵火里获得了某种秩序感，很有经验，他和一般的易冲动失控的纵火犯有点不同。"

小刻沉凝片刻道："你是觉得他这次一反常态，短时间内就近挑了这一家纵火有问题？"

我说："没有没有，我不专业，瞎说的。"

小刻要接着问，我借口上厕所，溜出去了。

回去时，恰巧听到走道里主任和陈警官的谈话。

主任的语气有些埋怨："我这里是精神病院，只负责诊断鉴定，不搞犯罪心理，一堆病人等着我呢，你别给我瞎揽活了。"

陈警官嬉皮笑脸道："嗐，我也是被逼得没办法了，追了七个月，好不容易才摸到一个，等不起那群疯子再逍遥法外了！"

主任怼他："你上次不是说你们局请到犯罪心理专家了吗？人呢？"

陈警官说："在请了在请了，路上了路上了。你就再帮我一次，就一次，我保证。"

两人继续掰饬，我猫着身子溜了。

主任和陈警官是故交，经常帮陈警官带来的嫌犯做精神鉴定，但陈警官来得过于频繁了，主任很是头大。每次说是精神鉴定，却总要夹带私货要主任帮他干活，我见过主任手机里陈警官的备注是"吸血鬼"。

过了一会儿，主任回来了，看样子是妥协了。乔郎的毛发检测结果送来，是阴性，他在半年内没吸过毒。

这也印证了我的猜测，乔郎不是典型的纵火犯。纵火犯的心理状态极不稳定，品行问题很多，纵火只是其中一项，大多同时伴有毒品成瘾、虐待动物、反社会行为、性犯罪，等等。他们通常来自底层或者不稳定的家庭结构，生活工作上长期处于低自尊、沮丧、抑郁、压抑、愤怒、不被爱的状态。

未成年的纵火动机多为冲动失控、宣泄愤怒、应对无聊等。仅从纵火兴趣来说，不考虑利益谋取，乔郎和一般纵火犯的犯罪侧写是有偏差的，他显得过于冷静了。

这点不只能从他拍摄的纵火视频的意境和稳定的纵火节奏发现，也和直面他时的感觉有关。他看似十分配合，却没有权力被剥夺之后的顺从感，他的目光清醒而冷静，是一双摄影师的眼睛。他用捕捉火的目光捕捉人，被看到的瞬间，我感到自己仿佛在燃烧。

乔郎从鉴毒室出来后，被带去做心理测试。

他在做测试时，我跟着主任去看陈警官调来的乔郎刑讯视频。

视频很长，是已经截取过的，主任皱眉，陈警官立刻道："知道你的规矩，要看完整的，但太他妈长了，我们审了这小子几轮，真让你都看完你肯定得把我轰出去。"

我明白主任为什么要看完整的，我们的关注点和警方可能不同，经过警方截取的，也许删掉了一些他们没注意但关键的心理细节。

那刑讯视频看了几分钟，我就知道为什么他们拿他没辙了。

"你的同伙在哪？"

"为什么问我？"

"你的同伙，不问你问谁？"

"为什么你觉得我会知道他们在哪？"

"你们是共犯，不可能不联系，你肯定知道。"

"你和网友打游戏，你们是队友，你知道他住哪吗？"

"别耍花样！赶紧交代，会算你一个揭发立功，对你自己有好处。"

"我们中任何一个被抓到，你们都会让他揭发立功是吗？"

"是，看你们的配合程度。"

"既然大家都知道有这个风险，谁还会告诉对方自己在哪？"

陈警官看得来气，说："这小子就这么跟我们绕个没完，什么都问不出。"

我和主任对视一眼，说："苏格拉底式辩论。"

乔郎在刑讯中用的是苏格拉底式提问，这种对话的特点是，偏重于问，不直接回答对方的问题，而是诱导对方回答自己的问题，找出前后矛盾的地方，让对方落入对话陷阱。

一句"共犯为了安全不会暴露彼此地址"就可以回答警察问的"同伙在哪"，他非要铺长对话，来让警察自己落入矛盾。

这种对话模式最初是苏格拉底用来启发学生的，现在也被用于训练逻辑思维。而在心理咨询中，苏格拉底式辩论是一项常用的咨询技术，让来访者发现自身话语、行为、思维的矛盾，从而产生启发。

看完整个刑讯视频，我隐约觉得乔郎之前应该接受过心理咨询，一来一回诱导式的提问状态我很熟悉。他的咨询师必然是个高手，让他在咨询期间经受了这方面的训练,而他在模仿他的咨询师。

陈警官问:"他做过心理咨询怎么了?"

主任没回答,让陈警官把视频倒回最前面。

主任说:"不是这,还要再前面。"

陈警官说:"前面还没开始审呢。"

他倒到最前,视频开头,是警察把刑讯灯打向乔郎,开始审问,乔郎侧头看着那灯。视频里,刑讯灯骤然打在乔郎脸上,他不避不闪,脸上丝毫没有被光闪到的神经牵动,反而侧头,迎面盯着看那灯。

主任反复看这一段。

陈警官问:"这里有什么问题?"

主任看了我一眼,我立刻意会,掏出手机,调出手电筒,出其不意地晃到陈警官眼前,他立刻避开光,下意识伸手挡住。

主任指着屏幕里的乔郎说:"正常人在暗室里突然被强光照到,都会躲或者捂住眼睛,你看他。"

陈警官说:"这又说明什么?"

主任没有回答:"他测试应该做完了,走吧,去看看这说明什么。"

乔郎的心理测试报告出来,比较异常的是MMPI(明尼苏达多项人格测试)。

MMPI由十个临床量表和四个效度量表组成。十个临床量表分别是疑病、抑郁、癔病、精神病态、男性化—女性化、妄想狂、精神衰弱、精神分裂、轻躁狂、社会内向,是最常用于鉴别精神疾病的量表。

其中精神病态指标,诊断的是病态人格,可鉴别嫌犯的反社会型和攻击型人格。

我快速浏览几个关键数据:"效度量表正常,没有诈病,但他的精神病态指标不高,说明反社会性和攻击性都不高。"

纵火犯的动机主要包括利益谋取、复仇、渴望被认可的情感表达和纵火兴趣,这几项动机里或多或少都含有攻击性和反社会性,但乔郎显然不符合,如我先前推测的,他是非典型的纵火犯。

我顺着表格往下看:"不过……他的疑病指标很高啊,太高了。"

疑病——对身体功能的不正常关心。

小刻不理解,问:"这个说明什么?"

主任沉凝片刻说:"老陈,他家搜了吗?有没有病历,或者化验单之类的,全部拿给我。"

陈警官说:"我现在叫人去调了拍过来。"

主任和陈警官去确认要拍的资料,小刻问我,这点对查共犯重要吗。

我给他解释:"他不开口,无非是组织忠诚感高,或是有把柄被拿捏。这个纵火组织是怎么形成的,他和这些人是怎么产生凝聚力的,他进入组织的目的是什么,瓦解掉这些部分,问话应该会轻松得多。"

首先,我们得了解,他为什么对纵火感兴趣。一般纵火犯的动机,无法套在他身上,而越是无法解释的地方,越接近一个人的心理症结。

小刻点头,他似乎从见面就挺急的,我看向他,问:"很急吗?"

小刻苦笑道:"哪能不急,罪犯在眼皮子底下,一天抓不到,世上可能就多一场火灾。"

病历和化验单很快就传来了,惊人的是,他家里居然有一抽屉的病历、化验单和各种片子报告。

主任有医学背景,看化验单和核磁报告很快,"唰唰"地看过去,说:"都没什么大问题。"

陈警官说:"是啊,这些我们都找医生核实过,他根本没病,比我还健康呢,为啥检查做这么勤。"

七七八八的化验单日期间隔都很近,表明乔郎频繁上医院检查。

主任把化验单丢在桌子上说:"可能是疑病症。"

疑病症,一种焦虑障碍,患者总是怀疑和恐惧自己得了大病,明明医院检查了,医生再三确保没问题,这种担心也不会消失。疑病症患者会对身体全身心地关注,这种过度关注提高了身体唤醒,曲解了身体感知,好似真的产生了症状,于是患者更加焦虑恐惧,恶性循环。

疑病症一般出现在年龄较长的人身上,乔郎这么小就有了。

小刻伸长脖子,看着化验单问:"他这到底是想查什么病啊?"

我又把所有病案浏览一遍,发现他主要查的都是头部的器官,再联想到他对刑讯灯的凝视,对火的拍摄意境和特殊情感……

主任判断得很快:"眼睛。"

我明白了,说:"他不是在纵火,他是在找光。"

我跟着主任进隔离室，第一次和乔郎聊，怀里抱了一堆电灯。

进门前，主任问我："你确定要进去？"

我点头，主任叹了一气，说："别后悔。"

乔郎坐在桌前，看到我们，还挺悠然自得，好像谁来都不在乎。我们穿着白大褂，他必然知道我们是精神科医生，来找他做什么。

陈警官和小刻在一旁站着，盯住乔郎。

主任坐下后，先问："乔郎，看到我们很亲切？白大褂。"

乔郎答："还好。"

主任问："你长期和穿着这样衣服的人打交道吧。"

乔郎说："翻我家了？"

主任说："边上站着的那两个翻的，我可没动手。"

边上站着的两个无话可说。

乔郎说："你想问什么？"

主任偏头，我立刻把怀里的电灯都放到桌上，摆好，全部打开，刺眼极了。

乔郎这才正眼看了我。

主任说："你觉得亮吗？"

乔郎看了主任好一会儿，悠然收敛了一些，他反问："你觉得呢？"

主任说："我觉得挺刺眼的，你呢。"

乔郎说："还行。"

主任指着自己的眼睛问："羡慕我吗，我说觉得刺眼。"

乔郎不语，眼神冷了一点。

主任说："那我换个问法，如果太阳对你来说是十，这里的灯是几？"

乔郎说："太阳？哪里有十，最多九吧，这些，顶多到三。"

主任说："那火呢？火是几？"

乔郎不说话了，和主任对视，室内一片安静，我屏住了呼吸。

主任说："是你摄像机里的火更亮，还是现场纵火时更亮？还是事后发布视频时更亮？"

乔郎沉默片刻，突然朝前俯身，笑道："你烧起来，应该挺亮的。"

陈警官喝道："乔郎！注意言辞！"

主任摆了摆手，示意陈警官没事。

主任说："第一次怀疑自己看不见是几岁？"

乔郎说："八岁。"

主任说："想都不用想就回答了？"

乔郎说："有人问过了，这个答案我可是找了两周呢。"

主任说："是你的心理医生？"

乔郎没回答。

主任说："八岁时发生了什么？"

乔郎说："摔破了头，失明过一段时间，之后说医好了，我还是看不太清。"

主任说："我看过你的检验单，你的眼睛没问题。"

乔郎说："你说没问题那就没问题咯。"

主任说："你之前的心理医生跟你说过疑病症吗？"

乔郎说："嗯。"

主任说："那你也应该知道，你的失明很可能是因为你过度关注眼睛而诱导出来的症状，是假性失明，躯体转换性障碍。"

乔郎说："哦。"

他对讨论病情的兴致不高，大有一副"真的假的与我何干，我只知道我看不见"的架势。能觉出他长期做眼部检查，又做心理咨询后都失败的无感。

不涉及共犯的问题，乔郎几乎都回答了。他的假性失明是间歇性的，随着长大愈演愈烈，失明期越来越长，越来越看不清，连看火都越来越黯淡，于是他只能越烧越大，开始只是烧小物件，渐渐变成烧车、烧房，火越来越旺，可他能看到的依旧越来越少。

这个症状曾带给他诸多麻烦。因为医院检查眼睛没问题，老师同学都不信他说的失明，觉得他故意骗人，从而排挤疏远他，这是他初中就辍学的原因之一。

主任问："那你父母呢？"

乔郎说："死了。"

乔郎说小时候家里遭过一场火灾，火是从外面烧进来的，那天是夜里，他几乎什么都看不见，差点逃不出去，是门口的火光引着他走出去的，父母没能逃出来。

自那之后，他生命里的光，只剩了火光。于是无论黑夜还是白天，每当失明发作，他只能循着火光而去。

他说镜头是他的眼睛,代替他看到最完整最耀眼的火。他拍下火,记录他生命最后的光。

主任说:"所以你在失明间歇期确定纵火地点,进入失明期就纵火?"

乔郎不语。

主任说:"你纵火也要确定燃物,摆放摄影机,还要规避人群,其实你是能看清的,你只是意识不到。"

乔郎忽然笑了:"谁不知道呢?没人比我更清楚我明明应该看得见,但我看不见。"

这瞬间,我感受到了他的绝望。他在间歇性失明里反复挣扎了十年,什么方法都试过,他频繁地上医院检查,最近的病历是几个月前,说明他从未放弃过,但绝望复绝望。

精神患者的症状大多如此,他们的行为、状态与逻辑不自恰,但他们意识不到这点,或者意识到了,依然坚持自己匪夷所思的逻辑。

乔郎的大脑让他相信,他只能看见火光,他的疑病症在日复一日的怀疑中升级,心理症状反应到了躯体上,成了躯体转化的假性失明障碍。

主任说:"那你加入纵火团伙是为什么?"

一提到团伙,乔郎又不说话了。

主任说:"觉得只有他们理解你?"

乔郎说:"至少不会像你这样问个没完。"

主任沉默片刻道:"如果我能治好你,你能提供他们的线索吗?"

终于聊到关键处,陈警官和小刻都紧张起来,盯住乔郎,我都心跳加速起来。

乔郎说:"你治不好的。"

主任刚要说话,乔郎打断道:"我知道你要怎么治,给我催眠,催眠状态下做眼部测试,我将会得高分,看得一清二楚,你录下视频,向我证实我确实能看得到,或者让我直视灯光很久,让我知道失明是可以被诱导出来的,向我展示如何通过将注意力集中在身体某个部位而引发症状。最直接的治疗就是通过催眠修正我的潜意识,下指令让我复明,迂回一点,训练我减少对症状的关注,再用认知行为疗法,不停地对我话疗。"

我一愣,他确实说完了我能想到的全部治疗方法,而且疑病症、躯体转换障碍,是精神疾病里极难治愈的,主任可能也不是真的想治好他,只是在展示诱导症状后,取信于他，让他供出共犯。

乔郎说："没用的，我都试过了，我的受暗示性极低，根本无法进入催眠。"

隔离间的气氛一下抵达冰点，显然之前的心理医生都给他做过了。他语气里有一种淡然的绝望，他认命了，触摸到了那个无尽黑暗的未来。

主任问："你之前的心理医生，对你有什么建议吗？"

乔郎说："他让我随心所欲。"

主任和我同时一顿道："他知道你纵火？"

乔郎说："嗯。"

主任说："没有劝阻，没有报案？"

乔郎笑道："就凭你问出这句话，我就知道你不可能治好我。"

主任蹙眉不语。

乔郎说："他说，如果无法消除阴影，那就别囚禁它，在它变得更可怕前，让它自己去领教世界的可怕。"

主任的眉头皱得更深，我都担忧起来，这句话，是我偏好的用来纾解患者症状的说法，可它从一个纵火犯嘴里说出，这意义就不一样了。

他的心理医生，有点可怕。

之后主任给他做了几个眼部测试，包括诈病测试。他现在是在失明间歇期，测试结果显示他的视力极差，对光极其不敏感，感光细胞可能有问题。哪怕在间歇期，他眼里的世界都是很昏暗的，而在夜里，他几乎就是失明的，可能正因为如此，他对光的渴望远超于常人。

沉默间，乔郎打了个哈欠道："快点结案吧。"

主任说："你想清楚了，监狱里更黑，你在里面待得越久，出来后，越可能看不见光了，供出同伙，争取减刑。"

乔郎说："我不在乎了，我的最后一场火已经放完了。"

我一顿，所以无论有没有被捕，上一场纵火都是他的最后一次？他知道自己马上就连火都要看不清了，上一场火，是他为自己准备的生命最后一捧光？

审讯陷入僵局，陈警官、小刻、主任和我在隔壁一言不发，心理症结找出来了，但是没用，没有诉求的人是最难办的。

小刻气愤道："什么狗屁原因，要瞎了就能纵火吗！这还没瞎呢，世上真瞎的人这么多，每个都去放火，地球早烧成灰了！"

陈警官叹气说："算了，人我先带回去……他这毛病真不能治？"

主任说："难。"

陈警官的眼袋仿佛又深了一层，主任若有所思，眉头紧锁，小刻更是满脸黑，我盯着手机一通猛看，显得最无忧无虑。

我说："主任，案子可能还有机会。"

三双眼睛同时溜了过来，我都有些紧张，把看了许久的小刻手机递给主任："你看这几个视频，这个是乔郎说的最后一场纵火，前几个是他以前拍的纵火视频。"

主任看了会儿，道："最后拍的这个，火太小了。"

这个挂在暗网上卖了十八万的纵火视频，火势不大，烟很多，又是小区一楼，观感上也不出彩。

我对主任说："对，他以前的纵火视频火都非常大，应该是加了助燃物的。他本来要看的就是火，当然越大越好，而到了这最后一场，对他来说最重要的一场，火反而小了，这显然违反他的心理规则。他是越来越瞎的人，火不可能越放越小，更别提这隆重落幕的最后一场。"

主任沉思，我继续道："而且这场纵火，违反了他之前两个月一次的稳定纵火间隔，只隔了一个月，纵火地点就在他家附近，不符合罪犯的地理侧写，种种反常都说明这次纵火可能不是他精心为之，而是仓促的。"

"但乔郎是个对纵火有极高要求的人，又因为间歇性失明，他纵火前都会做大量调查，确保无误，不太可能仓促行事。他刚说他不在乎了，最后一场火已经放完了，说明他对这作为最后一场的仓促纵火是认可满意的，这里面矛盾的地方很多。"

主任说："你是说？"

我感觉头脑一片清晰，说："这场纵火，打破了他重要的纵火秩序，甚至是纵火目的。如果能找出其中的原因，或许，也能打破乔郎守口如瓶的秩序，这是他心里的一道缺口。"

主任沉凝片刻道："可以一试，老陈，把他所有的纵火视频全都调来，包括挂在暗网上的痕迹，还有他家里的证据、案发地照片等。"

陈警官丧气的脸又扬了起来，和小刻各自打电话一通吩咐。

几小时后，我和主任的桌上摆了厚厚的一沓案件资料，都是复印件，真的很厚，还不算小刻拷来的好几个GB的纵火视频。

陈警官大手一拍，说："调查他们大半年的资料都在这。"

主任黑着脸说："……谁让你都搬过来了。"

陈警官两手一摊，道："不是你说要这个那个的吗，以防万一，省得我来回跑了。你注意保密啊，除了这个办公室，哪都别带出去。"

主任拍了拍桌上的资料："这么厚我是扛出去当砖吗？"

陈警官摸摸鼻子，干笑两声说："辛苦辛苦，改天让局里给你评个最佳顾问。"

主任说："你这话说了十多年了。"

就这样，我和主任开始一头扎进这沓要人命的资料，陈警官和小刻带着乔郎回警局了。他们继续查纵火团伙，我和主任从乔郎下手，小刻跟我们对接。

第一天我就有点崩溃，资料太多了，我没什么刑侦知识，看起来很费劲，还要跟主任去查房实习干苦力，最近又要交实习报告和毕业论文。

我硬着头皮问主任："实习报告我可以交乔郎吗？"

主任说："行啊，你给他脱罪弄来医院住，他就能在你的实习报告里了。"

我闭嘴了，欲哭无泪，没时间精力去研究病人和病案了。我这会儿才明白主任为啥总躲着陈警官，以及进刑讯室前主任让我别后悔是什么意思，精神科工作和刑侦分析工作，哪一个都够呛，同时进行真的要人命。

可有什么办法呢？是我自己要参与的，跪着也得做完。而且主任比我忙多了，门诊、查房、讲座轮轴转，一回办公室又埋在案件资料里。

我有时恍惚想到，学院分配实习时，我曾在法院和精神病院之间犹豫过，最后选了精神病院，万万没想到选了这里，还是没逃过案头工作。

这么一大堆资料，有价值的信息其实不多，但翻到暗网视频网站的截图时，我还是被恶心到了。那几张截图是他们截到的为数不多网站消失前的图，一个纵火视频下，有一些夹杂着英文、日语、俄语等我认不出的外语的评论，警方已经做好翻译，附在上面。

我找出小刻拷来的，对应这个网站的纵火视频，画面是在烧一辆车，火很大很旺，拍摄手法不是乔郎的手笔，拍得很粗糙，只是追求纵火的刺激。

车在烧的时候，视频角落处经过了一个女人，她吓跑了，拍视频的人举着镜头追了去，女人尖叫，跑得鞋都掉了也没敢回头。视频里传出笑声，是模拟的卡通笑声，听着一阵恶寒，视频拍摄者没追多久就回去了，可能本也只是想吓她。

评论里不少在说：我出×个币，烧这个女人，直播。

还有一条日语的评论：车烧红了，掰一块捅她。

下面还有更多不堪入目的话，就这一条评论，跟了几十楼。

我忍着生理恶心，一张张看过去，再翻到一张时，愣了。暗网上挂着的，是一张警局的照片。

我立马问小刻："这是你们警局吧？"

小刻说："对。"

我吓了一跳："他们还敢烧警局？"

这是一张悬赏帖，悬赏六个比特币，烧这警局。六个比特币，三十多万人民币。

小刻说，纵火团伙的内部极难打入，只有长期会员，长期活跃于纵火交易的人才能搭上线，他们的隐匿性和反侦察意识都很强。之前因为实在抓不到，警方打算诱捕，就向他们发悬赏帖，发了三个比特币，悬赏一处警方埋伏好的地址。

后来确实有人接帖了，可约好的当天，并没有人来。最后纵火发生在一个与警方悬赏地离得很远的集市，警力却集中在悬赏地，赶到得很晚。

他们被耍了，纵火团伙根本没相信过这个悬赏帖，还查出了他们是谁。没过几天，警方就在暗网上看到警局的照片，自己反被悬赏了。

我惊愕道："他们胆子这么大？"

小刻说："烧倒不一定，更像是给个警告，嘲笑我们。不过这群人无法无天，还真没有什么是他们干不出的，他们要真敢来也好，羊入虎口。"

我喉头一紧，明白了小刻为何总显得很急，除了不能任嫌疑人逍遥法外，也因为下一个纵火地点，很可能就是他们的警局。

我这会儿才后知后觉手上这份案子的重量，再不敢三心二意，埋头苦干起来。小刻还宽慰我："没事，按你们的节奏来。"

我加快了速度，也开始熬夜了，手边所有事都停掉，专攻一项，反复看乔郎所有的纵火视频。

他的纵火视频，只在暗网上截到了一页的评论，评论在骂他，说纵个火还配乐，他们就想听火烧的声音，谁要什么狗屁音乐。

于是我关注起乔郎的纵火视频的配乐，他和一般纵火犯从纵火中得到的快感不同，火对于他而言，有光明和重生的意义，他对纵火视频的所有艺术加工，包括配乐，应该都是有意义的。

我识别了几首纵火配乐，多为纯音乐，最后那场小区一楼纵火视频的配乐是一首西班牙童谣，整首歌只有一句歌词，大意是：看看我，注视我。

看看我，注视我？

乔郎配这首歌，想传达的是要注视谁？纵火者还是被纵火者？

我开始反复看这最后一场纵火视频。燃烧的地方在一楼，摄像离得不远，从拍摄角度来看，应该是在平地上拍的，镜头对准的是这家的阳台，阳台门开着，防盗窗很密实，烟雾不断从防盗窗飘出去。

当日屋内只有一个初一的孩子，他呛晕过去了，好在救得及时，现在因为受惊吓还在医院，不敢回家。

我一遍遍重放，试图看清屋内的场景，但被烟盖住了，有些模糊，隐约只能看到阳台对应的房内有一个人影，应该就是当日困在火里的那个孩子。

我问小刻这段视频可以再放清晰点吗，小刻说他们局里最多只能还原成这样，要再清晰的话，只能送物证鉴定所去，要几天才能做好，问我确定需要吗。

我说要，小刻没再多问，送去了。

资料里有几张从乔郎家搜来的草稿纸，是他随手画的，记录了一些拍摄布局、随笔小画，甚至还有与火的对话。他把火看作一个倾诉对象，又看作是某种神明的符号，他画的火，像一只眼，他取名为"火眼"。他试图在火中寻找他的眼睛。

在他的社交软件聊天记录里，我发现了一个人，叫β。他们有时会对话，都很简短，看对话，我觉得这个β，应该就是乔郎之前的心理医生。

β这个号在一年前已经注销了，这些碎片式的聊天记录是乔郎截下来的图，存在文档里。他们有一年没聊了，说明咨询结束一年了。

乔：你说，我面对火沉思的时刻，就是我的眼出现的时刻，可它还是越来越暗了。

β：火的结局是熄灭，火的眼也一样，你何不将之作为你拥有它的必然结局，事物发展的极致是毁灭。

乔：毫无办法了吗？

β：你思索消耗，不如思索绽放，去用它吧。

我看得心惊，这个心理医生，竟当真在鼓励和纵容他纵火。我看完所有片段式的对话，哪怕只是冰山一角，都让我觉出这个人的可怕。

他在理智清晰地为乔郎拆解纵火这件事，概念化，甚至升华它，让乔郎无所顾忌地实施。

我很清楚一个心理医生的道德判断对于一个患者而言是多么重要，多么具有权威意义，他解放的不只是乔郎的纵火罪恶感，更是乔郎消除法律道德边界、为所欲为的自由和自我肯定。

但让我更觉得可怕的，如果这个心理医生的对象不是一个纵火犯，我几乎认可他的每句话。

我问小刻要乔郎之前拍摄的所有私人照片和视频，问他："最后一场纵火的地点，他哪怕是仓促起意，这样一个对纵火有要求的人，也起码曾见过这里，知晓这里符合他的拍摄标准，才会动手，很可能他曾经拍到过这栋房子。"

小刻说："熟悉可能是因为他住得近，就在隔壁小区。"

我说："也有可能，我就想找找看。"

小刻说："他之前拍了又怎么样呢？"

我说："他也许拍到了点什么……我想弄明白，他为什么选这里纵火，你们没查到这家和他之间有任何过节，哪怕交换纵火、冲动纵火，任何行为都有心理轨迹。"

小刻于是给我拷来了，说："他拍摄的所有文件都在这。"

我被那近两个TB的硬盘吓到了，惊呼："这么多？我得看一个月吧，能不能筛选一下？"

小刻沉默片刻道："你确定这项工作必要吗？筛选查看需要花大把人力，如果方向错了，等于全组陪你浪费时间，这虽然是我们工作的常态，不代表现在我们耗得起。"

他话说得有点重，也是为了让我迅速弄清我在做什么。但我也怂了，不确定是不是真的必要，于是去咨询主任，主任想了一会，给陈警官打了个电话。

筛查工作开始了，尽量用技术筛取视频和图片中有这户人家特征的片段。

他们那边筛查着，我抓紧思考别的漏洞，日渐焦虑、失眠，那种许多人的努力压在你的选择上的重量让我惶惶不可终日，小刻没再催过我，我反而更着急。

于是白日就见我游魂似的跟着主任查房，心不在焉，嘴里念念有词。我隐约觉得我抓到了什么，但是凑不起来，很焦灼。

病人齐素看到，问我怎么了，我哭丧个脸道："师傅。"

案子没破，我不能说，只能搁他跟前丧一会儿，齐素什么都没问，对我说："心乱的时候，不妨回到原点。"

原点。案子的原点，是纵火。火的意义，焚烧、取暖、毁灭、神的符号、光、信号……

我抓到了什么，开始重新复盘纵火的行为动机。

纵火从行为可分成对人的和对物的，从动机可分为表达性的和工具性的，先排除乔郎的工具性纵火动机。工具性是将纵火作为达成目的的工具，比如为了报复某人，为了谋财，或是为了掩盖其他犯罪痕迹等。

对乔郎来说，作为最后一场谢幕纵火，并得到他认可的，绝不可能是工具性纵火，他那十八万的打赏只是这次纵火的附属品。

那么只能是表达性的，指向人的表达性纵火。罪犯通常都有情绪问题或精神障碍，这种纵火行为是一种寻求帮助的呼救，纵火者希望获得来自社会的关注，比如司法机构或社会服务部门等。

我一顿，想起乔郎给这段视频的配乐，看看我，注视我……

我懂了，原来是这样！

物证鉴定科传来消息，这段纵火视频复原完毕了，尽管还是不太清晰，但已经能从阳台开着的门看到室内的光景，房内站着那个初一的孩子，着火时，他一动不动，立在那，看着外面。

我放大视频，发现那个孩子看着的，好像是镜头，他在和乔郎对视！

我连忙找小刻说："你之前是不是说这家失火的孩子受了惊吓，现在不肯出院？"

小刻说："对。"

我说："快去找他！"

小刻说："怎么了？"

我说："这场纵火，他和乔郎是共谋！"

小刻吓了一跳，问："你说什么？"

我快速向他解释："他知道乔郎在拍他！这场火乔郎不是为自己放的，是为他放的，所以火很小，怕真的烧死他。他也不是受了惊吓不出院，而是故意不出院。你现在去找他，单独和他聊，避开他的监护人，千万不要让他的监护人知道你是去找他干什么的，你问他是不是需要帮助，他可能是被监禁了或者别的什么。"

乔郎的配乐，"看看我，注视我"，这个"我"不是指他自己，而是这个男孩。他希望看到这场火灾的人和机构，能注意这个男孩。

视频里，男孩站在浓烟和火中一动不动，没有呼救。

乔郎用这把火，在替他呼救。

再次见乔郎，是在警局。

陈警官带着主任和我进刑讯室，主任站在一旁，没坐下，对我说："你来，是你发现的。"

我硬着头皮坐下了，没一会儿，乔郎就被带进来了。

他坐下后，我开门见山道："小翼已经承认了。"

小翼就是失火那家初一的男孩。

乔郎不动声色地说："那是谁？"

我说："你在火里救下的男孩。"

乔郎笑了一下，道："你没搞错吧，我是放火烧他的。"

我说："他向警方求助了，也承认了和你共谋纵火的事。"

乔郎看着我，他的目光有些虚焦，应当是失明症状又快来了，他问："我为什么要和他共谋？"

我举起手机，放了一段视频。视频是一段景拍，像是摄影师漫无目的地走，镜头转得很随意，时长很短，十几秒，镜头捕捉到了一个小区一楼的阳台，小翼在被一个男人暴打，男人把小翼的头抢在阳台的防盗窗上，那防盗窗十分密厚，像个牢笼。

这是从乔郎那两个TB的视频文件里筛出来的片段。

我放下手机说："你取景时拍到了这一幕，不止一次。你知道他长期遭受家暴，辍学在家被囚禁，你为他放了一把火，让他能逃出这间房子，并引起社会注意。"

乔郎惯常不形于色的面部出现了一丝阴翳，他不看视频，看着我，一言不发。

那天小刻去医院找小翼，避开了他的单亲父亲，小翼交代了，父亲经常打完他，把他锁在家里就走了，好几天都不回来。他实在受不了，在阳台试图自杀，乔郎忽然出现，跟他提了这个事，他答应了。

乔郎站在阳台外问："想逃吗？"

小翼透过厚重的防盗窗和这个陌生人对视说："逃不掉。"

乔郎说："我可以帮你。会放火吗？"

小翼摇头。

乔郎说:"手机给我。"

小翼说:"没有手机。"

乔郎把自己的递给他,说:"去这个网站,找我下单。"

小翼说:"我没钱。"

乔郎说:"给我一样你的东西,来抵。"

就这样,他为他放了一把火,控制火量,并敲了邻居的门。

乔郎听完,沉默片刻道:"他会怎么样?"

我说:"你为什么救他?他跟你非亲非故,他不认识你。"

这回乔郎沉默得更久,但最终还是说了。

有一天上午,他经过这个小区时,突然进入失明期,看不见路,摔了。正狼狈摸索时,一道手电的光打给了他,这道光在日光里很微弱,他却看到了。是小翼,关在防盗窗里的小翼。

大白天,这个孩子,为他打了一道光。

这道光,是十年来,唯一一个不闻不问不质疑,就和他心理同频的奇迹善意。

那是他相信神存在的时刻。

我点头道:"所以你看到他打算自杀时,仓促下,决定了你的最后一场纵火。"

乔郎说:"我的心理医生说,最后一场火,得燃烧真的光明。"

这场火虽然没有多少明火,但乔郎的光不是那些火,而是站在火里,和他的镜头对视的那个男孩。他燃烧了真的光明,是要为小翼带去光明。

我说:"你问他要的那样抵用纵火费的东西,是那支手电筒吗?"

乔郎不语。

我忽然问:"你的心理医生是谁?"

乔郎当然没有回答。

陈警官在边上咳了一声。

我说:"供出共犯吧。"

陈警官皱眉,似是觉得我这问的没头没尾毫无铺垫,肯定没用。

乔郎冷笑一声。

我说:"纵火对于你来说,是呼救,是你失明的呼救,是小翼的呼救,对吗。"

乔郎不语。

我说:"那如果对于他们来说,纵火也是呼救呢。"

乔郎愣了一下。

我说："他们拼命纵火，也是在拼命呐喊呼救，人们看见了火，看见了恶，却没人听到火的哭声，你能救小翼，为什么不救他们？"

乔郎的脸色白了起来。

我嘲讽他："你的光明之神这么虚伪吗？只教你用局外的小翼完成你的仪式，却放弃近在咫尺的哭声，这是真正的光明吗？"

乔郎呼吸急促地说："不，不是这样的，他们纵火，只是想毁灭，只是想毁灭而已！"

机会稍纵即逝，我继续说："你还以为纵火是为了毁掉别人吗？他们想毁掉的，是自己，一个受尽怀疑白眼、失明缺陷的疯子，一个未被世界爱过，满心仇恨、丑陋不堪的自己。他们连厌恶自己都不敢承认，于是纵火，烧的是懦弱的自己，有多懦弱，火就有多大，呼救就有多高。你们扮演恶，用恶来掩盖可悲，但依然没人听到，于是你扮演起了英雄，自己回应自己的呼救。"

"你不是在救小翼，只是在救自己罢了。光明之神？不过是你造了个神骗自己，骗到最后，却发现她一无是处。"

乔郎僵在位置上，一个字都说不出。

我大声说："你明明听到了他们的呼救，却也和所有人一样，闭起了眼。"

"你救了小翼，救了自己，也救救他们吧。"

陈警官将乔郎带离刑讯室，出门前，我喊住他："你真的不想治了吗，还是有希望的。"

他回头，看了我许久，用唇语说了四个字，我没看懂。

之后，小刻告诉我，乔郎供出了两个纵火团伙的共犯，他只知道那两个。其中一个是消防员，还参与了小翼家火灾的救助，他唏嘘不已。

我倒是十分理解："有一些纵火癖，就是长期生活在火的环境中，他们甚至故意会去救人，满足被现实压榨的自尊心，得到英雄式的尊严，是消防员不奇怪。"

小翼目前被警方保护起来了，警方正在替他找社会公益律师。他和他父亲的关系，以及他作为纵火共谋的结果会如何，还得看律师怎么为他辩护。但他未成年，烧的也是自家房子，应该会轻判。

小刻问："可我还是不懂，小翼为什么自己不报警，要合谋搞这一出纵火，他自己一不小心也会丧命啊。"

我叹了口气："你知道习得性无助吗？一只狗被关在电笼里，它只要试图逃跑，就会被电击，长此以往，它被电得不敢跑了。当有一日笼子打开了，它也不会跳出去，它已经放弃了。"

在铁栅栏里关久了的孩子，哪怕窗开了，栅栏卸了，电话通了，都无法逃跑了，更别提主动呼救。

就像站在火里一动不动的小翼，他在火中沉默，只有火在替他呼救。

小刻又传给我几个视频："这是在消防员家找到的他的纵火视频，你分析分析，能不能从他这再套出别的共犯。"

我一口气还没喘匀，这就又来了？这大兄弟还真不客气。想到主任给陈警官存的备注是"吸血鬼"，我给小刻也改了备注：小吸血鬼。

我问小刻，我得接受督导，关于案件的事能说多少，小刻说纵火团伙的案件影响恶劣，破案后本就是要公布的，现在共犯没抓齐，怕信息泄露会打草惊蛇，所以抓到的共犯信息要保密，其他可以说。

于是我去二科找齐素，掐头去尾地把事说了。齐素穿着病服，消瘦的身体坐在床沿，安静听完了全部。

然后他说："案子没结。"

我说："是没结，共犯还没抓齐。"

齐素说："故事要从头推过，乔郎幼时家中失火父母双亡，那场火，可能是他放的。"

我愣住了，问："什么？"

齐素说："他说那晚是门口的火光把他引出去的，他一个八岁失明的孩子都能看见火还逃出了火场，他健全的父母会看不到还死在里面？这说不通。再者，他能在小翼这件事上立刻想到纵火吸引社会关注，这不是常规思路，很可能他自己就这么做过。八岁那年，他试图以此来反抗父母对于他眼睛的不重视，酿成大祸。"

我愣在那。

齐素说："再推，小翼，可能不只是他家纵火案共谋，他就是纵火团伙的共犯。乔郎供出了其他纵火犯，不是被你说动了，而是为了转移注意保住小翼，小翼不报警，是他不能报警。"

我完全僵住了："可是……这些只是你的猜测啊。"

齐素说:"但你动摇了。"

我说不出话来。

齐素说:"穆戈,故事不能只听表面。"

"不要轻信任何人,任何人。"

从齐素的病房出来,我浑浑噩噩满脸惨白。

小栗子走过来问:"你怎么了?一脸撞鬼的样子。又找这个齐素聊天,你们哪儿这么多话,他来医院一年多我都没跟他讲过几句话。"

就这一刻,有什么鸿毛般的东西在我心上挠了一下。

我说:"你说他来医院多久了?"

小栗子说:"一年多啊,多一点吧。"

我不敢相信我在想什么,β,是一年前注销了社交账号,不再和乔郎沟通的,齐素是一年前进入医院全封闭的。依齐素的能力,他当然可能是个心理医生,不管是咨询师还是精神科医生。

我在想什么?我疯了吗?

可β给我一种熟悉的凛然感,这种感觉,我只在面对齐素时有过,那是一种对让我仰望的咨询能力的局促。

不能再想了,不能再想了。

他刚才说的话,好像对乔郎是熟悉的。

不能再想了。

我大步往前走,小栗子在后头喊,鸿毛又挠了一下心,不,这回是抓了。我忽然想明白了乔郎最后对我做的四字唇语,他说的是:你认识的。

你认识的。

他不是在回答我当下的问题,而是回答我之前问他的,你的心理医生是谁?

"你认识的。"

他怎么知道我认识的?我停住了脚步,脚下的世界在扭曲。

不能再想了。

我疾走到护士台,脚不受控制地停在病案架前。

齐素是我师傅,之前因为尊重他,我从没有翻过他的病案,我不愿意把他当成一个病人。

我站了许久,战栗着抽出了他的病案,翻开。

空的,里面什么都没有。

怎么会是空的?

我跑回办公室,查他的电子病案,跳出来说我没有权限,无法查看。

我呆坐在那,盯着那句"你没有权限查看"。

β,齐素,病案被隐藏的患者,一个住院的心理医生,我师傅。

NO.:

精神卫生中心
入院记录

入院时间 2015.7.4 15:56

科 室 临床二科	病 区 男病区	床位号 4	住院号 641
姓 名 乔郓	性 别 男	年 龄 18	
监护人	关 系		

主 述
连续纵火行为。

个人史
患者幼时经历过一场火灾，父母在火灾中丧生。那天他视力障碍发作，差点没逃出去，是门口的火光引着他走出去的。自那之后，每当失明发作，他只能循着火光而去。

病程和治疗
患者8岁时因头部受伤，造成短暂失明，经治愈后仍视物不清，常出现间歇性的假性失明。眼睛无病变，但随着年龄增长，失明时间越来越长。

精神检查
患者冷静清晰，不符合纵火犯的犯罪侧写，效度量表正常，没有诈病，精神病态指标不高，反社会性和攻击性不强，MMPI疑病指标很高，表现为对身体功能过分关心。

初步诊断
假性失明，躯体转换性障碍。

签名：刘祀
2015.8.7

一个叫虹的木偶
——恋物癖

Story-14

早上,跟着主任查最后一个重症病房,进门,入眼的先是床上的一只木偶,短发,红衣,大眼,做工精致,有半身高。

木偶靠墙坐在那,面朝门口,像在替她的主人迎接我们。

主任朝着木偶笑笑道:"早上好。"

木偶自然没有回应他,我也朝着木偶道好。

床上的人缓缓起身,把那半人高的木偶抱在怀里,木偶的鲜艳和他病服的苍白形成对比,木偶的情态饱满,而他毫无情绪,我会有种诡异的观感,他把自己身上的颜色和生命力,全都让渡给木偶了。

主任照例询问,他照例沉默,只有木偶笑得开怀。

这名患者叫吴向秋(化名),重度抑郁,职业是名木偶师,不隶属于任何木偶戏班底,进医院前,都在街头行艺,他的病症程度还够不上住重症病房,但因为他无法与他的木偶分离,而他那木偶的形态、体积和颜色都过于惹眼,如果和其他患者同住,会引起他们的激惹情绪,所以安排了一个隔离间给他。

本来主治医生想强行分离吴向秋的木偶,安全起见,患者一般都不能拥有私人物品,一直没反应的吴向秋忽然跟疯了似的抢回来,目光极其凝重可怕,他父母也吓了一跳。商量过后,主任同意开一个单间给他,认为木偶是他重要的心理依恋物,强行剥离不利于他的抑郁恢复。

父母显然有些失望,他们很厌恶儿子怀里那只木偶,但也没说什么,去付了单人间的房费，直接预付了一年的。

他住进来快满一个月了，几乎每天都是如此，查房时鲜有回应，就兀自抱着木偶。

主任问完便离开了，我留了下来，这是主任同意的，我每天可以陪他一小时。

我从口袋里拿出十多根细线，递给他，他一言不发地绕在了木偶身上。

我第一次拿这些细线给他时，还挺尴尬的，他没有收，只是看着我，我解释道："大概拿了几根，不知道你能不能用来操作木偶。"

他的木偶在被允许带入病房前，安全检查不过关，木偶身体里有制作用的钉子、铁片和螺丝等，有严重安全隐患，是主任再三评估，认为吴向秋对木偶的感情特殊，不会拆毁木偶去碰这些东西，才允许它进屋的，但最后还是强行拆掉了木偶手上两根细长的操作铁扦，于是这木偶只成了摆设，他无法拿它表演了。

我跟主任申请，能否在我看着的情况下，给他一些细线玩一阵，离开时我再取走，这可能对他的抑郁有帮助，申请批准了，我这才能拿给他。

吴向秋沉默许久，对我说了第一句话："我的是杖头木偶，不是提线木偶，不用线。"

我有点尴尬，悻悻地收回细线："……不好意思，我不太懂。"

沉默延续了一阵，他忽然朝我伸手，我一愣，把细线给他，他没让我的好意落了空。

他慢条斯理地缕着线，系在了木偶的手上，那里本来插着两根铁扦，被拆掉了，他一边系一边说："就算是提线木偶，线也是制作时就穿好的，位置和比例都有门道，是跟机关对应的，打孔穿针，也没工具，直接这样系是不行的，你这种线也不行，线的数量不够，要十六根以上，我的木偶大小，起码要二十五根。"

第一次听他说这么多话，我惭笑道："数量我下回知道了，不过工具什么的，都申请不到，操作架我也申请过，行不通……提线木偶你也会啊。"

吴向秋挑了一些线，潦草地系在木偶身上，我这才发现，他的木偶是没有脚的，杖头木偶都没有脚。

没有操作架，他将线的另一端系到了手指上，说："会，以前玩过。"

他站起身，动作有点慢，这是抑郁病人的典型状态，用那临时绑的十几根线，简单地演了一下。

一进入表演状态，他的滞缓就消失了，他提着木偶跳了一段，击掌，伸手，舞摆，喝酒，哪怕线绑得潦草，还是能看出利落灵活，果然是手艺人。

我鼓了掌，他停了下来，似是挺久没表演了，有些许恍惚，他说："我这杖头木偶比较大，不适合做提线，会显得笨拙。"

我说："是吗？我没看出来，不过刚刚那套花腔，好像跟你的木偶形象不大称？"

一般木偶戏的穿着都比较传统国风化，吴向秋的木偶，很明显是个现代人。

吴向秋说："嗯，刚刚耍的路子，是偏戏曲向的，是传统的木偶戏走式，我不怎么玩这个。"

我说："那你玩什么？"

吴向秋沉默片刻，将木偶身上的线解了，只留下四根，这四根线系的位置本来是两根铁扦，我于是明白，他打算暂时用线代替铁扦，表演杖头木偶。

他忽然就将木偶从地上举起来，高过他，左手操纵着木偶底下看不见的木杖，让她的头灵活地动，右手则抖着那四根代替了铁扦的线，操纵她的手。

木偶一袭红裙，黑短发厚重内敛，被他举在高空，头部奇异地四方摆动，带动身子，像蛇一样匍匐游行，行动规律奇诡，他唱起了一首不知名的诡谲歌曲，木偶在他的调子里恣意又诡异地舞动，忽然停住，木偶的动作变得极慢，像被什么看不见的东西掐住了，战栗挣扎着，双手想去脖颈处解放自己，但用线操作达不到铁扦的灵活，于是只能吊着手一下下甩起来拍打，时快时慢，嘴被操纵着时笑时哭。

我看呆了，他高举着木偶，走遍了隔离室的每个角落，我都靠墙贴着了。

他停下，喘息着，双目失神，我有点被冲击到："这是……"

"爱丽丝的噩梦。"

我说："你取的名字？"

吴向秋说："嗯。"

这只木偶是吴向秋自己做的，舞也是自己编的，讲一个梦境，故事走向不按逻辑，行为轨迹也大开大合，和传统木偶戏的工艺和走式都大为不同，他在用后现代的理念做木偶戏，比较小众，难怪没有木偶戏班子要他。

目前的木偶戏班子，大都继承了传统的国风艺术，他们觉得他有碍风俗，有一位和他同样年轻却已经名声在外的木偶师对他说过，发展是传承之后的事情，现在木偶师要做的，是把这门手艺先拿下来，而不是走些哗众取宠的歪路子。

我们并没有聊多少，但他的心境，已经透过这场表演传达给我了。

之后，我经常会拿着细线来找他，看他玩一小时，然后把线还给我，又抱着木偶坐回床上，一言不发。

今天也一样，主任走后，我把线给他，他却没有接。

他不想做提线了，直接将木偶举起，只用她身下的木杖来表演杖头木偶，于是只见她的头部和身体在动，双手既没有铁扦支撑，也没有细线吊着，和身体动作脱节了，断臂一般，但我看着，没了线的木偶，却更自由了。

提线木偶，是木偶在地上，被很多线束缚和吊着，人在高位操纵，而杖头木偶，是木偶在空中，由铁扦支撑着，人在下位托举，不需要线去束缚，吴向秋耍的是杖头木偶。

我发现木偶在地上时，我的注意在吴向秋身上，看他是如何摆弄密密麻麻的线来操纵，而当木偶脱离了线被举起后，我的注意被木偶吸引，忘了关注吴向秋，而仅是看着木偶本身。

下午，照例周五开组内督导，聊近期的案例。

我心不在焉，没认真听，被主任发现，点了名。

我愣在那，不知道讲到哪了，小栗子连忙提醒我："在说吴向秋的案例，刘医生提出了恋物癖，主任问你怎么想。"

我提起精神，组织了一下思路道："恋物癖……我不觉得他是恋物癖。"

刘医生说："他目前对木偶的情结过重了，过分无法分离，包括他对木偶的设计，颜色形态方面，是有性投射的。"

我说："但他没有明显的指向木偶的性吸引，也没有反复强烈的对木偶的性幻想或性行为，我观察他很久了，他最多只是抱着木偶，没做过别的，这不太符合恋物癖患者对于可得到的性唤起物体，急迫的纾解状态。"

刘医生说："你怎么知道他没有性幻想？"

我说："你怎么知道有？"

小栗子翻了白眼，韩依依轻笑一声，玩起了手机。

刘医生说："我接诊他的时候，他父母无意透漏过，他有幻想的倾向，他把木偶幻想成了一个女人，当她真实存在，还说要介绍给他们认识，这也是他们坚持把他送来的原因。"

我说："因为他把木偶想成一个女人，他们就要把他在医院关一年？诊断都没下就急着付钱。"

刘医生好整以暇地看着我说："你偏题了。"

我说："我是说，他父母的话不一定可信，他们对吴向秋怀有嫌恶，会夸大他的病症。"

刘医生说："你凭什么觉得他们生活在一起三十年，比你对他只做了不到一个月的观察更有可信度？"

我说："凭我是医生……实习医生。"

刘医生说："当你离他过近的时候，你已经不再是医生了。"

我耸肩，投降，不说了。

主任说："让你说意见，没让你们吵架，当茶话会呢，所以你的想法呢？"

我撑起精神说："重度抑郁的诊断不变，吴向秋对木偶戏有理想，但他的理想无法为他挣来生活，他的风格不被主流木偶戏接受，家里也不支持，他有个哥哥，公务员，前途光明，显然是父母的宠儿，他是个被驱逐的二儿子，加上他是粘液质的性格，本就敏感多心，很难不抑郁。"

"至于对木偶过分的情感，我还是偏向心理依恋物，是象征性上脱离母体的一根脐带，他通过木偶才能跟世界产生联结，想象中的朋友，是男人还是女人，重点应该不在性上，而在于联结感……也可能木偶仅仅是他唯一能抓住的东西吧，亲情不可求，理想不可追，生活不可过，他自己也是被世界玩弄的一只木偶，他不过是在木偶身上投射他自己。"

所有人都没说话，我回过神，有些尴尬地道歉。

散会后，主任找我谈话。

离开会议室，小栗子在门口等我："主任骂你了？"

我说："说了几句，让我别过分沉浸，影响专业度，提醒我是个医生，不是他朋友。"

小栗子说："这不是你老毛病吗，反正说了你也不会听，怎么脸色还这么难看？"

我眉心紧皱道："问题是，我没有沉浸。"

小栗子："啊？"

我说："我根本不知道我开会时说了什么……我是随口扯的。"

小栗子惊讶了，他说："……这也算个进步？你终于开始敷衍患者了……不过你最近怎么回事啊，总是走神？干什么都心不在焉的。"

我沉默了许久说："小栗子，如果有一天，你发现你赖以生存的世界，不是你想的那样的,你会怎么办?"

小栗子一头雾水地问:"什么玩意儿?"

我摇头道:"算了,没什么。"

我们往病区走去,小栗子问:"那刘医生又是怎么回事?他最近为什么老找你茬?"

我笑说:"你怎么不说是我找他碴?"

小栗子说:"反正你俩一撞上就跟机关枪似的。"

我叹气道:"他知道我找齐素做督导了。"

小栗子不明白:"这又怎么了?那个齐素虽然是个患者,但确实厉害啊,刘医生这个都管?说你不合规矩?"

我不知道该怎么解释:"……他是为我好。"

说出这句,我的心又沉到了底。

眼前忽然出现一个熟悉的身影,是齐素,我立刻躲起来,把小栗子也拽进了病房。

小栗子不明所以:"你不是跟齐素很好吗,躲他做什么?"

我没回答,我还没想好怎么面对齐素,而只要我有一分犹豫,他一定看得出来,在齐素面前,我是透明的。

小栗子说:"你自己躲就算了,为什么还拽我?"

我说:"你一旦被他看到,你的任何一个眼神情态,他就知道是我躲起来了。"

小栗子沉默了一会儿,犹疑道:"你这意思,是在说齐素太聪明,还是我太蠢?"

我和蔼道:"你觉得呢?"

周一早上,查房,主任走后,我照旧把线递给吴向秋,他没接,我收回,等着他直接表演杖头木偶,但一反常态的,他没有动。

吴向秋抱着木偶,坐在床上,安静地看着地,忽然道:"穆医生,玩个游戏吧。"

我刚又溜号了,回过神,愣了,他,一个重度抑郁,要跟我玩游戏?

吴向秋说:"你问我五个问题吧。"

我想了想说:"只用五个问题来了解你的游戏?"

这一个月来,主任问出去的所有问题,他都没回答,我也只有在木偶戏上能和他说一两句,这是个好兆头,虽然不知道他突然如此的原因。

我笑道:"机会难得啊,不过我的微表情学得不好,你可得多说点,这五个问题,无论我问什么,你都有问必答是吗?"

吴向秋:"嗯。"

他话音未落我就开始了:"第一个问题,你谈过恋爱吗?"

吴向秋顿了一下,似是没想到我上来就问这个,回答:"……谈过。"

我等着下文,却没下文了,问:"没了?不能再多说点?"

吴向秋说:"这是第二个问题了。"

我笑说:"这么严格,好吧,那第二个问题,你的木偶叫什么名字?"

吴向秋说:"虹。"

我说:"有什么意义吗?"

吴向秋说:"这个回答了,你就只剩两个问题了。"

我说:"我知道,你说吧。"

吴向秋沉默片刻说:"虹是我的女朋友。"

看来他父母说的确有其事,他当真把木偶幻想成了一个女人,或者说是把幻想的女人套在了木偶身上。

我说:"第四个问题,你之前玩提线木偶,为什么之后改成杖头木偶了?"

吴向秋说:"我不喜欢用线把她束缚住,操纵她,我希望她高于我,她能自己飞翔,我要做的,只是支撑她,做她的腿。"

杖头木偶都是没有腿的,因为腿的位置是杖头,木偶师得握着杖头,操纵木偶的身体和头部,而木偶拖着长褂和裤子,看着像有腿一般,只有少数表演需要,才会去装两个假肢,俗称三只脚。

我说:"可无论是提线木偶还是杖头木偶,本质都是傀儡戏,是被操纵的,不过是一个看起来体面一点而已。"

吴向秋沉默一会儿说:"不一样。"

我说:"哪不一样?"

吴向秋说:"这是第五个问题吗?"

我耸肩道:"不是,第五个问题……你为什么不敢看我?"

吴向秋一愣,却依旧没抬头,始终看着地上。

我说:"这个问题你无法回答?"

吴向秋不说话。

我看了他许久，走过去，蹲下，逼着他和我对视："需要我换一个问题吗？"

吴向秋说："不用。"

我说："所以，这最后一个问题落空了……你要我自己猜？"

吴向秋看着我，默认了。

他的目光，让我想起某种动物，它们野生生地，天真地站在路过的车前，毫无恐惧车会不会撞过去。

离开前，我问他，这个游戏明天接着玩可以吗？他没有回答我。

不知为何，我觉得那木偶，看着更鲜艳了，而他，更苍白了。

吴向秋自杀了。

第二天听到这个消息时，我有瞬间的恍惚，分不清现实与虚妄。

我不知道自己是怎么走到他病房的，满床的血，照理来说应该很刺眼，我却不觉得，连日来，他那只艳红的木偶，已经让我习惯了鲜艳与苍白的结合。

他躺在床上，那只艳红的木偶摔在地上，头断了，红裙与床上的血连成一片，我有种错觉，她是被那血床分娩出来的。

警察来了，封锁了现场，是陈警官和小刻，小刻跟我说话，我听不见，耳边有种脱离现实的轰鸣感，别人跟我说话，声音都好遥远。

尸体被运走了，刘医生和小刻交代发现死者的过程，陈警官和主任聊了一会儿，初步判断是自杀，吴向秋把舌头咬断了。

小刻找了几个护士去会议室问话，他把我也拉去了，问完护士，他皱眉问我："你怎么回事？"

我呆钝道："是我没发现，他昨天给了我五个问题的机会。"

小刻说："什么意思？"

我说："他给了我机会，去发现他准备赴死，但我浪费了。"

他在向我求救，我却在认真玩游戏，不，连认真都没有，我只对他好奇，却不对他的痛苦好奇，甚至是亵玩，一种来自心理学者的猎奇，轻慢而自大。

我最近一味困在自己的情绪里，对他敷衍，心不在焉，是我把他想简单了，以为用几根线就已经亲近他，了解他，我怎么会这么愚蠢？蠢得残忍，又或者只是我潜意识不想为他费心，只想按部就班地"解决"他，好继续专心我自己的问题。

我此刻终于明白，昨天的最后一个问题，他为什么回答不了，他不敢看我，是因为他知道，我要背负他的死亡了，他对我愧疚。

小刻沉默片刻说："你听着，他本来就是重度抑郁，虽然疾病的事情我没你懂，但我问了这么多人，包括主任，谁都没发现他的自杀意向，他的死与你无关。"

我说："所以他只对我开了活口，但我封上了它。"

尸检结果出来，法医判定自杀，死因是窒息，吴向秋咬断了舌头，剩下的舌根缩回喉腔，堵住了气管，窒息死亡。

吴向秋住的是重症病房，有二十四小时红外监控，监控调出来，他大概是在夜里两三点进行的自杀，他蒙在被窝里，而被窝在抖，应该是咬断舌头时在剧痛。

昨晚值班的护士吓哭了，说她没有全程关注，监控这么多她也不可能一直盯着，当时是看了一眼，以为吴向秋在被窝里拿木偶自慰，就没关注了。

小刻说："他之前也这么做过？"

护士说："我不知道，但大家都说他带着那么一个娃娃，是恋物癖……他这个人本来就很奇怪。"

吴向秋的父母来了医院一次，他们脸上有悲伤，但没有悲痛。

我见到了吴向秋的哥哥，吴高阳，板正，阳光，成熟，安慰父母，处理弟弟的后事，向医生道歉和致谢，积极配合警察问话。

跟吴向秋截然不同。

如果说吴向秋是和现实生活脱离的理想乞丐，那么吴高阳就是在阳间奋力生活的五好青年，怪异沉默惹人生厌的二儿子在吴高阳的衬托下，确实死不足惜。

陈警官下了自杀的判断，但他说有几个疑点。

他拿起那只断了头的木偶说："这只木偶里面有钉子、铁丝、螺丝钉、操纵线、铁片等锐器，他想自杀，完全可以使用它们，为什么要选择咬舌？咬断舌头的难度和痛苦，远比这些死法高多了。"

他挪出一张照片，是拍下的死者现场照，吴向秋的左手攥紧着，打开，里面是两根细线，他揉成了团，握着。

陈警官说："还有他死时握着这几根线是什么意思？这线是哪来的？根据物质对比，不属于木偶身体里的机关线。"

我一愣，说："……这线，是我给他的。"

陈警官说："什么？"

我有些发抖，说："是我申请的，给他玩提线木偶的线，每次查房带进来，给他玩一小时，一小时后我收回……他趁我不注意，藏了几根……是我粗心了，没数清楚。"

心再次一沉，我最近居然疏忽成这样，少了线都不知道，过分信任他，轻视他，他却借我的愚蠢计划了全部。

陈警官说："他藏来做什么？这线的韧劲很强，完全可以用来勒死，他藏了，说明他想过这种死法，但最终没有做，为什么？他没有做，却要握在手里。"

主任说："勒死？自己可以办到吗？"

小刻把那几根线打结连起来，束到床头的栏杆上，他坐到地上，调整线的长度，套在自己脖子上时，确保屁股是悬空的，然后往下坐，说："这是监狱里一种常见的自杀法，罪犯把床单绑在床沿，利用自身重量，勒死自己，速度远比咬舌快多了。"

主任说："应该是怕勒死的动静太大，监控会发现。"

陈警官敲了敲床沿，说："你们这床沿高度要改进，这么高，他躺着都能勒死自己，被子一盖，就跟咬舌一样，发现不了。"

主任皱眉不语。

小刻说："他明明有更好更快的选择，为什么用了咬舌？咬舌其实不太靠谱，舌头上的神经太多，痛感极强，很容易没咬断前就已疼昏，而且血流量大，如果想以出血量致死，很可能在死之前就已经被监控发现，可他硬生生咬断了舌头，说明死意很决，并无犹豫。"

主任说："他不用木偶里的利器，可能是因为他对木偶有特殊感情，不愿意让木偶成为凶手。"

小刻说："那线呢？关键是，他展示了这些死法，他到死，手里都握着这几根线，他想传达什么？总不会也是不想让线成为凶手吧。"

我渐悟："……是我，他不用这几根线，是不想让我成为凶手，他不想我为他的死负责。"

小刻说："那他为什么要握在手里？他要我们发现这几根线。"

我战栗地走去床边，捡起那几根线："不是要你们发现，而是要我发现……"

"这是他握给我看的，是他给我交的咨询费。"

几人不明所以，我却越发神思清明："他在告诉我，他没有把我拖下水，以此为交易，我得为他办件事，他在拜托我……这才是他让我问的最后一个问题，他要我猜，猜的是他的死亡。"

我抬头说："他的自杀有问题！"

无暇跟他们解释，我连忙观察起房间，找奇怪的地方，我走动很快，思路几乎是奔逸的，形貌焦虑。

我们一定遗漏了什么重要的东西，吴向秋的死，没那么简单，至少他想跟我传达的，没这么简单。

主任拦着陈警官没发问，小刻也只是沉默看着。

我的视线扫过房内一切，最后落在地上那只断了头的木偶身上，我凝视许久，忽然抓起木偶，朝床沿上猛砸。

陈警官吓了一跳说："哎，你别破坏现场啊。"

砸完，木偶和砸之前无异。

我说："这只木偶掉在地上，看着像是摔断的，但它不可能靠摔就会断。"

小刻说："它里面有利器，吴向秋想取才掰断的？"

我说："可他根本没用利器自杀。"

小刻说："或许是想确认木偶里有什么可以用于自杀的？"

我摇头道："一，他的自杀是经过筹划的，从他偷藏我给的线就能知道，他要确认也不可能等到临门一脚，他死之前木偶都是完整的；二，木偶是他自己做的，里面有什么东西他一清二楚，不需要确认，他就算要用利器，从下面伸进去取也行，不用掰断头；三，这只木偶对吴向秋的意义超越他自己，不太可能为了自杀去破坏它，这是一种玷污，而且用的是把头掰断这种具备象征意义的手法……监控呢。"

小刻说："没有这个画面，应该是在被窝里掰断的，所以护士才怀疑他把木偶藏在被子里自慰。"

我沉思了起来，主任忽然出声："心理死亡。"

我一愣，立刻明白了："吴向秋，把木偶杀了。"

陈警官和小刻一愣。

我说："他先把木偶杀了，再杀了自己。"

小刻说："……他为什么要杀木偶？杀，这个词真奇怪，木偶又不是活的。"

主任说："对于吴向秋来说，木偶是活的。"

陈警官说："可是杀了木偶又说明什么？他重视木偶，死的时候一起带走，也没什么特殊的。"

我说:"他要带走为什么不像往常一样抱在怀里?他把木偶扔在地上,向我们展示木偶的死……这个现场的一切,都是他留给我的谜题,他这样呈现必然是有意义的。"

我们又想了几个小时,无果,出门时,我让小刻把当天拍的所有现场照给我拿一份。

小刻没有答应,他沉默了一会,对我道:"这个案子你别参与了。"

我一愣,问:"为什么?"

小刻说:"你知道从昨天开始,你说了多少句'是我的原因'吗?"

我沉默片刻说:"我需要避嫌吗?"

小刻皱眉道:"我不是这个意思。"

我说:"那把照片给我,你不给我,我也会去看监控。"

小刻叹气:"随便你。"

他刚要走,我喊住他:"小翼还在医院吗?"

小刻一顿,道:"出院回家了,怎么突然问起他?"

我说:"回家了?"

小刻说:"你不用担心,已经找到公益律师了,正在联系几家社会福利院,看怎么跟他父亲分割。"

我说:"……我可以找他聊聊吗?"

小刻察觉到了什么,说:"怎么了?"

我心里有点乱:"十年前的案子,如果当时没有立案,现在还能翻案吗?"

小刻的神情严肃起来问:"为什么问这个?"

我深吸口气,说:"没有,我还没确认,等我确认了再告诉你。"

我转身就走,小刻在后面喊我,我没回头。

没几天后,刘医生忽然通知我,跟他一起负责近期我们院要办的精神卫生国际学术研讨会议,我拒绝了:"我暂时没空,你找其他实习生吧。"

刘医生说:"你还知道你是个实习生?"

我说:"这种学术研讨会议的准备向来没有实习生的事。"

刘医生把一沓资料递给我说:"这是这次会来的国外教授,你熟悉一下,当天介绍用的PPT你来做。"

我没有接。

我们对峙了一会儿，刘医生道："做你的本分，吴向秋的事你别再管了。"

我说："他是我的病人。"

刘医生说："他不是你的病人，我是他的主治医生。"

我说："那他为什么选择告诉我，而不是告诉你。"

刘医生冷笑道："他告诉你，是为了把你也拖下地狱，他所在的那个地狱。"

我看着他说："那也是我自己要下去的。"

刘医生再不说话，转头就走，不打算管我了。

之后的几天，我都专注于吴向秋的死，我去找了监控，反复看，从他蒙上被子，到被护士发现掀开被子。

缺席了几次讲座，我被点名批评了，实习手册扣了分，学院分管实习的教务主任找我谈了一次，我记不得他说了什么。

午休，小栗子给我打饭来，我不想吃，推搡间，饭打在他身上，汤洒了一脸，我不耐烦道："你能不能安静点。"

小栗子杵在原地，有些无措，半天，他才小声道："穆姐，你最近好奇怪啊。"

我看着他说："不是最近，我一直都如此，是你从未认识我。"

小栗子站了许久，我晾着他，当他不存在，良久，他抹了把脸，收拾了地上，转身走了。

我游走在病区，开始想象齐素的督导，我经常会这样，脑海里放一个假想对象，对着他说话。

如果是齐素，他可能会问："穆戈，你为什么要把身边的人都赶走？"

温和一点，我大概会回答："因为焦虑吧，恐惧会让人增加亲密，而焦虑，却会让人远离彼此。"

齐素一定会戳穿我，那我就会告诉他实话："因为你啊，你毁了我的基础信任。"

然后他会接着戳穿我，说不对，逼我说出更底层更羞耻的话，我也许会逃跑，也许不会。

我们热衷于这个游戏，我垒楼，他推楼。

我停在一间病房前，是齐素的病房，关着门，他在里面。

我没有进去，只是在门口站着，轻轻贴着墙沿，继续在脑子里和他对话。

就这一下就好了，毕竟，人是靠着想象就能活下来的生物。

离开齐素病房后,我去申请了值夜班,实习生是从不值夜班的,但主任批准了。

我给小刻发了个消息,就关了机,他在警局大概想骂人。

夜里,我去了吴向秋的病房,换上病服,锁上门,那只断了头的木偶还在地上,摆放在标记好的位置,她在看着我。

床单被套在取证完毕后已经换了新的,我捡起木偶,在一片漆黑中爬上病床,把她抱在怀里,躺下了。

被子盖上,蒙住头,开始极致共情,齐素教我的。

我试图趋近吴向秋每晚的心情,他抱着木偶时,蒙在被窝时,看着我时,在想什么?

木偶有点扎,手感不太好,我摸到了她身下的木杖,那是她的命脉,驱动她灵魂的东西。

木杖上满是刻痕,密密麻麻,是他用指甲常年在上面刻下的,像是疮疤,吴向秋抱着她睡觉时,手应该就放在这,激活她,让活的虹与他共眠,而这些疮疤,是他在忍受,忍受什么?难以抑制的痛苦和想死的心。

他必须一遍遍用木偶强迫自己活下来。

我忽然钻出被子,看向门口,我以往站的位置,想象那里站着一个穆戈。

我现在是吴向秋,我在准备去死的前一天,让穆戈向我问五个问题时,是在想什么?

我盯在那儿,盯住幻想中的穆戈,用吴向秋的语气,开口道:"穆医生,玩个游戏吧。"

第二天早上,小栗子来开的门,他见鬼似的瞪着我说:"你为什么睡在这?这里不是还在封锁吗?天啊,你脸色好可怕……你这是一夜没睡,还是鬼上身了?"

我双目发直道:"我一直弄错了一个重点。"

小栗子说:"什么?"

我说:"吴向秋很痛苦,非常痛苦,他死志坚决,他住在这儿的每分每秒,都想死。"

小栗子说:"所以呢?"

我说:"他这么痛苦,为什么撑到现在?"

"我之前一直觉得,是我错过了他的五个问题,没能发现他要死……但我错了,应该反过来想,他试图告诉我一些事,一些非常重要的事,他这么痛苦却撑到现在,是为了找到一个可信的人,说这些事,不说完,他是不会死的。"

我抬头说:"可他死了。说明我那五个问题,问到重点了,他已经全告诉我了。"

小栗子眨巴着眼。

我说:"答案就在那五个问题里!纸笔!"

小栗子去前台拿了来,我连忙写下那天我问的五个问题和他的回答。

1. 你谈过恋爱吗?

谈过。

2. 你的木偶叫什么名字?

虹。

3. 有什么意义吗?

虹是我的女朋友。

4. 你之前玩提线木偶,为什么之后改成杖头木偶了?

我不喜欢用线把她束缚住,操纵她,我希望她高于我,她能自己飞翔,我要做的,只是支撑她,做她的腿。

5. 你为什么不敢看我?

没有回答,他让我猜。

我说:"最后一个问题,是他握在手里的那几根线,是他的愧疚和请求,他付了咨询费,要我猜他死亡的秘密。"

我往前看,视线来回在一到四的问题上移动,最后停在第三个问题上。

虹是我的女朋友。

我心中一动:"……会不会,虹是真的存在?"

小栗子说:"什么?虹又是谁。"

"他的木偶叫虹。"我心里一片杂乱,却有个荒唐的答案在野蛮生长,"他谈过恋爱,他把木偶称为她,不愿束缚,自由飞翔,他对木偶用的都是拟人词……是我先入为主了,假定他有一个想象的女友,但他这句话的意思,是他真的有个女友,叫虹,而木偶,是按照女友的样子做的。"

小栗子面露纠结道:"是不是你想多了?我觉得这个女人就是他幻想的。"

我说:"去叫吴向秋的父母,还有他哥哥吴高阳,再来一次医院。"

小栗子说:"用什么理由?他遗体已经不在这了,吴向秋有些遗物我们打电话让他们来领,他父母让直接扔了。"

我想了想说:"就说找到他有封遗书留给他们,他想公开。"

吴向秋的哥哥来了,父母没来,吴高阳说交给他就可以了,不要再去打扰他父母。

吴高阳说:"遗书呢?"

我说:"你知道虹吗?"

吴高阳嫌恶道:"不就是他那只木偶。"

我说:"我是说,真的虹。"

他一愣,脸上却没有茫然和惊讶。

我说:"你知道虹真的存在。"

吴高阳皱眉道:"什么真的存在,就是他幻想出的那个女人。"

有一天,这个孤僻怪异的弟弟忽然跟吴高阳说,哥,我交了一个女朋友,他是不信的,吴向秋从没有表现出对异性的兴趣,除了他那只木偶,他几乎不接触任何带有女性色彩的东西,他就像个阴暗龌龊的变态,只对着木偶发情,他不相信有女人会看上他。

我说:"就因为这个,你笃定他是幻想的?"

吴高阳说:"当然不是,因为对于这个虹,他什么都说不出来,几岁,家住哪里,职业是什么,父母做什么的,甚至连她姓什么,他都说不出,只知道她叫虹,这不是幻想的是什么?编都编不像,你不是医生么,你应该知道啊,他就是疯了,我问他那虹长什么样,他就把那木偶怼到我面前来,说就长这样。"

吴高阳扯了扯领带,似是觉得自己说出来都荒唐,不可理喻。

吴向秋被送来医院前,曾和他说过要和虹私奔了,当晚确实见他拖着行李,带着那只木偶离开了,他跟了上去,想确认是不是真的,结果就见吴向秋一个人抱着木偶在车站站了一夜,没有任何人来。

吴高阳嗤笑道："我也是疯了，居然真的还想信他。"

之后吴向秋就开始发疯，到处要找那个不存在的女人，说约好了她不可能不出现，家里实在没办法，就把他送来了。

我说："这件事你们为什么没跟主治医生说？"

吴高阳说："说什么，这不是你们的工作么，行，我今天也给你透个底，省得你没完没了的好奇，我也知道你们干这行的就喜欢挖人的心理阴暗，是，我根本不在乎他是什么病，会不会好，我只希望他在这一直关着，别再出来烦我，说实话，他自杀了，我一点都不惊讶，从很小的时候开始，我就觉得他总有一天会死在自己手上，你没有跟他生活过，你不会了解的，他根本就不像个阳间的人。"

我点点头没说什么，他似是觉得说多了，敛了一下语气，温和道："抱歉，我有点激动，最近事情太多了，希望谅解。"

我说："谅解。"

吴高阳拨了下领带，恢复了板正的精英气质说："遗书呢？"

我把信封给他，他有些急，又尽量显得慢条斯理，抽出里面的纸，打开。

吴高阳皱眉道："怎么是空的？"

他将那张纸颠来倒去地看，又去翻信封查有没有漏拿。

我笑道："是不是很想看他在遗书里的懊悔和绝望，想看他提及你时的羡慕、嫉妒和恨意？"

吴高阳一僵，我接着道："那你要失望了，他对你无话可说，他在这儿的一个月里，从未，提起过你。"

吴高阳面色难堪至极，像被狠狠地羞辱了，说："你知道什么！他根本是个废物！惹祸精！我给他安排了工作，他却带着木偶去面试，让我在这么多人面前丢脸！他大半夜在客厅玩木偶，我爸心脏不好，起来上厕所被他吓去了急诊室，我妈受不了，烧了他的木偶，他就去烧我们的床，小区街坊都知道我们家有个把木偶当老婆的变态，把他关在家里，又成天寻思着逃跑，我父母经常不敢出门，怕被问起他太丢脸，他但凡对这个家有点用，我们都不会把他送这里来！"

我听完，看着他，问道："你没有一刻怀疑过，为什么我必须有用，父母才会爱我这件事吗？"

他愣住了。

我观察着他的表情说："你怀疑过，但你放弃怀疑了，你决定顺应规则，用听话和有用换取父母的独宠，所以你看着日复一日离经叛道的弟弟，是快乐的，也是嫉妒的，快乐于，你用你的识相和求全，赢得了父母的独宠，嫉妒于，他虽然孤僻讨嫌活得人不人鬼不鬼，但他比你自由，他比谁都自由，恐怕你自己也不想承认，在你心里，觉得他，这只阴沟里的老鼠，远比你高贵。"

吴高阳的脸色刷白。

我说："真可笑，你厌恶他，又惦记他，你希望他也能嫉妒你，可他从来，都没有把你放在心上过，吴高阳，你活得累不累啊。"

我看到他脸上一片片的碎裂，里面住着一个个小的吴高阳，他窝在父母怀里，老师掌心里，奖状堆里，嫉恨又羡慕，得意又茫然，高傲又空洞的神情。

我站起身说："听说你夫人怀孕了，替我向你未出世的孩子问个好，代我说声，真不幸，他要成为下一个你了。"

"噢，对了，千万，别生二胎啊。"

我在吴向秋的病房安家了，小栗子火急火燎地跑进来说："穆姐，不好了！你又被投诉了！就那个吴高阳。"

我没有理会，只问："拿来了吗？"

小栗子把一沓信封递给我，里面是小刻捎来的当日现场照："哦，小刻警察让我给你带句话，说你再破坏现场，就要把你当嫌犯排外了。"

我看起了照片，小栗子忧心道："警察都警告你了，你怎么还坐在吴向秋床上啊。"

我说："他吓你的，这里早就取证完了，不解封就是走个流程，还没结案。"

我把照片摊在床上，照片比较直观，比视频看起来方便。

小栗子说："我不懂啊，你还要查什么，他不就是自杀么，警方都确认了呀。"

我不说话。

小栗子说："你找吴高阳来问，也没能确认那个虹真的存在啊，还是像他幻想的。"

我说："不知道姓，不知道地址，不知道工作，不知道家庭，什么都不知道，只知道一个虹字，你觉得这是幻想的吗？"

小栗子说："不然呢，这就是'无中生友'啊。"

我说："恰恰相反，如果是幻想的，患者会清晰地构建出一个人，名字，家庭，工作，社会地位，甚至社会关系，他会不断地在幻想中填充完这个人的细节，让她像一个真人一样生活在他的世界里，自圆其说，这样当他去和别人介绍这个人时，会不遗余力地描述她，让她听起来是真实的。"

"吴向秋却不是，他只知道她叫虹，在跟他哥哥介绍时，什么都说不出来，这不符合幻想，他是真的不知道。"

小栗子说："所以你的意思是，吴向秋，和一个不知道姓，不知道工作、家庭、年龄、地址，什么都不知道的女人谈恋爱了，还为这个女人做了个一模一样的木偶？"

我说："只有这个解释了。"

小栗子又面露纠结："你信吗？这也太匪夷所思了，而且吴高阳不是说跟过去也没见到人么？"

我说："别人或许不可能，吴向秋会，他是理想主义者。"

小栗子沉默片刻，道："我知道他为什么选择你了，大概，全世界只有你会信他吧。"

我一愣，没说话。

小栗子说："那就算他有个真的女朋友，又怎么样呢？还有，你就不能换个地方想吗，这房间好歹刚死了一个人，你不怕啊。"

我说："不是一个。"

小栗子说："啊？"

我说："是死了两个人。"

我指着地上的木偶说："虹，也死了。"

小栗子瞪大了眼，恐怖地看着我。

我说："吴向秋把木偶杀了，他要给我呈现的，是虹死了。"

我拿起一张照片，是吴向秋躺在床上的尸体，我说："他的身边还空了这么大一块地方，完全可以放下一只木偶，他常年都把木偶抱在怀里，为什么这次要把她扔在地上？"

小栗子呆滞道："为什么？"

我说："他在展示，他丢失了虹，就像吴高阳说的，他们要私奔当晚，虹并没有出现，吴向秋发了疯地找，而且他把木偶的头掰断了，是想告诉我，虹不是失踪了，虹是死了。"

我看着床上的一大片照片，这个死亡现场，是他给我出的谜题，任何一个细节都有意义，他活着时寡言少语，死后，却满满都是倾诉。

地上断了头的木偶依旧笑逐颜开，我们对视着。

"这里，躺着两具尸体。"

我问小刻最近一个半月，有没有接到女性死亡或者失踪的报案。

小刻说："死亡没有，失踪有两起，一个找到了，一个溺死了，但找到的那个四十八岁，已婚，溺死的是个十三岁的女孩，你觉得符合吗？"

我说："溺死的女孩照片给我看一下。"

小刻调出来，我立刻知道不是，和木偶的模样相差太远。

所以，虹的尸体还没被找到。

小刻说："这要怎么找？不知道姓名、年龄、地址、工作、样貌、社会关系，什么都不知道，就一个单字虹，没法找啊，现在这个人存不存在都是个问题，你起码给我一个失踪者侧写。"

我沉默了。

小刻说："如果她真的存在，死了也一个多月了，为什么没人报警？她在吴向秋这里是个无名氏，难不成在整个社会都是无名氏？当真不存在一点社会关系？倒也不是没有，但这种范围太大了，而且就算她毫无社会关系，她的尸体总要处理的，到现在都没被发现，也是个问题。"

我想了想说："那如果，她的社会关系，就是凶手呢，知道她已经死了，不需要报警。"

小刻沉默片刻，道："你是说，她的家人或朋友？"

我说："准确来说，是她仅有的家人，或者朋友。"

小刻说："其他呢，这样还是没法找，你给我一个失踪者侧写。"

我深吸口气，开始头脑风暴："女，年龄在15-30岁之间，未婚，社会绝缘者，只有父母这一个社会关系，没有工作，不上学……单亲家庭。"

小刻说："仅有的社会关系怎么确定是父母？"

我说："吴向秋跟他哥说的是'私奔'，这个词适用于不被家人同意，且是在被管制的情况下，不会是朋友，某种程度来说，虹的家庭关系，应该和吴向秋是相似的，他在描述提线木偶时，不止一次提到了束缚这个词，虹被家庭束缚着，这也是他们能彼此吸引的一个前提,但她比吴向秋更难获得自由,应该是控制欲更强的家庭,可能是单亲,再来,虹的年龄不会太大,否则没有后现代思维去欣赏吴向秋的木偶戏。"

小刻说:"继续。"

我观察着手上的木偶,如果吴向秋完全是照着虹的形象做的:"从衣着来看,虹的家庭条件尚可,她的单亲家人应该有份稳定高薪的工作。"

小刻说:"这些都不能算标记点,范围还是太大。"

我思索片刻道:"虹的腿部瘫痪,或者萎缩、残疾、断腿。"

小刻一愣,问:"这个怎么看出来的?"

我举起木偶说:"杖头木偶,是没有腿的,那里被杖头取代了。"

"在我问吴向秋的五个问题里,他说,他要做她的腿,支撑她自由飞翔,这五个问题,是他给我的关键信息,虹,应该有严重的腿部问题,无法自主生活,行走,这是她社会绝缘的原因之一。"

小刻沉默,记下了。

我说:"她的家庭住址,可能在东华路一带,吴高阳当晚跟踪吴向秋,发现他等着的车站是东华站,虹的腿不方便,他们要私奔,选择碰面的地方不可能离虹的家太远。"

小刻想了想说:"东华路一带,出入管制极好的高档小区。"

我点头道:"吴向秋的行动路线可以查一下,他经常表演的街头,和东华路一带有重合的地点,毕竟他要碰到行动不便的虹,不是简单的事,他们也许被一起拍到了,一个坐在轮椅上的女人,和一个木偶师,他们对视的瞬间。"

小刻点头道:"工程量很大,但是有方向了。"

我说:"还有最后一点。"

小刻说:"什么?"

我说:"虹的单亲家人,社会地位应该不低,学历可能很高,他长期在给虹洗脑,精神控制虹,所以虹对吴向秋,什么都不能说,也说不出……我怀疑他可能言语威胁过虹,虹告诉了吴向秋,所以他们急于私奔,在虹失踪后,吴向秋依此认定她死了,被杀了。"

小刻说:"这个单亲家人,是你锁定的嫌疑犯?"

我说:"是。"

小刻合上本子说:"好,还有一个问题,没人报警,虹的事没法立案。"

我一愣，沉默片刻道："我来报警……不，是吴向秋报警，他报警他的女朋友，虹，失踪了。"

之后，小刻告诉我，他回去查到吴向秋之前确实报警过，但没人信他，因为对失踪者一问三不知，连姓都说不出，什么信息都没有，根本没法立案，后来他家人来把他领走，说他有精神病，虹是他幻想出来的，于是就更没人信他了，报警不了了之。

所以被送来这里后，万念俱灰的他，被家人、医生、警察都告知虹是他的幻想，时间久了，他可能自己也怀疑了，究竟那个女人，自己怀里的木偶，是不是一场春梦。

他只能以迂回的方式，隐晦地向我求证，向这仅有的一个可能会相信他的人，请求，请求我还他一个真相。

他用撕裂而决绝的方式向这个世界，向那些把他的头按下去让他闭嘴的人表达：他在找她，这不是一个精神病人的玩笑。

终于，在吴向秋死后，他的报警，还是奏效了。

一周后，小刻查到了一个符合侧写的，名叫魏虹，二十三岁，下肢截瘫，住在东华三弄的复式公寓区，有一个单亲父亲，是个医学教授，叫魏晨曦。

小刻说："我把魏虹的照片发你了。"

我看到照片上的女人，惊了一下，当即就确认了她是虹，太像了，吴向秋的木偶完全抓到了精髓，短发，齐刘海，天鹅颈，她不笑时，眼里有笑意，她笑时，嘴角却是悲伤的。

小刻说："资料显示，魏晨曦有过两个孩子，大儿子在儿时车祸丧生了，二女儿就是那场车祸成截瘫的。"

我说："替代性惩罚，高控制动机，符合侧写。"

小刻说："我们去过了，魏虹果然不在，魏晨曦说她被奶奶接走去旅行了，查了一下，她奶奶确实不在本地，联系不上，是常住外地经年不往来的那种，没查到魏虹的出入证明，说是腿不方便，私车接送的，小区监控只保存了三十天，两个月前的出行记录已经没了，无法确认他的话，但我们跟交通大队调了路控，根据他说的出发时间和车牌，是找到了他说的私车，在当天开出了市区，车里的人看不到，单向窗，魏晨曦问不出什么，他很淡定，还请我们进屋聊。"

我说："他显然早有准备，你们查他家了吗？"

小刻说:"没有搜查令,但我们转了一圈,没发现什么,非常干净,他肯定胸有成竹才会放我们进去。"

我沉思片刻,问:"你有在他家看到轮椅吗?"

小刻想了想说:"有,怎么了?"

我心一定,说:"魏虹死了,没有去旅行。"

小刻说:"这么肯定?他们家有几只轮椅也正常吧,带了别只去。"

我说:"你知道要怎么精神控制一个人吗?剥夺她所有的选择。截瘫的魏虹很好控制,如果是我,我会让她习惯一只轮椅,从坐姿到气味,完全和轮椅合为一体,不到必要,不换新的,要她习惯标志性的束缚,比如她抑郁痛苦时,在轮椅上刻下的一道刮痕,或者她生日,我送给她束在轮椅上的一条挂坠,只要看到这些,她就会沉浸在被囚禁的身份里。"

"我不会让她见到新的轮椅,要她从身到心毫无选择,只能适应我给她的一切,轮椅是极好的精神控制物,就算她去旅行,只要坐在这张轮椅上,哪怕我不在,她的心到哪里都被我束缚着,我就是那只轮椅。"

"如果魏虹真的去旅行了,魏晨曦不可能不让她带这只轮椅去,甚至说,只要魏虹活着,除了睡觉,魏晨曦,不会让她离开这只轮椅。"

小刻沉默了一会儿,说:"那轮椅上确实系着一根丝巾。"

我说:"束缚标记物。"

小刻说:"从魏虹失踪已经过去快两个月了,时间越久,越不利于找到尸体,他要是真把尸体运出市了,那就更难找了。"

我沉声道:"不会,他不会允许魏虹的尸体远离他的。"

魏晨曦被请去了警局,我也去了,小刻早前已经把魏晨曦的所有资料给了我一份。

进刑讯室前,陈警官拦住我,说:"你怎么把这玩意也拿来了?"

我手里抱着魏虹的木偶,她的头我暂时找人缝合安装回去了,身体做了一些更改处理,希望吴向秋不会怪我的自作主张。

我说:"有用。"

陈警官沉默片刻,严肃道:"时间不多,对他现在没有证据,问不出还是得放人,下次再让他进来不知道是什么时候,你确定你上吗?"

我深吸口气,说:"五个问题就可以。"

陈警官说:"什么?"

我说:"我就问五个问题,把魏虹找出来。"

陈警官愣了一下,放我进去了。

魏晨曦已经在里面了,坐姿端正,面容恬静,他身上有种书卷气,板正谦和,眼镜也是板正的,朝我点头示意,看不出被审讯的忧虑和烦躁。

他的气质是温和的,就初印象而言,我无法将他和一个变态控制狂联系起来,外表的欺骗性在他身上体现了造物的优厚,上帝没有偏颇地把善的面容给了恶者。

我礼貌道:"魏教授好,好久不见。"

他看向我说:"我们见过?"

我说:"教授您肯定不记得了,去年您主讲的脑功能基因组圆桌会议,我有幸跟着导师来参听了。"

魏晨曦点头道:"虽然没有印象,我们也算有缘,那你现在是?"

我说:"我在精卫实习,有时候也会协助警方工作。"

他温和地笑了笑说:"他们让你来审我呀。"

我说:"失踪案例行公事问家属,不是大事,就当给我长经验了。"

魏晨曦叹口气道:"小虹没失踪,先前也说过了,她奶奶把她接走了,我也联系不上,但她奶奶这个人一向不着调,没什么事,过阵子就回来了,我不知道是谁报的警,小虹因为腿的原因应该没有什么朋友。"

我翻了翻记录本道:"我也觉得魏虹不算失踪,报警小题大做了。"

魏晨曦心不在焉地看了看表,对我笑了笑。

我说:"因为据我所知,她是私奔了。"

魏晨曦一顿,抬头。

我说:"她私奔了,和一个叫吴向秋的男人。"

我重读了私奔两个字。

魏晨曦开始认真打量我,笑意敛去,不明白我的用意,说:"她不会。"

我说:"她可能骗了你,也骗了她奶奶,自己跑了。"

魏晨曦皱眉道:"不可能,她是我女儿,我了解她。"

我说:"那您可能没您想的了解她,她确实私奔了,我知道他们去了哪。"

魏晨曦这会儿已经意识到我有问题,他身体微向后仰,双手交叉,盯着我问:"哪?"

我笑道:"他们私奔,去了地狱啊。"

魏晨曦沉默片刻,教师严肃的一面露了出来,像斥责一个失德的学生说:"你哪怕只是个实习生,也得为你说的话负责。"

我说:"真奇怪,魏教授,我说您女儿死了,您为什么脸上只有愤怒,却没有惊讶?"

魏晨曦不说话。

我说:"您是在愤怒'地狱'这两个字,还是'私奔'这两个字?"

"私奔,就这么让您难以忍受吗?"

魏晨曦说:"我不太明白你在说什么。"

我说:"我说她死了,你当然不会惊讶,因为你知道魏虹已经死了,就死在你手上。"

魏晨曦摇了摇头,似是无奈,板正的脸庞非常有欺骗性,带着一脸孺子不可教的神情说:"小同志,你现在好歹代表警局,警局何时兴空口污蔑了?"

我说:"您说的是,但我干这行,最大的本事就是空口白话,您信吗,我不只空口说你杀人,我还能空口查出你的藏尸地点,只用五个问题就可以。"

魏晨曦注视我,目光还是在看一个僭越的口出狂言的不成体统的小孩,只是不动声色地收敛了小动作,表情没有任何变化,说:"别胡言乱语了。"

到目前为止,我的表现对他来说可能有些离谱,像虚张声势,我越是口出狂言,看起来就越像毫无证据的诱供,对他的威胁性并不大。

我耸肩,随意地拿起桌上的木偶说:"从进门起,你就一直在看它了,眼熟吗?她是魏虹,吴向秋为她做的,很像吧。"

木偶一身红裙,非常亮眼,远远亮过我,从进门起,魏晨曦的目光就被它吸引,又努力移开了视线,而我一直不提,仿佛它只是个无用的摆设,但它始终横亘在我们之间,横亘在一来一回的对话中。

这个背景物,从它进来起,就已经在产生暗示了。

我尽量看似随意地把木偶递给他。

魏晨曦没有接,目光也没有移开。

我说:"一个木偶而已,不用这么戒备,你可以感受一下吴向秋对她灌注的爱意,都在这个木偶身上了,跟你的爱比起来,谁的更真……还是你不敢抱她,怕她抗拒你,怕她在你手上指责你?"

与先前不同，他没有再摆出板正的教授姿态训诫我，没有接茬，也没有讽刺，看了那木偶很久，大概有半分钟，魏晨曦接过了。

　　我暗自松了口气，这一步是关键，如果他就是不接，我其实没法往下进行，我提前在这木偶身上做的一切调整，都是为了成功把她送到他手里。

　　我指着木偶道："今天是她来审你，不是我，让魏虹自己来问出她现在在哪，但你很擅长于此吧，女儿和你的对抗，一直以来，你都是赢的那个。"

　　魏晨曦下意识想松开这手上的木偶，眼神却跌了进去，木偶的红裙实在太惹眼了。他有一瞬的茫然，这个木偶的脖子上挂了个十字架坠，很大，漆黑的，像拓印在她身上，直戳他的良心；袖子上缝了白花，祭奠用的白花；连她的腿都是绵软的，是空的，里面的杖头早就替换成了两条苍白的长袖，一双瘫着的腿。他知道的，这是陷阱，这满布控诉和忏悔意义的外形，是故意给他看的，但他没法脱手了，一拿上，就没法脱手了。

　　确实，女儿和他的对抗，一直以来赢的人，都是他。

　　我说："那我们开始吧，五个问题。第一个问题，你认识吴向秋吗？"

　　魏晨曦说："不认识。"

　　"好，第二个问题。"

　　魏晨曦看了我一眼，似是没想到我这么快就让问题过去了，没有任何追问和深挖。

　　我说："你知道魏虹认识吴向秋吗？"

　　魏晨曦说："不知道。"

　　我说："好，那第三个问题。"

　　魏晨曦松弛了些，好像坐实了我的虚张声势，手里的木偶也不再沉重。

　　我问："魏虹怀孕了吗？"

　　魏晨曦僵住，他的松弛凝滞在脸上，有种错位的喜剧色彩。

　　我看着他的神色，笃定道："她怀孕了。"

　　魏晨曦说："你……"

　　我说："我怎么知道的？"

　　我指向他手里的木偶说："魏教授不如看看，你的大拇指现在放在哪里。"

　　魏晨曦立马低头看自己的拇指，正压在木偶的肚子上，红色的裙子凹陷进去一块，十字架的尾尖正扣在他的拇指前，像一种指认，他急忙缩回手，但这个动作已经反映了一切。

我说："问前两个问题时，我并不想知道答案，我只是想看提到吴向秋和魏虹时，你的反应，你自己可能没意识到，你的大拇指反复地在木偶的肚子上抚摸和按压。"

"魏教授，你的身体比你诚实呢。"

魏晨曦刚要放开木偶，我道："别急着动，你放下她，也可能会暴露你把她藏哪了，你要放在靠桌子的左边，还是右边，轻放还是重放，直接放，还是扔下去，你都要想清楚。"

魏晨曦僵在那，没有动。

我说："您要小心了，管住你的手，别随便碰她，否则，你是怎么杀她的，我都要知道了。"

魏晨曦最终没有放，他拿着木偶，一动不动，又摆出一脸板正谦和的训诫模样质问我："你拿审讯当游戏吗。"

我说："这是吴向秋跟我玩的游戏，他用五个问题把你指了出来，你就当是他在跟你玩吧，他和你的女儿魏虹，在跟你玩，今天坐在这儿的不是我，是那对被你打断的逃命鸳鸯。"

"看看这对被你摆布控制，不屑一顾的木偶，是怎么顺着你布下的线，把你拖下去的。"

魏晨曦没说话，他看着手上这一大片红，那双带着笑意的黑瞳，确实太像了，像得他脊背发凉，吴向秋就是这么看着她的吗，一阵愤怒和脊背发凉来回交错，最终凉意占了上风。

我说："第四个问题，魏虹怀孕了，你发现她要和吴向秋私奔，所以杀了她，是吗？"

魏晨曦注视着我，毫不慌乱地说："我没有杀她。"

我笑了笑，道："魏教授，你可能有个误会，觉得人撒谎的时候，会撇开视线，不，其实人撒谎的时候，会直视对方，直勾勾地看着，就像你现在这样。"

魏晨曦的脸上已有愠色，他被接二连三地耍弄，大概这辈子都鲜有这么不体面的时候。

我说："最后一个问题了……手是不是挺酸的？把木偶放下吧。"

我起身，走到一边，拉开一张白布，下面是两个沙盘，和一箱沙具，是我让小刻从医院运过来的。

"把木偶放在这,再选两个沙具摆一下,今天的审讯就结束了。"

魏晨曦没有动,他当然不会动,这个指向太明显了。

"沙盘游戏,魏教授应该多少知道一些,但有什么关系呢,反正你没杀魏虹,也没有把她的尸体藏起来,木偶你都拿了,总要放下的,放在桌上和放在这里,其实差别不大。"

门槛效应,一旦他接受了我一个小的要求——拿木偶,他会更容易接受一个大的要求——把木偶放到沙盘里,为了体现他的前后一致,他骑虎难下了。

魏晨曦在这一刻终于明白,这个木偶的角色,从一开始,就是个巨大的沙具,而从他的目光被它吸引开始,整个审讯室,已然成了一个巨大的沙盘,他陷进去了。

魏晨曦沉默良久,没有动,他冷静道:"在我的律师来之前,我不会再做任何回答。"

我笑道:"你知道的吧,当你说出请律师时,你已经认罪了。"

魏晨曦闭上了眼,不再听我摆布。

我停了一会儿,出声道:"十二年前一场车祸,带走了你的儿子,也让你的女儿成了截瘫。"

他顿了一下,没睁开眼睛。

"我看了一下资料,那天是半夜一点多,这么晚,你带着两个孩子上了高架,你们要干什么去?"

魏晨曦的眼睫有片刻颤动。

我说:"那段时间,你和妻子刚离婚,我这人好奇心重,就也顺着去看了一下你前妻的档案,她在和你离婚后半个月就结婚啦,真是迫不及待呢。"

"但我再仔细一看,你提了离婚诉讼啊,打了整整半年呢,离婚诉讼判决后十五天才能再婚,十五天,所以连半个月都没有,你前妻是在法律许可再婚的第一天,就结婚了,这可比迫不及待还迫不及待……她是婚内出轨吗?"

魏晨曦的手握紧了,他在抑制愤怒。

我说:"离婚是她提的,魏教授这么要面子的人,居然连这都能忍,甚至要去打诉讼不同意离,看来是真的很爱她……啊,我说错了,你是想报复她,她越想走,你越要把她绑在身边……但是可惜,法院还是判了离婚。"

我走近他道:"你当时一定很愤怒,万念俱灰,就像你听到魏虹要离开你时一样。你决定换种方式报复她,大半夜,你开上了那条高架,我也是看了你前妻的档案,才发现那条路，通往你前妻的新家，他们那时正新婚燕尔，而那条路上有个高崖点。"

"那场车祸不是意外吧。"

魏晨曦猛地睁开了眼，难以置信地看着我。

他的表情印证了我的猜想："你拖着两个孩子去死，结果儿子死了，女儿截瘫，只有你自己好好地活下来了，你这么多年来紧紧抓着魏虹，是在抓什么？你在抓你的罪感，你把她绑在身边赎罪。"

魏晨曦脸色惨白。

我说："很矛盾吧，这么多年来，你对她又爱又恨的感情，她的存在让你既痛苦又幸运，时时刻刻提醒你当年的愚蠢，到如今，一个废了腿的罪感，居然敢自己奔向幸福从你身边逃跑？你怎么能允许，她必须和你一样痛苦才可以。"

魏晨曦温和谦逊板正的脸逐渐扭曲地说："闭嘴，你闭嘴。"

我说："来放木偶吧，放完，你就是求我，我也不会和你说话的。"

半晌，他像是放弃了般，站了起来，走到沙盘前，目光赤红。

这里有两个沙盘，一个干沙盘，一个湿沙盘。

沙盘游戏，心理分析的常用工具，能体现人的集体潜意识，沙具的摆放和原型象征，都能反映人的无意识层面，它并不能靠人的意志去控制和阻断，它是投射性的，当事人自己也不知道他摆出来的代表着什么。

魏晨曦形貌紧张，在两个沙盘中看了许久，将木偶轻轻放在了干沙盘里。

我说："干沙盘……你没有把她埋起来，她不在会被雨淋到的地方，不在野外，你把她藏在室内吗？干燥的地方。"

魏晨曦掩住了表情，他来到沙具箱，绕过了所有建筑交通和房屋家具类的沙具，避免了任何提供地点的可能，聪明地去了动物沙具那儿。

这会儿单向窗后面的陈警官和小刻该急了，这是最后一个问题，而魏晨曦显然知道该怎么选沙具避开我关于地点的猜想。

他极快地随手拿了两只动物，好似完全没有思考，一条人鱼，一只龟。

他又极快地把那两个沙具扔在了干沙盘里，没有摆放，迅速退后。

他在能动的范围里做了最少最聪明的选择，没有摆放，不给我呈现魏虹与沙具的关系，不涉及地点，我能获得的信息，仅仅只有那两只动物沙具。

我看了许久，信息太有限，完全没把握，但藏起了我的慌张，努力找着其中的联系，无中生有般的联系，我有些自嘲，当决定用这个方法时，可不就是在无中生有么。

良久，我沉凝道："人鱼，代表着过渡，半人半鱼，是转化的象征……你对魏虹做了一种处理，让她转变了？"

"人鱼和龟，都有长寿和永生的意义……你对魏虹做的处理，让她趋向了某种永生。"

魏晨曦一言不发。

"这两个都是水生物……你虽然把魏虹藏在室内，但那个地方有水？"

魏晨曦的紧张显而易见。

我盯着那两只沙具看了许久，忽然一顿，说："龟，还有一种意义，孵化后不管孩子……孵化。"

我深吸口气，凌厉地盯住他说："你是不是，把魏虹的孩子，剖出来了。"

魏晨曦完全僵在那。

我全身都在抖，"你要把胚胎剖出来，你没有弄脏家里，你需要工具和场所……"我猛地抬头看着他道，"医学院，你就职的医学院！"

魏晨曦的表情已经绷不住了。

我死死盯住他问："你把她藏在医学院的停尸房？永生……你是不是把她处理成解剖用的标本了？这样就永远在你的视线里，永远在你方圆几里的控制下！"

魏晨曦颓靡地瘫坐在地上，面露惊悚，板正的脸上是闸刀落下后的表情。

陈警官和小刻进来了，我还是死盯着他说："那孩子呢，你这么厌恶那个孩子，你剖出来之后放哪了？你不可能也让它留在停尸房。"

魏晨曦忽然笑了出来，像是终于在这场输得惨不忍睹的较量中，找到一个碾压我的机会，他朝我吐出了三个字，声音低沉，充满恶意："喂狗了。"

小刻把他押走了。

我在原地站了很久。

陈警官拍了拍我，说已经出警了。

我回了医院等消息，坐在吴向秋的病房里，抱着虹的木偶，等待的时间是难熬的，我陷入了某种恍惚。

不知过去多久，手机响了，是小刻，说在魏晨曦就职的医学院的尸体库找到了一具截瘫、肚子被撕裂的尸体，经过基因比对，是魏虹的，尸体的血已经被放光，泡在福尔马林池里，过一年多，捞出来晾干后，就能上学生的解剖台了。

但这具尸体居然是有捐赠协议的，魏虹在生前就曾签署过遗体捐赠，魏晨曦是如何教唆她签下的，多重精神控制，要她知道，即使死了也在他的眼皮下。

难以想象，魏虹短暂的二十三年，过的究竟是怎样的人生。

尘埃落定，我没有松口气的感觉，只觉得小刻的声音好远好远。

小栗子傻了，说："你们居然真的从一个木偶的幻想找到了真人？这也太牛了，居然真的问出来了！"

我说："是他自己也想说，我把木偶虹交到他手里时，他的态度决定了我能否问出来，他没法扔下她。"

"他杀了魏虹，杀了多年来的罪感，他的心，早就在地狱里了。"

我看向怀里的木偶，她依旧笑得无忧无虑，耳边又响起吴向秋那番杖头木偶的言论，他想支撑她，不束缚她，做她的腿，而对于魏晨曦来说，魏虹也是他的木偶，提线木偶，必须听话，任摆布，一旦傀儡有了自己的意识，哪怕断了一根线，他都要将她抹杀。

阴沟里的二儿子和轮椅上的二女儿相爱了，可爱情没能为他们带去生命的希望。

或许有过吧，很短暂的有过吧。

我浑噩地离开了吴向秋的房间，离开那个一尸三命的地方。

去了厕所，打开水龙头，一个劲地洗手，我不知道为什么要这么做。

韩依依进来了："你还好吗？"

我沉默了一会儿才说："如果我没有问对那五个问题，吴向秋是不是还活着。"

韩依依皱眉道："你别再想这个了，没有如果。"

我洗着手，水声哗啦哗啦，我问道："齐素和你是什么关系？"

韩依依一愣，没料到我怎么突然提这个。

我说："我看到你私下和他说话了，你们不是医患关系。"

韩依依沉默。

我盯住她说："你有权限查看他的病例吗？"

韩依依说："为什么问这个？"

我说："你没有回答我的问题，眉毛下垂，前额微皱，你有点愤怒，你也没有权限，但你眼神回避，抿嘴，你对这个问题模棱两可，不想告诉我……说明你不需要看他的病例，你知道他是谁，但不能告诉我。"

韩依依皱眉道："我记得你很讨厌微表情学。"

我说："讨厌又如何，人总要前进的。"

"所以他是你的谁？老师？"

韩依依的瞳孔收缩，我点头道："他是你的老师，你的催眠是他教的？"

韩依依说："你别琢磨这些了，你现在需要休息，你的状态不正常，你从以前开始就这样，总是极其容易陷进去，旷课不睡觉，你这样很危险，你根本不适合干这行，毕业了别再回来。"

我说："这就是你当初把我踢出社团的原因？因为你怕，你也被我卷进去。"

韩依依一窒，没否认。

我说："那你怎么不远离齐素呢？他比我更可怕吧。"

韩依依僵住。

我观察了她一会儿，笑了起来，实在是好笑："原来你怕他啊，你敬仰他，又恐惧他，想接近他，又害怕接近他。"

我凑近她说："那看来，我比你适合做他的徒弟。"

我离开厕所，走去病区，停在齐素的病房前，我有快一个月没来找他了。

我站在门前，没有进去。

你是为什么选了我呢？

我是不是也是你的木偶？你精心挑选，用心制作。

如果是的话，那我是提线木偶，还是杖头木偶？

你需要我为你做什么呢？

我打开房门，挂上无害的笑容，说："师傅，我来找你督导。"

人类清除计划

Story-15

周一很忙，刘医生要负责精神卫生国际学术研讨会议，他的一部分查房工作分到了我头上，包括齐素的病房。

说来也巧，哪怕是跟着主任查房，我也从来没查过齐素的房。齐素一直是刘医生负责的，他有意阻止了我和齐素过多的接触。

小栗子跟我搭档，查完其他房，要进齐素的病房前，我把小栗子赶走了。他不大高兴，说我和齐素有小秘密，排挤他。

我拨弄着他的栗子头，和蔼道："就你这直肠式一通到底的思维，够不上我们排挤你。"

小栗子更生气了，转身跑了。我看着走远的小栗子，松口气。他跟我太亲近了，我不想让他接触齐素。我忽然一顿，想到了刘医生。现在的我跟他没什么区别，都在阻止齐素接触身边的人。

走进去，齐素正坐在床边，看着窗外。这是个普通病房，除了齐素，还有其他五位患者。之前我没怎么注意过，每次来找齐素，都是挑其他患者在活动室的时候，这会儿人都在，我有种怪异的感觉。

房间里太安静了。虽说不少患者本就不爱讲话，但这间病房里的安静，和那种因于症状和监视的压抑式安静不同，甚至是自如的。我一时不知道如何形容它。也许是我的错觉，我对齐素的投射太严重了。

我走过去问："师傅，你在做什么？"

齐素依旧看着窗外，说："呼吸。"

他的手轻放在腿上，掌心有一块疤，凹凸不平，应该是入院前伤的。

我学着他的样子，坐到他边上，也看着窗外，吸了口气道："呼吸需要一个特定的时间吗？"

齐素说："呼吸不是理所当然的，轻视它的人才会这么问。"

我不说话了，安静地跟他一起看着窗外呼吸，有点正念的意思。这让我想起了学校里爱好打太极的导师，一位上下求索的资深心理学者，对禅修总有特殊的迷恋。

过了一会儿，齐素才道："今天怎么是你？"

我说："刘医生去负责学术研讨会了。"

齐素短促地叹了一声道："又三年过去了吗。"

我问："嗯？"

齐素说："这个会你可以去听听，没坏处。"

我说："实习生都要去的，师傅之前也参会过吗？"

他没回答我，转而问道："你最近来找我督导的次数少了。"

我一凛，随即尽量自然地露出窘迫，在他面前，我只能相对诚实，才能保住虚伪。

我挠头道："如果一有问题就来找你，我要怎么成长……我在试着看自己能不能戒掉你。"

齐素转头看我，示意他的呼吸时刻结束，为了我。

"穆戈，你不必戒掉我。"

他的眼神像一个慈父，如果是以前的我，一定会沉醉在这种偏爱里，着迷于他直白的欣赏，如蒙神泽。这光环，我沐浴其中时，看不见它收紧的幅度，等我意识到时，它早已在我的颈项，而我也早已习惯它。

出了病房，我才想起，我忘了问询其他五个患者。我明明是来查房的。

我忽然明白了这间病房里怪异的安静，是一种舒适，过分舒适了。其他五个患者的症状，自然流淌，自然得让我忘了要去质疑它们的不合理。

齐素所在的病房，被他养育得很好。

这些患者，是否也跟我一样，沐浴在那光环里？

下午是每周一次的戏剧心理治疗，我有段日子没去了。到那儿时，韩依依在带教，裘非站在前排，齐素站在后排。这个戏剧心理小组的成员已经磨合了很长一段时间，互相之间有了默契和信任，开始往彼此更深的心摸索了。

发现这一点，是因为我进门时，感到了一种排外的情绪。只有他们之间的心理联结强了，才会发生明显的排外。

韩依依看了我一眼，没理会。裘非的视线从人群中落到我身上，我朝他挥了挥手，他朝我笑，我有些呆钝，一时没反应过来。

见到我就要笑，本是我同他做的约定，此刻我却觉得分外陌生。裘非的笑不似以前那么僵硬了，他的面部情绪表达有了很大改善。或许是因为我太久没来看他了，觉得跨度有点大。

我忽而有些愧疚。在他努力成长自愈的时间里，我没有陪着他，没有像我所承诺的那样，一直看着他，只作为一朵花地看着他。

他这笑容，没有责怪我消失了两个月，仿佛在说，我可以失约，但他答应我的，一定会做到。

我的心又柔软下来，警惕和怀疑开始受到谴责。我的警惕、怀疑和谴责，都如此无辜，它们不过随我的动念而生，却要背负我的罪孽。

我坐了下来，专注地盯着裘非，开始解放我的愧疚，补偿我的约定。

这次的戏剧心理剧的主题，是亲情，没有绝对的主角，也不是患者自身的事情。韩依依带领他们走了一个故事，一个关于母亲溺爱孩子，包括溺爱他的罪恶，原谅了儿子所犯之罪的故事。

扮演"罪恶"这个意象化角色的人，是裘非。他有一段对白，对话的对象，是它的主人——儿子。

"罪恶之于你，就像母亲之于你，是她的爱催生了我的诞生，但我并不恶。我之于你没有道德审判，我只是一个产物，应你的需要而生，可你要给我枷锁，就像你母亲要给你解放。你们玩着捉迷藏，却要以我为主角，你爱她时恨她，恨她时又爱她，是你让她的深情像博爱，光顾我后再杀死我。"

我听着有些恍惚。中场休息，裘非朝我过来了。我知道这需要勇气，走向一个抛弃他的"母亲"。

他站到我面前，按照要求，笑了一笑。这笑里有僵硬，不明朗，肉眼可见的表达障碍，可我却放了心，这才是我熟悉的裘非。虽然这么想有些卑鄙。

他坐在我身边，一句责怪和埋怨都没有，懂事而沉默。

看着这样的他，我忽然意识到，或许我永远都没法向他问出关于淑芬的事，那些卡在我心里两个月的怀疑，淑芬跳楼的那封遗书是他写的吗，刺激教唆淑芬自杀的是他吗？

这两个月里发生的事情太多，一方面齐素摄取了我所有心神，另一方面我也不知如何去询问裘非。过往我们之间没有秘密，如今我却单方面对他生出了嫌隙，我怕一见他就会被他察觉。情感表达有缺陷的人，内心却往往敏感汹涌，所以我一直避着，没来见他。

我今天原本是带着问题来的，但问不出口了。我共情了那个母亲，即使儿子的罪恶是真的，她也必然会原谅那罪恶。

我试图坦诚关怀，说："我这两个月在忙……"

"你没睡好，黑眼圈重了。"他截断我的话。

愧疚和心软同时加深，我放弃了客套的解释。他这一句话好像递给了我一个修复关系的开关，按下去，这两个月的嫌隙就不复存在，我依然能和他像从前一样无话不谈。

聊了一会儿，我得知他已经开始做韩依依的助手，也就是心理剧的副导。看得出他真的很努力地在拥抱新生活。

韩依依过来了，裘非起身离开，从书架拿了本书，去了另一侧读书。

韩依依坐在我旁边，中间隔了一个位置，我们谁也没说话。我依旧专注地看着裘非，他正在认真阅读，阳光落在他身上，像个圣子。

中场休息结束，戏剧继续，裘非放下了书，落在座位上。

到再一次休息，齐素坐去了裘非原来的位置，拿起了他落下的那本书，翻看。

休息结束，齐素把这本书放回了书架。

这之后，我开始恍惚。我一直盯着那个书架，来回穿梭的戏剧场景于我如无物，直到戏剧心理治疗结束，有患者同我告别，我都没回应。

等人全部离开，我沉思了很久，才鼓起勇气僵直地走向那个书架，抽出那本被齐素放回去的书。翻开，书里夹着几张字条，写的是之前裘非念的那段"罪恶"的对白。

我霎时如坠冰窖。这不是裘非的笔迹，这段对白不是他写的，是齐素写的，齐素让他念了这段对白，他们在用这本书交流。

但让我恐怖的不是字迹，而是右下角的落款，一个β。

β，纵火犯乔郎的心理医生叫β。

这个让我受尽折磨的怀疑，当真相真的来临时，我甚至有种踏实，踏实后是荒诞。这个怀疑起于一个荒诞的猜测，可它被证实了，荒诞就成了恐怖。

齐素就是β！他朝裘非下手了。他在教唆他什么？

一种森然的爬虫在脊般的直觉，拨云见日了——淑芬的遗书，让裘非去教唆淑芬自杀的，是齐素吗？他们一起在这个戏剧心理小组待了半年多，淑芬是中途加入的，和他们都接触过。

我合上这本书，封面上写着《惶然录》。

这本我最爱的诗人写的随笔集，此刻在我眼里却满是讽刺，恐怖至极。这本书是我放在这里的，齐素当着我的面，用我放在这里寄予了祝福的书和裘非做秘密交流，他知道我看到了，会来翻。

齐素发现我了！他知道我发现他了！

虽然早就知道瞒不了他多久，可他这个宣告，太像齐素会做的了。直到上午，他还在慈祥地与我说不必戒掉他，他给了我机会坦白，可我没有，于是他写了那段罪恶论，让裘非念给我听。

他要我愧疚，把裘非"作恶"的源头指向"母亲"，指向我，让我愧疚。

我感到颈项上那如蒙神泽的光圈又勒紧了些，我要窒息了。

齐素开始了，他在惩罚我，警告我，控制我。

在我依然对他一无所知毫无筹码时，他居然早就抓住了我的命脉，裘非。

我的思维奔逸起来，他还做过什么？不只是裘非，他这样精湛的实干家，怎么可能只投资给一棵树？一定还有其他患者，这段时间，还有其他不合理的地方。

我的大脑在恐慌中遁入空白，又在空白中努力拼凑出一个个患者的脸，试图在这些面孔里找线索。

这是他给我出的题。

乔郎。乔郎被送来这里不是意外，乔郎知道我也不是意外。

还有呢，还有呢？

"你怎么还在这？"

我吓了一跳，背上的虚汗凉透。回头一看，是韩依依，她见我面色不好，皱眉道："你怎么了？"

我惊醒一般抓住她，抓住这根救命稻草，说："下周一的戏剧心理治疗，能不能以齐素为主角，做他的故事？"

我必须得拿到他的筹码。

韩依依沉默着表示拒绝。我几乎是咆哮道："韩依依，你知道这家医院正在发生什么事吗？！"

她看了我一会儿，漠然道："什么都没发生，有也是你的错觉。"

韩依依离开了。

之后的几天，我开始盘理之前觉得奇怪却没有细想的细节，罗列与齐素和我都接触过的患者。

初次见到齐素，是宇可宇奇催眠结束后，在病区的茶水室，他指点了我的言论，但我没记住他，是后来在戏剧心理治疗小组上再次见到他，他游刃有余的状态让我认了出来。

或许就是在这个小组，齐素接触到了裘非，发现了他身上可利用的特质，开始影响他，当时那出被搬上舞台的心理剧，齐素扮演了裘非的替身，诱导抒发了他的情绪。

那也是我第一次领教齐素的厉害，我是从那时开始关注他的，那他呢，是否早就观察过我，从宇可宇奇那次就开始了，还是更早？

如果以戏剧心理治疗那次为起点，往后算，目前已知的是出院的强迫症患者淑芬，齐素通过裘非去刺激淑芬自杀，引发网络舆论，被我误打误撞阻止了，淑芬的特质有些偏执，我大概能知道他选择淑芬的原因，她不只本身容易被催化，她还能去催化他人，比如思澈。

再比较清楚的是前不久的纵火犯乔郎。乔郎的心理医生是齐素，齐素鼓励乔郎随心所欲地纵火，而他偏偏是被陈警官和小刻他们警局抓住的，偏偏送来了我们医院鉴定，偏偏见到了我。

还有呢，在裘非之后，在淑芬之前……

我的脑海中忽然闪现一摊红油漆。

红色恐怖症患者落落！她在做系统脱敏即将治愈时，脱敏室前曾不知被谁泼过一摊似血的红油漆，差一点就让她的治疗功亏一篑。脱敏室……脱敏室就在病区，齐素完全接触得到，患者的活动室是有水墨画颜料的！

室外艳阳高照，我却冰冷发僵。我有点不敢再想下去了，可思绪不受我控制，心里的白熊强迫我继续往前回忆。

回忆止于一声猫叫。

茉莉，那个周期性猫叫的女孩。她一直在逃跑，跑去男病区，制造混乱，我第一次见她就是在男病区的厕所，齐素病房所在的这层楼。齐素在安抚茉莉这件事上帮了我很多，她特别听齐素的话。

那时我和刘医生都没有细想，为什么茉莉非要溜去男病区，现在想来，她可能就是去找齐素的。齐素说他们是在花园散步时认识的，也许那时他就开始影响她了。

我看着纸上罗列出的时间线和患者名，恍惚不已，背上凉意阵阵，居然这么早吗？齐素到底要做什么？

裘非是笔，可以替他写舆论；淑芬是演员，可以替他煽动舆论；茉莉是孩子，孩子永远能轻易占据舆论道德点；落落……红色恐怖症的外化，也许是一次实验，也许只是随手为之，磨刀般的乐趣。

乔郎，犯罪，是他吸引目光的一把火。他要吸引谁的目光？社会舆论的？他是要把大众的目光吸引去精神病？

齐素到底想做什么？为什么要做这些？

那我呢？我，穆戈，在他的计划中，扮演了什么角色？

工作容不得我沉浸于思考，国际精神卫生学术交流研讨会开始了。院长主持，主任和刘医生做副手。整个二科忙得不可开交，之前一直是总院负责这项研讨会，今年不知怎么落到了分院。

我还是完成了刘医生布置的任务，为来访的外国嘉宾做PPT，里面有不少精神医学界的先锋人物。会议当天，我很早就去帮着布置现场，忙完又被刘医生拉去做备场的会议记录。

会议持续了一整天，听到了不少前沿的新研究，让我印象比较深的有两个，一个是一位德国心理学教授带来的研究，他们和中科院合作，在做计算机和精神病学的交叉研究，上台演讲的是吴教授。

他指出，人的外在表现行为和脑内微观环境是能关联的。人的行为产生过程大致会经过这样的通路：分子／离子通道——突触环路——脑区功能——社会行为／症状。

简言之，计算精神医学研究，是基于实验数据，模拟脑部的神经网络，将症状产生的原因，反映到神经元的变化上去解决。

吴教授说："我们将从灵长类动物身上获得的实验结果构建成网络神经元，得到相似的过程，更好地模拟异常心理的产生过程，现在活体载体最小能够观测到神经元，可以精确到纳米，动物身上可以精确到突触。"

他用了强迫症患者来进行举例说明："正常人的眶额叶和腹侧前额叶之间达成平衡，可以调整脑内的奖赏机制，但是强迫症患者的眶额叶活性过高，以至于打破平衡，奖赏机制破坏，所以可以通过损坏眶额叶，降低它的活性，来达成与腹侧前额叶的平衡，消去强迫性症状。"

会场的听众都对计算精神医学产生了兴趣，在下面热烈讨论，这些听众来自各大医院、学校、医学器械公司、培训机构等的精神卫生从业人员。

吴教授正要讲下去，突然有个人举手提问，他接过话筒："吴教授，想请教一下，如果破坏了眶额叶，但是患者的症状并没有得到改善怎么办，毕竟破坏是不可撤销的。"

这确实是个问题，涉及了医学伦理，破坏眶额叶不可撤销，如果强迫症症状没能改变，还可能会并发其他病症，但这么直接地当众问，有点犀利了。

我不由得多看了他几眼，是个与我年龄相仿的男人，他的脖子和衣服上并没有挂隶属机构的牌子，位置也是坐在散客区，不知道是哪家机构的。

吴教授沉默了片刻，道："强迫症的病源有很多，现在计算精神医学只能涉及脑内局部，而病因可能是全脑的，我们一定覆盖不全，出现你说的没能及时改善的情况，所以我们需要更大的模拟计算去操作，也需要更多实验数据，这是计算精神医学未来的一个方向。"

男人点点头，笑了笑："好的，我明白了，谢谢吴教授。"

他把话筒往前一递，手弯了弯，显得有些玩世不恭。

不知是不是错觉，他的眼神好像朝我这里偏了偏。

会议继续，另一个让我印象深刻的研究，是一位癌症领域的日本医学教授提出的，他叫三岛育明，已经是第三次来参会了，我做PPT时还在疑问，癌症领域的怎么会常来精神方面的学术会议，当天听到后，有些震撼，他提出了一个惊人的说法：精神干细胞。

乍一听是荒唐的，精神是不存在细胞的，更别说干细胞了。干细胞是再造细胞，是一类可以无限自我更新的永生细胞，目前医学界普遍认为干细胞来源于胚胎，能够产生表现型和基因型与自己完全相同的细胞。

三岛教授一边说，翻译员即时翻译："说干细胞能完全再生是不可能的，最多只能部分再生。我们用了很多方法去诱导，都无法在体内造出一个绝对相似的细胞。我是做癌症研究的，平常就是跟间充质干细胞打交道，七年前第一次受邀来做跨学术研究时，我就想，从我的专业出发，能为精神病学研究做些什么。"

他用激光笔指着大屏幕上的PPT说："间充质干细胞是一种多能干细胞，在人体的各个组织都有，临床价值非常高，能分化成多种组织细胞，修复受损组织。"

他演示了一张动态模拟图，一个小球，从斜坡滚落。

三岛教授解释说："它就像这个小球一样，从山顶滚下，滚到哪就变成了什么。比如滚到骨头就变成骨头，滚到肌肉就变成肌肉，滚到肾就变成肾，现在已经可以倒过来向上走，去恢复。"

"国际上现在都在做干细胞相关的研究，研究它在延缓老化，治愈疾病等方面的效果，很有前景。我有一天突发奇想，如果用干细胞去修复精神疾病，精神损伤，是不是也可以？"

底下一片哗然。

精神说白了是不存在实体的，哪来的细胞，又哪来的干细胞？主任和刘医生等人毫无表情，好像早就知道了一般。

三岛教授笑笑说："先别急着说我天方夜谭，MSC（间充质干细胞）具有向神经细胞分化的潜能，它可以在受损的脑组织和脊髓中生存、增殖、迁移，分化成神经元样细胞，由此改善脊髓损伤、中风等神经系统疾病。"

先前质疑吴教授的那个男人又举手说："三岛教授，精神干细胞和神经干细胞，是两个不同的概念，您可要分清楚。它们并不彼此覆盖，您这个说法或许对阿尔兹海默症的治疗有用，但可无法涵盖广阔的精神病种。"

这确实是个问题。

三岛教授可爱地耸了耸肩，道："所以说这是我的突发奇想，能不能办到，还有很远的路。"

虽然这个说法听着天方夜谭，三岛教授还是获得了很多掌声，那个质疑他的男人也笑着鼓掌。院长为了活跃气氛，还向那个男人开玩笑，说他刚质疑完就热烈鼓掌，别是三岛教授请来的托吧。

三岛教授大笑，那个男人也笑，眼睛眯起，道："只是觉得，'精神干细胞'这个词，很有趣。"

会议结束后，院长带着几位相熟的教授去隔壁房间交流，刘医生让我收拾完也跟他过去。我快速整理了会议资料，抱着电脑出门时，不小心撞到了人，是之前两次质疑教授的男人。他背着一只黑色的包，被撞到了也不吭声，看我一眼直接就走了。

有张纸从他的包里落到了地上，我捡起想还给他时，人已经走没影了。

我打开纸，上面画了一串符号。我看不懂，大概是他做的会议记录。

刘医生从隔壁房间出来，喊了我一声，我把纸塞进口袋里，连忙跑过去。

教授们已经围坐在圆桌边交谈，我在刘医生边上落座，把会议记录导出给他。另一边坐着翻译，正给他们翻译。

我隐约能听到有位德国心理学教授一直在提一个人，似乎在询问。我听不懂德语，只能大概听出发音和英文相似又反复出现的词，好像是 Professor Qi。

齐教授？

翻译说那位齐教授今年无法参会。德国心理学教授显得有些失望，三岛教授拍了拍他，继续和刘医生寒暄。他们好像互相认识，也都认识齐教授。

我有种怪异的感觉。

过了会儿，大佬们开始聊今天的学术交流会，问会不会听起来过于晦涩，来的机构里的人很多都不搞学术，是搞实践的。三岛教授的性格很可爱，还自嘲他那天方夜谭的理论。

主任笑着指着我道："应该还行，不然问问她，我们院的实习生，她要是能听懂，应该也没什么问题了。"

我惭笑道："感觉也不是很天方夜谭，三岛教授提出的精神干细胞，也许可以和吴教授他们的计算精神医学研究合在一起做。"

圆桌上安静了片刻。我更窘迫了，以为说错了，赶忙找补："虽然不存在精神干细胞，但通过计算机模拟神经网络，找到患者精神症状相对应的脑区，再做针对性的神经干细胞移植，好像也不是不实际？就是生物认知取向上的从脑部微观环境改变精神行为，只是过去限制比较大，但通过计算机模拟神经元网络，只要数据量足够庞大和真实，应该能覆盖更多精神病种？不过这涉及神经干细胞移植，还有伦理问题，我就不懂了，只是乍一听随便想的⋯⋯"

桌上沉默了一会儿，我发现刘医生的面色有点难看。我不明所以，德国心理学教授对我说了句话，翻译告诉我："他说，七年前，有个人跟你说了一样的话。"

之后闲聊时翻译告诉我，"精神干细胞"这个词，就是那个人提出的，也是他把三岛教授请来的。

我问:"是那位齐教授吗?"

翻译一愣,道:"你知道他呀?"

我摇头说:"只是听你们好像在聊他,他现在在哪儿,怎么这次没来参会?"

翻译说:"不知道,可能退休了闲云野鹤去了吧,那位齐教授一向是个不按常理出牌的主儿。"

讨论一直到晚上才结束,院长和主任带着教授们去吃晚饭,我收拾东西回医院。刘医生一直冷着脸,不理我。

回到医院,我立刻打开电脑,搜索前几届的国际精神卫生学术交流会。

齐教授,姓齐,我无法不多想。

前几届的国际精神卫生学术交流会是在精卫总院办的,主持是总院的前院长,前年离职的,叫齐志国。

我战栗着输入这位前院长的名字,点开他的照片。

是齐素。

我瘫在椅子上,半天没有回神。齐志国,精神卫生中心总院的前院长,现在是分院的入院患者,改了名,叫齐素。

虽然早就知道他的身份肯定不简单,拥有这么厉害的咨询能力和如此庞大的知识量,人必定不平凡,可真相还是让我震惊。

愣了许久后,我开始查他的资料。筹码,我需要筹码,能被我掌握在手里,支撑我跟他对峙的有什么?

我有些急,键盘按得很响,除了他具体的入职时间和在职时的一些贡献,只有一段视频,是他年轻时,大约三十出头,带领着一众精神科医生在做宣誓。有患者哭倒在他面前,连声感谢。他那时笑得明媚,我很难把现在这个深沉的齐素,和视频里阳光感性的齐志国联系在一起。

视频下方配着齐志国的词条介绍,里面有一句他的座右铭:我的梦想,是活在一场浩瀚的阴影里。

我盯着这句话许久,它戳中了我。这十几年间,到底发生了什么?

我又去搜他的学术论文,找"精神干细胞"这个词。翻译员说这个词是他提出来的,前几年的学术交流会都是他在主持,也是他把三岛教授与那位德国心理学教授网罗来共同研究这个问题,可奇怪的是,依然什么都没搜出来。

齐志国的论文里没有一篇和"精神干细胞"相关,也根本找不到这个词。他的论文很少，像被人清理过一样，剩的都是比较久远的他学生时代的论文。

我有些泄气，怎么可能呢？凭他的成就，怎么会半点信息都没有。

我更改检索词，一遍遍找，终于找到一篇有关神经干细胞和计算机神经网络模拟的交叉研究，看到作者的名字，我愣住了。

刘祀。

刘医生的名字叫刘祀。

论文是五年前发布的，是一篇硕士毕业论文，指导导师那一栏写着：齐志国。

我心跳如雷。刘医生，是齐素的学生，他和韩依依是同门！他们早就跟着齐素在研究这个项目了。可刘医生和韩依依对待齐素的态度完全不同，韩依依尊敬崇拜他，刘医生却对他避之不及，为什么？

我开始搜索刘祀的名字，加上关键词"神经元网络"。出现了几篇相关论文，都与神经干细胞移植对精神症状的作用相关，但指导老师那一栏，再没有出现过齐志国的名字。五年里，刘医生一直在独立做这项研究。

发生了什么？是齐素发起的这个项目，为什么他从这个项目里消失了？

我开始胡思乱想，会不会，齐素出现在这里，是为了收集患者的大样本？精神病学神经元网络模拟研究，需要大量真实可靠的患者实验数据。

他是不是打算跳过灵长类动物实验，直接在人身上模拟？这是违反伦理的！

可他也接触不到设备啊，况且这已经有刘医生在了，他没必要亲自来，刘医生和他是对立的。

"你在查什么？"

身后出现的声音吓了我一跳，网页已经来不及关了，是刘医生。

我索性也不找借口了，转头，问他："你是齐素的学生？"

刘医生不说话，沉着脸，将我的电脑关机了。

我问："齐素为什么会在这里？"

刘医生回答："他病了。"

我继续问："他为什么病了？"

刘医生说："这是主治医生该查的，你不是。"

我问道："他为什么不再继续研究'精神干细胞'了？发生了什么让你和他分道扬镳了？"

刘医生说："根本没有'精神干细胞'这种东西。"

我盯住他问:"没有为什么你还在独自研究?他离开之后,这个项目就是你和吴教授他们接手了,你在继承他的思想!我记得你之前好像是要读博的,都申请了,后来放弃了,和他有关吗?你申请的是齐素的博士生吗?"

刘医生看着我说:"穆戈,不要挑战我的耐心。你再这么不务正业不听指挥,我真的会挂掉你,没有医院会要一个不受控制的实习生。"

我也直视着他问:"韩依依和你一样,都在阻止我接触他,你们宁可做坏人,你们在怕什么?"

刘医生一顿。

我说:"我和他真的很像吗?"

虽然看不太出,但刘医生的面部有些微僵硬。

我观察着他的表情,缓缓道:"你年轻时,一定崇拜过齐素,很正常。见识过他的浩瀚,很少有人能逃离。他提出'精神干细胞',找到从生物认知角度去实践它的方法时,你一定觉得那是天籁,认为找到了毕生努力的方向。那个时刻,即使你和齐素分裂了这么久,每当回想起,依然会是你人生的高光时刻。直到今天,你在会后讨论上,听到我无心说出了和他当年说过的一模一样的话,你才惊觉,那个高光时刻,有多高光,就有多可怕。齐素的阴影没有过去,它重现了。"

我深吸口气,继续道:"刘医生,你是不是,怕我?"

刘医生猛地瞪住我,我却从他的瞳孔里见到了一个年轻时的齐素。

我盯着他瞳孔里我的倒影,问:"齐素曾比我还陷得彻底,对吗?极致共情,他比我宽厚,比我有力量,比我强大,救过数不清的人心,却依然堕入了阴影。你亲眼见证了一场毁灭,这毁灭波及了你,打击了你的信仰,把自己从他的光环里剥离,很艰难吧,我知道那种感觉。"

"一直以来,你可能不是在看我,而是在看另一个他,看一个你还有能力为他,做你想象中的弥补。你觉得这样对我公平吗,刘医生,我凭什么是齐素的替身?"

我承认我有点卑鄙,切入了一个奇诡的角度,但它显然是有效的。倒不是刘医生真的中招了,我不过是仗着他善良,一个总显得冷漠避事,却心怀着全人类的"精神干细胞"的人,如何能忽视一个控诉他虚伪伤害的人。

我看着他说:"我不是齐素,我和他不一样。"

刘医生沉默了许久,才道:"好,那你回答我一个问题。"

我问:"什么?"

刘医生说:"一个快乐王子,和一个痛苦王子,他们被指控犯罪,但他们是被冤枉的,有一个办法,只要能鉴定他们其中一个有精神障碍,这项指控就可以对他们两人都失去效力,如果你是那个鉴定者,你会选择哪个来鉴定?"

我一愣,这没头没尾的化名问题,我说:"……两个人都鉴定,实事求是,不可以吗?"

刘医生盯住我问:"假设不可以,你的第一感觉,回答我。"

我想了会儿说:"快乐王子,是在被指控犯罪后,依然快乐吗?"

刘医生回答:"对,选谁。"

我说:"快乐王子。"

刘医生肉眼可见地松了口气。他给定的有限条件下,这个问题问得其实是,我觉得这两个人里面哪个人有病。鉴别精神障碍中很重要的一点,就是看现实和精神是否统一。一个人被指控犯罪,但他是冤枉的,提出鉴定一说,必然是希望脱罪的,但他在被指控后依然快乐,他的情绪与现实是不符的,可能是有精神分裂或者反社会心理。

我继续说:"快乐王子,是无论有没有被指控,都快乐吗?否则为什么要叫快乐王子?痛苦王子,是无论被指控与否,都痛苦吗?你用了很抽象的词,王子,形容的是全态吧,而不是某种特定情况下的状态?"

刘医生沉默片刻道:"是。"

我点点头说:"那我选痛苦王子。"

刘医生僵在那儿。

我补充道:"一个人如果本身就快乐,为什么还要去鉴别他有没有病?需要帮助的是痛苦的那个。"

刘医生说:"这是司法精神鉴定!"

我耸肩道:"你不是要我回答第一感觉吗,就是这个。"

精神科医生有时会陷入一种经验论的傲慢里,这种傲慢是,连一个人的快乐都要去审核,没必要。

刘医生深吸口气,说:"如果,为了救他,必须鉴定他为精神障碍呢?"

这问题有些诡异,我下意识道:"牺牲一个人的精神就是在救他吗,肉体和精神里,你凭什么觉得快乐王子会选择肉体?"

刘医生脸上浮现了骇人的情绪,我从没见过他这种表情,以至于我愣在那儿,一时不敢说话。

他退后了一步，冲我道："从现在起，停止你的一切好奇。我不是在征求你同意，这是作为你上司的命令，否则我会立刻向学院报告，遣送回你。"

我不明白他情绪大变的原因，但似乎又有点答案。

"这是真事是不是？齐素也这么选择了是不是？"

刘医生怒道："我说了！别再问！"

他走了，有些慌不择路。

刘医生这里的线索断了。我隐约觉得快乐王子和痛苦王子的选择，可能是齐素的筹码，但刘医生拒绝再提供给我任何信息，甚至想把我调去康复科，还好主任没同意。

我日渐焦虑，想去问裘非，看他知道什么，但我和他太亲近了，他不会愿意跟我倾诉这些。从他隐瞒我与齐素的私交就可以知道。

我得找一个，与我不亲近，但对我可能会有倾诉欲、泄罪欲的人。

我联系了小刻带我去找小翼，那位纵火案的受害者，一个初中生男孩，乔郎为他放了一把火。

到小翼家门口时，我问小刻："他父亲还跟他住在一起？"

小刻说："对。"

我皱眉，小刻道："这个事情很复杂，官司都要打很久，毕竟小翼除了他父亲没有其他监护人，只能暂时先住在一起。公益律师那边有人会定期上门检查小翼有没有伤势的。"

我们进去，小翼和他父亲正在吃饭，吃的是外卖。他父亲看到我们很不耐烦，似是被这段日子的"骚扰"整恼了，但小刻穿着警服，他不敢发泄出来，兀自烦躁，手不停地摸着后脖子。吃完饭，他直接回了房间，门关得很响。

我注意到一个细节，他离开桌子时，蹭到小翼的筷子，差点落地上了，他眼疾手快地接住，看了眼小翼，小心地放了回去。

小翼很有礼貌，给我和小刻倒了茶。我问他："现在去上学了吗？"

小翼摇头道："看到同学会有点害怕，所以暂时没去。"

纵火案之前，小翼是被父亲监禁在家不让上学的，常年的家暴使他产生了阴影，恐惧见到人群，这些都说得通。

小刻担心地询问了一些近况，我起身，在屋子里转悠。地上有点白乎乎的印迹，我看了看几个烟灰缸和垃圾桶，再去厨房转了转，要进小翼房间前，被他喊住了："姐姐，过来坐吧，我房间好乱。"

我坐回去，和他随意地聊天。我看了眼小刻，小刻按照我之前交代的，坐近了点，拿出打火机，点燃一支烟，抽了一口，才假装后知后觉地问小翼："不介意我抽烟吧？"

小翼摇头，很温顺。

我忽然问："小翼，你不怕火吗？"

小翼一顿。

我说："他刚刚用打火机，你没有避开，你经历了火灾不久，连见到人都会怕，见到火却不怕吗？"

小翼低着头说："怕的，忍着。"

我点点头，下巴指着一边的地上，说："这些白乎乎的是干粉吗？"

小翼沉默。

我说："火灾到今天两个多月了，屋子里其他东西都收拾好了，那天灭火用的干粉还没擦干净？"

小翼眉眼微垂，没说话。小刻缓缓皱眉，反应过来我在说什么。之前我没同他说齐素的猜想，小翼也是纵火团一员。

我笑笑说："这些是新的吧，你说你怕火，却在家自己玩火呀？"

"房间里藏着干粉吗，所以不敢让我进去。"

小翼抬头说："姐姐你在说什么？"

小刻已经起身，直冲进小翼房间，我和小翼在客厅对视着。这一刻，我笃定了齐素的说法，这孩子太冷静了，故作费解的目光里，有火光在跳动。他觉得刺激。

我指着桌上的烟灰缸说："客厅里就有三个烟灰缸，缸底已经烫糊了，是常年使用的痕迹，但现在烟灰缸里却很干净，没有一点烟蒂，显然已经不用了。这些是你爸爸的吧，他有暴力冲动控制障碍，一般都伴随着强烈的物质成瘾，也就是烟瘾，他是怎么戒掉？今天我们来，他受到压迫，焦虑万分，一直在摸后脖子，焦虑时烟瘾会放大，他是想抽烟的……但他不敢，是吗？"

小翼没说话，直直地看着我。

我问："他为什么不敢？他都能把你囚禁在家里主导一切，他在怕什么？"

"小翼，其实怕火的不是你，而是你父亲。他眼见你在家玩火，一次比一次烧得大,恐惧逐渐升级,他怕到连烟都不敢点,你们家灶头也不开火了,吃的都是外卖……或者更准确点说,他怕的不是火,而是你。"

小翼的脸上既没有被冤枉的讶异,也没有被拆穿的窘迫,他坦荡荡地盯着我,直白得令人心生凉意。

我弯起眼睛说:"开心吗?终于有人发现你了。"

"一直以来,不是他在控制你,是你在控制他,控制他伤害你。他每伤害你一次,每见血一次,对你的愧疚就会更深,就会更好拿捏。大概他自己都没想到,他的失控,完全是由你来主导的。"

小翼忽然笑了,说:"姐姐想说什么呢?爸爸是爱我的?"

我没说话,小刻从小翼房间出来了,皱眉摇头道:"什么都没找到。"

小翼的笑容又天真起来,我盯了他一会儿,说:"小刻,你先出去等我。"

小刻看了我们一会儿,出去了。

我说:"直接点吧,周翼,没有碍事的人了,朝我炫耀吧,你都做了什么。"

小翼笑而不语。

"乔郎进监狱了,齐素无法联系了,只剩一个不太好用的父亲,你其实挺郁闷吧?没人欣赏你了,你运气多好,把我盼来了。"

他还是不说话,我继续道:"你不去上学,自然不是因为害怕同学……噢,倒也算害怕,你怕你一见到那些阳光乐天不知阴暗的同学们,就会忍不住烧了他们是吧。"

小翼摇摇头说:"没有阳光乐天,都是群傻子。"

我点点头说:"没想到同学才是你的开关,倒比我想的幼稚一点。"

小翼眯起眼说:"姐姐,我爸爸还在家呢。"

我说:"警察就在门外,我喊一声的事,你拿这个威胁我,更幼稚了。"

小翼愉快地笑出了声,我的脸冷了下来,说:"说吧,齐素,我想知道他的事。"

小翼挂上明知故问的面孔问:"齐素?那是谁?"

我说:"齐志国,你们纵火团队的心理医生。"

这只是我的猜测,齐素与乔郎和小翼都有联系,两人都是纵火团队的,有这么巧吗,他是否和整个纵火团队都有联系。

小翼问:"你是说,β吗?"

我一顿,问:"β,他对你们都用了这个代号。"

小翼说:"我对他一无所知,他对我倒是了如指掌。"

我问:"一无所知?他是怎么找上你的,乔郎又是怎么参与你们的,这些你总知道吧。"

小翼反问道:"我为什么告诉你?"

我沉默着和他对视,思索筹码,他忽然伸出手,打开,掌心躺着一只打火机,环形的,有两层,分内圈和外圈,上面的图案是蓝色的,扩散型,外壳上刻着两个字母:XX。这个设计有些眼熟,但我一时想不起来。

我正在看那打火机,就听小翼笑道:"你用它烧我,烧痛我了,我就告诉你。"

他的目光满含天真,语气与先前请我喝茶时毫无差别。

我冷眼看了他许久,说:"你就是这样控制你父亲的。"

小翼不语,把手和打火机都朝前递了递,期待又嘲讽。

"好。"我接过那打火机。

打着,出现的是蓝色的火,很美。我几乎有瞬间也要沉醉在这打火机的设计感里了。小翼苍白的手递到我眼前,他在期待这把火烧到他手上,只要烧上去,我就是他的了。

我熄了打火机,从口袋里拿出一支小的手电筒,打开,照去他的眼睛:"这把火,痛了吗?"

看到这支手电筒,小翼面色变了。灯光照在他眼里,把他的瞳孔都打白了,配上他嘴角来不及收回去的笑意,和难掩惊异的愤怒,看着有些恐怖。

小翼问:"怎么会在你这。"

我说:"乔郎送我的。"

小翼说:"不可能。"

我笑:"这么笃定?你都已经抛弃他了。"

这支手电筒,是当日小翼送给乔郎的,作为替他放火的赏金。乔郎特别宝贝,他入狱后,警察在他家搜到了,本来在物证科,我托小刻申请拿了出来。

小翼看了我许久,目光阴晴不定,而后渐渐平静下来,又露出天真的笑容,他说:"如果一条狗,因为被我抛弃就忘了我,那他不配做我的狗。"

我一愣,随即涌上些难遏的怒意,思绪在这怒意里越发清晰,问:"这是谁教你的?β?乔郎是你的狗……你找上他,是不是因为,你觉得父亲这条狗,越来越无趣又难以控制,所以,要换一条听话的?"

小翼笑得古怪,古怪里又有些得意,似乎把我的质问当做了欣赏。他用小鹿般纯真的眼神盯着我说："姐姐，你不觉得奇怪吗，为什么你总能猜中……因为你跟他想的一样，你们是一类人。"

这句话对我的杀伤力是巨大的，我可能面色有异了，根本无法控制，愤怒和恐惧交相升起。这一刻我忽然明白了，为什么乔郎会认出我，知道我认识齐素，他们，都在我身上看到了那个人的影子。

小翼开始说了，他遇到乔郎的那天，β正在他家给他做心理咨询。他们的咨询，经常是隔着阳台的栅栏进行的，β站在外面，他在里面。β了解他，小翼喜欢被关着的快感。

正聊着，β忽然停下来，转头远远地看着一个人。小翼顺着看过去，是一个走得略有些跌撞的青年，是乔郎。

β看了那青年一会儿，转头笑着问小翼："你想拥有一条永远对你忠诚的狗吗？永远属于你，肯为你牺牲的狗，比你父亲好用得多。"

小翼点头，β从怀里拿出一支手电筒，递给他，诱哄般指着远处走来的那个青年："打开它，照亮他，这个人，就是你的了。"

说完这句，β离开了，藏去了一处。小翼眼睁睁看着这个像是忽然失明了的男子，走到他家阳台的附近，跌撞着摔在了地上。这一刻，他亮起手电筒，朝他打了过去，在大白天，为他点亮了一盏灯。

我听到这有些难以呼吸。乔郎患有严重的疑病症，双目没有器质性疾病，却总在经历间歇性失明，且正在堕入永恒黑暗，永远失明。他痛苦的无人理解的前十八年，以那一刻为转折，乔郎把这道大白天为他打来的光，当成此生唯一的奇迹，是他相信神存在的时刻。

可他如何知道，这神迹，竟是被刻意安排的陷阱。

这支作为赏金送给乔郎，他珍惜至极，让他完成了生命最后一把救赎之火的手电筒，其实是他的心理医生恶意而迂回地送给他的一把刀，插入他的天真和绝望里。而他直到被抓住，在审讯室的最后一刻，还在为撇清小翼的嫌疑而努力，揽下所有罪过。

这个世界，果然不存在奇迹，也不存在神。

我难过极了，万分心疼乔郎，小翼还在笑着诉说他的驯狗论。

我快速思考，乔郎遇到小翼时，已经和齐素有接触了，那时齐素就已经是乔郎的心理医生，是他一步步怂恿鼓动着乔郎完成纵火。后来，乔郎和小翼又隶属于同一个纵火团队，所以，齐素，是在四处网罗纵火者，将他们聚集起来。

或者说，他在为纵火团队吸纳成员，让他们彼此之间产生无法割断的联结。

所以那天乔郎来到小翼家那条街上，进入突发性失明，可能也是齐素引导的。他知道乔郎的失明复发期，他要乔郎在那个状态下遇到小翼。

我的脊背一阵发凉，聚集纵火者，纵火，齐素到底想做什么？我记得当时分析乔郎陷入死局时，齐素曾提醒过我，觉得混乱，就回到原点去想。原点，火的原点，眼睛，呼救，他是想引发社会事件，吸引目光吗？包括他在精神病院做的一切，他要烧掉点什么，一些常人的"良知"？

有一瞬间，我好像捕捉到了他要做什么，一种通感，我立刻停止，不敢再想下去。我不能再共情齐素了。

我问小翼："所以你家的那场火，是乔郎放的，还是你放的？在自己家放火，你比他得心应手吧。"

小翼回答："他放的。"

我一阵心痛，说："你知道，当他放火烧你，他就彻底是你的了。"

像他的父亲打他，像他要我烧他。

"这也是……齐素教你的吗。"

小翼没回答，他岔开了话题，道："但是姐姐，有件事你误会了，我爸爸打我，不是因为他爱我，他只是单纯地害怕我，怕我变得和妈妈一样。我妈妈是个变态，我身上有她的基因。"

我不说话。

小翼说："你不好奇吗，为什么不问。"

我面无表情道："我不在乎你是怎么来的，你有多悲惨的过去，你身体里流着人还是兽的血，我只想知道 β，不用跟我说别的，我不关心。"

小翼顿了片刻，开始笑，笑得阴森。

他是反社会人格，擅长欺骗和表演，最会博取同情。他没有真正的情感，他对你表现痛苦，只是为了让你听话，他并不真的认识痛苦。他还有虐待狂倾向，同时具备虐待和被虐待的渴望，我对他越残忍，他对我越是渴望。

果然，他的话匣子打开了，像是要吸引我的目光和赞赏一般，说了仅有的他所知道的 β 的信息。

β 是有一天忽然找上他的，在他用干粉灭了家里的一小撮火之后，他站在阳台外，轻轻喊他，说火太小了，要不要出来放。

小翼走去阳台，看了他一会儿，问："你也玩火？"

β摇头道："我喜欢看人玩火，有时候目光，就能让火变大，很大，烧你烧不到的东西，你这太小儿科了。"

小翼把手伸出栏杆说："那你敢烧我吗？"

他像看所有愚蠢的大人那般看着这个来招惹他的男人。

β就笑说："这招其实没那么好用对吧。"

β没有烧他，而是拿出了打火机，打出了蓝色的火，然后烧了自己的手。

小翼眼睁睁地看着他面目狰狞地烧伤自己，然后把那只蓝色的打火机，递到他伸出的手上，说："痛了吗？"

就这样，β烧了自己，但小翼，是他的了。

我愣在那里，所以齐素掌心的那道疤，是这么来的。我举起小翼给我的那只打火机，这只打火机是齐素给他的，我再看它外形的设计，忽然心中一动，这打火机的设计，像是……细胞，干细胞！

我被吓住了，差点拿不住，各路线索正在逐渐串成一条。

那这上面的两个X是什么意思？缩写？

之后，无论我再怎么追问纵火团队的事，小翼都没再给出什么信息。他好像真的不知道。整个纵火团队之间，没有真正的联系，他们通过一个枢纽达成合作，这个枢纽可能是齐素。齐素入院之后，这个纵火团队的犯罪率逐渐下降，渐渐变得没有组织性。

但这些只是猜测，对于β，小翼知道得很有限，从他的说辞里，也无法判断齐素有没有切实犯罪，包括教唆。

问话终止，离开前，我对小翼说："基因不能决定一切，别为恶找借口，也别说服自己是被创造出来的恶，我见过远比你悲惨的基因，他和你不一样。"

"周翼，你把这世上最后一个真正关心你的人，送进监狱了，我祝福你孤独到死。"

小翼对这句话没有反应，反而对我笑嘻嘻道："你放弃吧，你抓不住他的，你能抓住火吗？"

这个他指β。

我沉默良久道："被烧的人，可以。"

出去，小刻蹙额而立，关了和我通话的手机，他全听到了。

我说："我没录音。"

小刻说："录了也没用，偷录的不能作为证据。"

我问："你们要怎么抓他？他才十四岁，不满十六岁，也不能判刑吧。"

小刻回答："看情节恶劣程度，去少管所……从他爸那边下手吧，他爸也快撑不住了，能说动，就是个证人，还有乔郎。"

说到乔郎，我心里又一痛，说："乔郎那边，我去说吧。"

告诉他这一切，对他来说，也许是比他永坠黑暗更可怕的事。

小刻说："周翼的母亲……"

我说："也是个纵火犯，我看过档案，在过年的时候烧死了老家的人，周翼和他爸没去，逃过一劫。"

小刻皱眉道："犯罪的基因真会遗传？"

我说："基因不会直接导致犯罪，周翼的恶，和他母亲关系不大。"

小刻看了我一会儿，说："你和我第一次见到时相比，没那么圣母了，搁以前，你可能还想着普度这孩子。"

我失笑，茫然道："本来，对所有人共情，就是个笑话，我又不是耶稣，共情恶的人，会失去善的立场。"

像他那样。

回到医院，刘医生气势汹汹地找来了，责问我道："不是让你别再管这些事吗？你为什么还去找小翼？"

我说："你要么直接开除我吧。"

刘医生几乎要抓狂了。我拿出那只打火机，给他看，他没什么反应，问："这什么？"

他没认出来，所以，这个"干细胞"，和刘医生的项目无关。

我提示道："你觉得它像什么？"

刘医生的目光从混沌到清晰，他皱眉道："……细胞？"

我说："这是齐素送给那个纵火犯的。"

刘医生大为震惊，脸色变了。

我坦白道："齐素已经对裴非下手了，唆使他做了一些事。"

刘医生一时说不出话来。

我有些激动道："你还不告诉我吗？无论怎么样，这件事我已经摘不出去了。他动裘非，是在威胁我。这些线索，包括小翼，都是他透露给我的，他一步步让我了解到现在，你觉得，他会没有算到，最后，我会从你这得到真相吗？"

刘医生立在那，沉默了很久，似乎很纠结。

我问："齐素，为什么退出了精神干细胞的研究？"

良久，刘医生才妥协般开了口。七年前，他跟着齐素做项目，第一次接触了他提出的"精神干细胞"学说，刘祀研究的是生物认知取向，他没想到齐素能把这个天方夜谭的假说做成这个方向，通过神经元网络模拟和神经干细胞移植，解决外显的精神问题。让他惊艳极了，他成了第一批跟着齐素做这个项目的学生。

项目研究的第三年，齐素忽然决定放弃。刘医生不理解，虽然进展很慢，但实践一个假说本来就需要时间，刘祀是看到希望了的。

他在这件事上和齐素产生了分歧，刘祀不愿意放弃，他们争论了好几次。

齐素告诉他："小刘，你还没明白吗，关键不是个体疾病的治愈，精神癌症的关键，不在脑子里，而在于关系。你今天治好了他的脑子，一旦把他放回社会里，关系的癌症，就会再将他破碎掉。这个世界需要的是关系的干细胞，我们放错重点了。"

"你能切断他的病，但切不了源。你给他植入干细胞的速度，远远赶不上这个世界毁灭干细胞的速度，他总要经历各种各样的目光，健康的人都能被目光所燃烧致病，何况一个堕入过深渊的人。你治好了他，满足了你的施展欲，可当他再度被目光和关系撕裂时，你能为他的绝望负担什么？"

"我没有放弃'精神干细胞'，而是，该启动真正的'精神干细胞'研究了。目标不是患者，而是，常人的目光。"

"干细胞源于胚胎，那么'精神干细胞'，应该源于关系的胚胎，我们该做的，是替这世界重塑一场分娩，让那些所谓的常人，和他们的目光，习惯精神病。当人群中的大多数都是患者，当他们不得不承认自己与患者其实是同类，'精神干细胞'才是真的成了。"

听到这，我有些震惊，齐素所说的真正的"精神干细胞"，脱离了生物取向，是抽象的精神干细胞，他和刘医生完全相反了。一个想做精神实质化，一个想做精神虚无化，一个要把精神干细胞植入患者，而另一个，认为所谓的精神干细胞，应该植入的是世间"常人"。

齐素不打算治疗患者了，他打算，"治疗"正常人。

我愣在那里，久久缓不过来，所以齐素做的一切，是想"疯化"社会吗？我被这个念头吓到了。

那几次争论过后，刘祀自然没能说动齐素，他对齐素的言论大为震惊，意识到齐素的心态已经完全变了，这位过去让他尊敬的老师，不知何时已经走偏了。

齐素果真退出了项目，行为开始趋向极端。过去他有多体恤患者，现在对患者的操纵就有多可怕。刘医生也与他彻底分裂，独自接替了那个项目与合作方联系，直到今年他生病入院，他们才再次见面。

我沉默片刻道："他都这样了，还会在乎生病吗？他入院真的是因为生病？"

刘医生不说话。

我说："你还是没告诉我，他为什么忽然走偏了。他以前那么爱患者，是发生了什么？和你说的那个快乐王子和痛苦王子的问题相关是吗？到底是什么事？"

这次，刘医生沉默得更久，提起这件事，似乎比说齐素都难。良久，他道："快乐王子和痛苦王子，是两个高中生。他们卷入了一起自杀案件，死者是他们的同学，根据监控，他们不能排除嫌疑，可能是在救人，也可能是在动手，但两人的证词一致，都说是在救人。两个孩子彼此间关系不好，基本没有合作的可能，也没有证据能指控他们杀人，警方偏向于他们是清白的，但死者家属和社会舆论不同意，认定了其中一个是凶手。齐素被请去给他们做精神鉴定，当时校方和律师的意思是，只要证实其中一个有精神障碍，判成过失，就能息事宁人，把舆论压下去，两个孩子都能保住。"

我愣了好一会儿才问："认定是凶手，为什么想到去做精神鉴定？这不是常规思路。"

刘医生说："因为他们其中一个，是连环杀人犯的儿子，所有舆论都指向他。"

我懂了："是快乐王子吗？"

刘医生说："对，所以他的快乐在那时更加被无限放大，大家认定他是反社会人格，有作案和欺骗的可能。"

我问："快乐王子，名字是叫谢必吗？"

刘医生愣住了，面露惊恐道："……你怎么知道？"

我的眼前开始出现幻觉，一些块状的黑暗起起伏伏，病区的长廊也变得忽明忽暗，空间骤缩颠倒。

"他死前，见的最后一个人，是我。"

我浑浑噩噩地走在病区长廊，一个声音喊住了我。

"穆戈。"

我抬头，是齐素。

他依旧笑得很慈祥，说："题做得怎么样了？"

我按顺序报了几个名字：裘非，茉莉，落落，淑芬，乔郎，小翼。

齐素说："漏了，你还是不够细致。"

我看了他许久，道："你规划了这么多，没想到自己居然会入院吧，你的精神无法支撑你的行为。"

齐素说："没关系，在这里，我找到了一个完美的人选替我完成它。"

我说："我不会让你动裘非的。"

齐素笑了："我说的是你，穆戈，我亲爱的徒弟。"

"我们太像了，你会认同我的，我对你来说太重要了。"

"别人或许不懂你，但我知道，哪怕我什么都不做，什么都不教唆你，你自己在脑子里，就会把我共情完，包括我的恶。你会在脑子里，实践我实践过的恶，熟悉它，帮我开脱，然后，自己陷进去。"

"反复反复，你是不需要给刺激，就能自寻死路的人，是这个世界所创造的，特定的一种钥匙，一种干细胞，自杀式干细胞。"

"我们这样的人，为什么会存在呢？我曾经思考了很久，终于找到答案了，我们，是世界造出来，修复它的。我们生来就拿着钥匙，体会这世界的精神癌症，再去扩散它。"

我打断他的演讲，喊他："齐志国。"

齐素笑意不减道："我不是齐志国，他是我哥哥。"

我有那么一刻真的愣住了，随即失笑道："哦？好事哥哥做，坏事弟弟做的那种哥哥吗？"

齐素笑而不语。

我反驳他："我没有查到齐志国有个弟弟，你们是一个人。"

齐素说："不，我们不同。"

我说："师傅，我有段时间，也把自己分成两个人，一个是白狼，一个是饲月。白天在这里工作的是白狼，晚上写作的是饲月，她们也是两个人。你说，或许我该管白狼叫姐姐吗？"

齐素笑出了声,像是听到了美妙的东西,他说:"穆戈,我亲爱的徒弟,我们真的很像。"

看着他笑,我却满心悲哀,连恐怖都显得凄楚。

师傅啊,或许我们,都困在同一场黑暗里。

Story-16 快乐王子和痛苦王子

周茂死在周四，下了晚自习之后。

是从男生宿舍的天台跳下去的，宿舍有八层高，不是立刻死的，他摔下去后还撑了一会儿，送去医院抢救了两个小时，抢救无效。

周茂今年高三，再两周就满十八岁了，学习成绩优异，人缘很好，平常是个小太阳一样的人，说他会自杀，没有人信。

周茂的母亲来学校大闹，说孩子不可能自杀，上个周末回家还好好的，有说有笑，非要学校给个交代，说他一定是被人害的。警方来调查，问她这么说有没有什么根据，或者怀疑谁，母亲脱口而出，说是周茂的同学，谢必。

这个怀疑不是空穴来风，因为周茂跳楼当晚，宿舍楼的天台上还有另外两个学生，都是周茂的同班同学，一个是班长，一个是谢必。

周茂跳下去的时候，这两个同学上前拉了一把，没拉住，人还是掉下去了，这一点有监控为证。

能拍到八楼的监控，是警方绕了一大圈，从学校外的一个挨着高栋烂尾楼施工地找出来的，已经算废弃监控了。角度很偏，拍摄得也不怎么清晰，只拍到了这所学校男生宿舍楼顶的一角，正好就是周茂跳下去的位置。但是只堪堪看到两双手，在他摔出去后去拉他。

周茂整个人就吊在天台边沿，晃来晃去，似乎在挣扎，八九秒之后，还是掉下去了。那两双手的主人探出头去看，露出了真容，透过模糊的画质勉强能将学生的身形和脸对上号，正是周茂的同学——谢必和班长。

宿管直到出了事才知道。原来宿舍楼天台的锁一直以来都是摆设，早就被人弄开了，还挂在那装样子，上面有断口，也有化学品腐蚀的痕迹，应该是学生弄的，显然已经很久了。

大晚上这两个学生为什么也在那儿，目睹了周茂自杀？

警察盘问下来，谢必和班长称是去天台放松的，彼此不熟，也没有约定，是分别上去的，三人在天台碰到纯属巧合，宿舍楼底层唯一一只监控拍到了他们分别回宿舍的时间，再结合目击到三人的同宿舍学生的说辞，时间线都对得上。

警察盘问了一圈，周茂、班长和谢必，三人之间都不熟，平常没什么往来，周茂人缘不错，没有听说与他二人发生过口角，快高考了，市重点学校，也没人有这心思吵闹。

经过现场勘探，没有任何争斗痕迹，也做了行为轨迹验定，和两个人说的一样，班长是因为学习压力大，偷偷上去抽烟的。警方确实在他说的位置发现了烟头，有三四根，靠近门口，离周茂跳下去的位置很远。

而谢必是上去运动的，他的右腿残疾，走路跛脚，是小儿麻痹引起的，需要经常运动防止萎缩，于是养成了爬楼梯去天台的运动习惯。他很早就发现天台的锁是坏的，一周会上去三四次，许多学生都看见过，可以作证，谢必说宿管也见过。

事发当日，他是最先上天台的，班长第二个上来，周茂最后，三人的位置彼此离得很远。大晚上，天台没灯，也没人出声，周茂一开始也没有发现他们二人，是在要跳时，两人才上前阻拦。

警方初步判定周茂跳楼是一起自杀事件，和在天台的另外两个学生无关，他们目睹了自杀事件，且施救无效，可能产生PTSD（创伤后应激障碍），需要进行心理疏导。警方将他二人划为了受害者。

周茂的母亲不接受这个说法，歇斯底里，坚持说周茂死得太突然了，遗书都没留下一封，她不相信一向听话懂事的孩子，会死得这么突然，一点交代都没有。她还说监控里根本看不出这两个学生是在拉他，还是扒开他，万一周茂是被推出去的，他抓住了栏杆，却被那两人掰开了手呢。也可能他们一个在拉，另一个在推……

警方将监控还原到了最清楚的状态，依旧无法证实他们是在施救还是在犯罪。因为离得太远，而且烂尾楼施工地的废弃监控红外线功能非常差，夜视效果低微，监控录像本身的像素太低。但周茂是自己先掉下去的这点很清楚。技术人员对他掉出阳台的肢体反应和弧度等做了分析,认为他是主动跳下去的,不是被推的。

周茂的母亲不依不饶,说警方想息事宁人,那两个学生就是有问题,还威胁要把这件事爆料出去。警察自然不理会她的威胁,但还是把她提出的假设排查了一遍,谢必和班长是否有可能合谋杀害了周茂。

两个学生被分开审讯,所有质询都没有问题。他们关系一般,私下也没有联系,不在同一间宿舍,教室里座位离得很远。同学们也口径一致,称两人不熟,翻出两人各自的手机通讯录和即时通讯软件,发现连好友都没加上。就算是合谋,他们也得有渠道沟通吧。

结合一系列现场的勘察结果,警方认为他们确实没有嫌疑,也没有撒谎,只是目击者。

周茂被判定为自杀,自杀的原因没人知道,但一个高三的学生自杀了,谁都能脑补出几个原因来,除了那个失去儿子的女人。

本以为事情过去了,一周后,这件校园自杀事件却在网上发酵了。源头是一张动图,动图里的人是谢必,他在笑,这是周茂死后的第二天早会课,谢必被人偷拍了。那时他刚被警察审讯完回来,从这个角度看,偷拍他的人,显然是他班里的同学。

一个前一天夜里刚刚目睹了同学自杀,且自己动手施救无果的人,在笑。

动图是一组对比,还配上了说明,另一位目击者——班长,精神萎靡,形貌痛苦,已经出现了一系列应激反应。他们认为这才是合情理的状态。

那张动图的讨论度直升,网友认为谢必的状态不正常,周茂的死可能有问题,"蓄意谋杀论"的传言甚嚣尘上。

那段模糊的监控视频流到了网上,网民就那视频讨论出了几种可能,认为这两个施救的目击者截然不同的表现大有文章。

众说纷纭,有人认为那位班长非常痛苦,可能是因为帮助谢必隐瞒了杀人真相,可能是一个推人,一个想拉没拉住,这两个人看起来有问题。

一名自称是班主任的人写了长文,希望众人不要胡乱揣测,谢必和班长平时的性格就是如此。谢必是个很乐观积极的男生,班长就比较严肃,不同性格的人经历同一件事本就会产生不同的结果。

这番话没有起到什么正向效果,不少人吐槽,"是有多乐观积极,同学死在自己手里都还能笑得出来";还有人恶意开玩笑,"若是他自己爸妈死了还能乐观得起来吗"。

这条评论,被一位匿名同学回复爆料:"他爹妈早死了,谢必的父亲是个连环杀人犯。"

自此,讨论热度再掀一层,一件往事又被扒了出来。谢必的父亲谢六刚(化名),十多年前,连杀了五个女童,后畏罪自杀,那年谢必五岁。

当年这件连环杀人案非常轰动,谢六刚是个幼儿园校车司机,他借着接送幼童上幼儿园的机会,先后三次绑了五个女童,并将她们残忍杀害,抛尸在五个不同的游乐园,引起民众慌乱。但最后杀人动机都没查出来。法医鉴定他有精神分裂症,而且有狂热的宗教迷信,杀害女童可能跟迷信有关。

他的杀人抛尸行为具有仪式感,像是在进行什么秘仪。最后法庭判了死刑,谢六刚是在看守所里吞勺子自杀的。

谢六刚的妻子不堪重压,随后就病倒了,不久也去世了。独留下一个谢必,在父母相继死亡后,他发了一场高烧,患了小儿麻痹,腿部残疾了。

当时的舆论都认为,这是谢六刚的报应,报在了他儿子身上,活该。

一晃十多年过去,这个连环杀人犯的儿子卷入了这起校园自杀事件,众人最关注的不是儿子是不是也成了嫌犯,而是,一个连环杀人犯的儿子,怎么可能活得积极乐观?舆论一阵接一阵,要推翻警方的判定,认为谢必遗传了他父亲的精神病,是心理变态,学生周茂的死亡和他脱不开关系,就是他推的。不然怎么会笑?警方没问出他什么来,他是在高兴自己脱罪了。

这张动图显然是谢必的同学偷拍了放出来的,看来他和同学之间也并不和睦。果然,没几天,又一位匿名同学发了长文,文里什么都没写,只是罗列了一长串谢必的成绩单,包括近期的模考和一些奥赛的奖项。谢必的成绩拔尖,这一长条晦暗不明又意有所指的成绩单立刻掀起又一波舆论。

爆料的同学虽然什么都没说,但透露了一种信号:一,同学和谢必的关系不好,否则不会接二连三地有人爆料,他人品可能有问题;二,谢必因为成绩好,学校想保他,提高升学率。班里学生在接受警方询问时,可能已经被校方和老师授意,模糊掉了谢必和死者周茂之间的真实矛盾;三,也是最重要的一点,成绩单最后,用红笔标出了谢必即将去参加H大的保送冬令营。细心的人立刻扒出来,周茂的保送志愿和他是同一所学校,也要去冬令营。

于是,杀人动机有了,谢必和死者可能存在竞争关系。有记者摸去了学校,不知使了什么法子,真的找到一个学生做了五分钟的采访。那段采访视频非常抖,为了隐匿身份,当事人打了马赛克,声音也用了变音,只知道是个男生,是谢必和周茂的同学。那男生走得很快,似乎并不想受访,记者就在后面紧追。追得烦了,那男生才骂了一句,是不是要他死,这么拍他要是被人惦记上了怎么办。

记者一听有料,哪里肯放过,直追了那男生一条路,追到学校外边的街道,问他是怕被谁惦记上?是谢必吗?你很害怕谢必吗?问题一个接一个,一个比一个犀利。那男生受不了,骂道别问他关于那个神经病的事。记者又缠了良久后,得到了一段背对着镜头的吐槽。

男生说谢必会笑不奇怪,他就是不正常,脑子有病,总是很开心的样子,很瘆人,一个杀人犯的儿子,又是残疾,成天有什么可乐的。他养父母也不是好东西,好赌还家暴,有回闹到学校来,举着刀要砍他,他就站在那儿也不躲。保安把人弄出去后,他居然若无其事地跛着脚在那儿逗蝴蝶,太膈应人了。不是"傻子"那种膈应,他聪明得不行,人也清醒,就是这样才像个变态。就这次的事,班里同学死了,早会课所有人都很沉重,有的女生在哭,就他在那边笑。班里没有人喜欢谢必,都不搭理他,他爸是杀人犯,自己又不正常,谁都怕被他传染,班长尤其讨厌他。男生说班长虽然平常就不苟言笑,总是一副很难过痛苦的样子,看了也烦,但这次是真倒霉,跟谢必扯到一个案件里去。这两个人是不可能合作的,班长厌恶死他了,比谁都厌恶。

采访一经公布,又引起一阵讨论热潮,这下子,谢必的动机有了,变态人格也有了,这起校园自杀事件可不就是谋杀案?!更多的人把焦点放在谢必的快乐上,认为这不可思议。谢必的家庭关系被扒出来,父母都死后,他被一对远方亲戚收养,拿了政府拨的一笔抚养费。这对养父母好赌嗜酒,经常家暴,根据邻里的消息,养父母脾气上来经常指着他鼻子喊他杀人犯的种,在这样的环境中长大的谢必,为什么会快乐?

他是个残疾,又是个连环杀人犯的儿子,还终日被家暴侮辱,被同学孤立厌弃,但凡一个精神正常的人,怎么可能快乐?凭什么快乐?而且居然还能分出精力学习优异,这哪里正常?这就是个高智商的心理变态。

警方也没想到最后舆论居然集中在这方面,人们甚至给警方施压,要求重新调查还原真相,谢必的精神状态太可疑了,即使不是蓄意谋杀,也有冲动杀人的可能,这可是个精神病！谁能理解！有人直接喊出："犯罪基因是会遗传的，谢必很可能也是杀人犯，赶紧处理了吧。"

谢必的身份——一个连环杀人犯的儿子，让这件早就该结案的自杀案风云迭起，始终无法平息。当年查不出原因的女童抛尸案，到今天都没有结论，受害者的冤屈，人们的愤怒，只能随着那个杀人犯的自杀咽了下去。当年的憎恶通过这次的事件再次得到了宣泄。

周茂的母亲在知道了舆论后，更是在网上大做文章，煽动网民，博了一番同情。不少人接受了周茂不可能自杀的说法，对谢必更加恶意。

学校的家长群也沸腾起来，希望校方开除谢必，至少隔离他，让他远离正常学生。有些家长因为过于担心，开始为孩子办理转学，半个月后，学校转走了五个学生，而越来越多的人蠢蠢欲动。

高考将近，对于高三生来说，这种变动，实在伤害很大，学校人心惶惶，谢必的座位被单独调到了最后，垃圾桶旁边，就这样还有学生不满，说总感觉被他盯着，脊背发凉。

记者找到谢必养父母家时，那房子已经出租，这对败家夫妻早把房子赌没了。出了这事，最惨的是房东，好些人退租了，短期内也不可能找到租户，他甚至还被当成谢必的亲戚遭骂。

他找记者哭诉，连连大骂这一家三口，那对养父母甚至还回来，恶意地在门上涂了几个大字：要打要杀找谢必，替杀人犯养孩子不是我们愿意的。

这番话引起不少嘲弄：

"不愿意你们倒是把当初拿的政府抚养费吐出来。""一家子都又蠢又坏又贪，都他妈有病。""自己亲戚都要扔掉他，可想而知谢必有多坏。"

警方再次调查。先前确实被误导了谢必与死者的真实关系，校方隐瞒了两人要去同一个冬令营的事情。可这案子无从查起，除了一个模糊的监控，所谓"犯罪动机"，两人的证词和行迹都毫无疑点。

这案子的特殊点，在于有且只有两个目击者。班长和谢必同为目击者，并且互为证人。这二人处在一个扭点，可以通向两个极端，要么他们说谎了，被对方揭穿，要么他们将成为彼此谎言的壁垒。一旦这两个关系恶劣的目击者言辞一致，可信度是很高的。

换言之，如果确实有内幕，这二人是突破的关键。

而这两个目击者证词一致，却显出了截然不同的反应，一个愉快，一个痛苦，确实有些可疑。但无论是单独审讯或者共同审讯，警方依旧没从他们口中得出什么值得怀疑的东西。

警方试图维持原来的判断，周茂是自杀，但在公布时，措辞更多侧重了审讯内容，而模糊了结论。案子的关注度日益增高，警方在最终确定之前，不敢过于绝对。

众人就公开的部分，提出了诸多怀疑，从一份毫无问题的证词中看出了好些个"阴谋论"，却鲜有人承认证词毫无问题，是因为两人说了实话。他们对证明其中有问题抱着空前绝后的热忱，一个个分析得头头是道，横空出世了无数的"福尔摩斯"，这已然成了一场全民狂欢。真实是什么，不那么重要了。

谢必因为反复被审讯，错过了H大的冬令营，保送资格没了。人们欢天喜地地庆祝。

舆论开始聚焦于两个学生的精神状况，要求对这两个目击者进行精神鉴定，以判断他们的目击证词是否有效，一个过分痛苦，一个过分快乐，都不太正常。有人提出周茂之死，即使不是蓄谋杀人，也可能是冲动杀人。精神病人的心理不稳定，看到一个站在天台边的人，很可能产生恶意冲动，突然就发疯推了他，人掉下去后恍然清醒又去捞，在捞的过程中又恶意冲动把手松开。另一个救人的目击者因为害怕被疯子报复，所以被迫撒谎，导致痛苦不已。也有人提出痛苦的那个是因为杀了人而愧疚，被快乐的那个抓住了把柄，以此要挟，何况两人的关系本来就不好。

诸如此类毫无根据的猜测层出不穷，关键是警方无法否定这些猜测，言辞激烈者甚至认定两人中必定至少有一个精神失常，目击证词不可靠。虽未指名道姓，说两人都有嫌疑，看起来很客观，但矛头大多是指向谢必的。谢必事后的笑容动图，匿名同学采访中提到他随时随地都很快乐，已经把谢必的人格不正常显露无遗。

一个在那样扭曲痛苦的环境中长大的残疾人居然这么快乐这一点，是很多人诟病的核心，况且谢必身上本就背着另一条更恶性的怀疑——所谓"精神病会遗传，犯罪基因会遗传"。对谢必进行精神鉴定，是被迫，却也是合理的。

精神卫生中心的副院长，齐志国，是这个时候被请去给谢必做精神鉴定的。见到两个学生时，齐志国先是朝班长走去，然后被警方提醒，需要鉴定的是旁边那个，谢必。齐志国观察了一会儿,指着班长说:"他看起来更需要帮助。"

那会儿齐志国还没有明白这次鉴定的意义,他以为和往常做的司法精神鉴定一样,实事求是鉴定,顺便通过聊天套话。他很擅长于此,罪者、恶者、为恶而欣快者、伪善者,都很难逃过他的眼睛,甚至比起普通精神患者,他更容易得到这一类人的坦诚。

有人说过,他有吸引深渊的特质,他并不讨厌这个说法,也不算认同,他相信没有"天赋"是白来的。这也是他在司法鉴定和警方心理顾问这一行吃得很开的原因。直到警方和他说了这次鉴定的目的,与其说是服务于案件,不如说是服务于舆论。

齐志国先是给这两个学生做了几套常规的心理鉴定量表,再分别和他们聊了一个小时,出来后,他只说了两句话,一句是,"人是自杀的,他们不是凶手,班长的情况不太好,建议联系心理治疗。同学从他手中摔死这件事的阴影导致了他的痛苦",第二句是,"谢必没有问题"。

齐志国的结论让所有人犯了难,校方请的律师都已经拟好文书了,一旦谢必被鉴定为精神障碍,他还未满十八周岁,可以用这两重保险判他过失,先息事宁人。

这场舆论战已经严重影响了两人,整个学校,甚至陌生人。

校外总堵着记者和一些好事者,还有人在学生上课时往玻璃窗扔石子。眼看高考将近,学生们的精神压力很大,好几个人崩溃了。警方也盼着尽快结案,这案子已经被迫拖了太久,而且引起的舆论之大,每拖一日风险更大一分。

警方不解道:"他的同学死在他手里,他还这么开心,他这是正常的?"

齐志国没有直接回答,而是带着警方和谢必去了一趟医院,对谢必做了一次脑部的核磁共振扫描,他指着显示屏中下丘脑的一块区域给警方解释:"谢必的脑部和常人有异,可能是小时候那场小儿麻痹引起的,也可能是遗传的生理缺陷,这个地方,属于边缘系统,是调节和控制人类情感的地方,存在人脑中的快乐中枢,你看,他这片区域的唤醒偏强,比较发达,他是个对快乐很敏感的孩子而已,打个比方,你需要一瓶酒或蹦个迪才能达成的快感,他可能走几步路就能达到。"

警方神情古怪,一个连环杀人犯的残疾儿子,对快乐如此敏感?!

谢必此刻正躺在机器里,显示屏里那块区域依旧显著,他连这会儿都心情愉悦。

警方将鉴定结果公布,舆论再一次炸了,铺天盖地的愤怒袭来,比以往任何一次都大都高,一个连环杀人犯的儿子,拥有了"得天独厚"的快乐中枢,这合理吗?凭什么?

嘲弄纷沓而至，带着点不可理喻：

"朋友们，想快乐吗？劝自己的父亲去杀人吧！"
"妙啊，投胎的精髓，下辈子擦亮眼睛，胎要朝着监狱投。"
"上帝投放快乐的标准如果是这样的，那我活该抑郁，想死。"

如果说前期人们的不依不饶并不认真，甚至带着点起哄性质，那这一次的愤怒，性质彻底变了，愤怒是真实的，甚至是过盛的，不只出于对受害者的同情和怜悯，还踩到了他们自己的痛点。

这样的鉴定结果在证明一件事，谢必的快乐是真实的，科学的，甚至是道德的，他是人们所说的变态和异类，不是人们可以唾弃踩低的那一类人。他不只快乐，还积极地学习，成绩拔尖，甚至一只脚踏入了著名的H大，在那样糜烂恐怖的原生家庭里，在周围满是肮脏，所有人都要把他拖下地狱的氛围里，竟活得如此阳光，他凭什么？

他越努力越励志越阳光，激起的不是众人的同情和钦佩，而是愤怒，不可遏制的愤怒，他凭什么？

他身上没有阴影，没有背负十字架，没有任何当年的伤痛，他就像个饱满干燥的沙滩，本该留在他身上的脚印都被吹没了，即使是精神再健康的人，也不会有这种能力。这种能力甚至是罪恶的，越快乐越罪恶，他把世人的痛苦置于何地，把曾经的受害者置于何地？

人们的怨气，甚至出于对精神的本质拷问，因为他是缺陷者，一个"患者"，就可以得天独厚成这样吗？那么努力活着的，克服阴影的正常人，是否都成了笑话，"周茂"们成了笑话。

人心在这一刻，小得可怜。

自案件发酵以来，从未出现过的当年女童抛尸案的受害者家属，在这时忽然冒了出来，是一位母亲，她只说了一句话："我可以接受他活着，但我不能接受他快乐。"

当年案子受害者的现状都陆续被曝光出来，五个家庭，五对夫妻中，有两对离婚了，有一位母亲抑郁自杀，一位至今都在医院，已经疯了，他们失去了未来，永远困于噩梦，痛苦不已，这个杀人犯的儿子凭什么拥有未来？凭什么拥有这么得天独厚的快乐？

　　人们的愤怒的原因也是谢必被同学讨厌的原因，在知道内情的同学看来，最不该快乐，最可能堕落的一个人，却在他们眼里活得如此愉快而积极，这超出了他们的理解，他们不信这世上可以有这样的人，或者说，他们不允许世上有这样的人。

　　除非他有病。

　　陆续有懂的人出来说，谢必所谓的脑部缺陷，快乐中枢，其实也就是奖赏中枢。他的奖赏中枢过于发达，会与行为抑制系统不平衡，这两个系统负责控制和调节人们的行为，行为抑制系统负责面对焦虑、挫折和迫近的惩罚，会让人在经历异常情景时反应停止或减慢，比如犯罪，目的是阻止我们做危险的事，增加生存概率。而奖赏系统则负责我们的趋近行为，会更把异常的行为作为正性奖赏，而去做。

　　奖赏中枢过于发达，导致与行为抑制系统不平衡的结果，就是他更倾向于去做危险和异常的事情，这是反社会人格的成因之一。二十世纪八十年代对罪犯的研究，就已经发现他们中大脑不可逆损伤的比例令人吃惊，再加上谢必家庭的压抑等社会心理因素，这个孩子是反社会人格的可能性极大，司法和学校都在包庇他。

　　这种说法立刻引起了拥护。齐志国开始反驳，认为他们搞混了一件事，反社会人格的大脑缺损，和低频 θ 波过多有关，低频 θ 波过多意味着大脑皮质的发展停留在了原始阶段。这种波在睡眠中是常见的，意味着个体处于低唤醒状态，这确实是个体趋向反社会和冒险行为的最初原因，为了寻求刺激。

　　但这个低唤醒假说的本质是，反社会个体对"快感"的唤醒太低，普通人喝杯酒或蹦个迪就能达成的刺激，他们必须纵火甚至吸毒才能达成，所以才趋近冒险行为。这和谢必有着本质区别，谢必对"快感"的高唤醒状态，让他不需要做什么，就能获得比常人更多的刺激和快乐，他根本没必要去做危险的事。

　　再者，谢必未曾有过违法犯罪行为，不存在重犯率，在学校也没有反社会行为。任何反社会人格从儿时起都会存在重复的反社会行为，寻求刺激这点是难以遏制的，重犯率是鉴定反社会人格的一个重要指标，并且通常都伴随药物滥用史，而谢必甚至连烟都不抽，没有任何一点能把谢必定为反社会人格。

　　这番驳斥引起的是更大的反驳，众人似乎执着于要给谢必定病，他有没有病，甚至比他是不是凶手这点更重要了，他们急于要消灭这种快乐的道德，消灭这种快乐的"正常"。吵到最后，这件校园自杀案件的焦点，彻底变成了争执谢必有没有精神病，是不是变态。众人要求对谢必重新进行精神鉴定。

他们可以放过一个有病的杀人犯之子，但不能放过一个快乐的罪人。

有人跑去齐志国的医院举报他徇私舞弊，在他的办公室前贴满了当年女童抛尸案的受害者照片，齐志国有一日下班走出医院时，被当头泼了一桶狗血。

齐志国始终没有更改判断，说，就算要拎出一份有问题的报告，也是班长的，班长的精神状况欠佳，抑郁焦虑严重，但这也跟精神变态无关，司法精神鉴定主要关注嫌犯的精神变态指数，这两个孩子都没有。

齐志国身边的其他医生，乃至院长，都建议他做有病的判断，毕竟谢必的脑部缺陷，严格来说，确实有罹患精神疾病的可能。起码他表现出的现实和精神不统一这一点——同学在自己手里死了，他却快乐，养父母举刀砍他，他也快乐，这和精神分裂症的症状是对标的。尽管是因为他对快乐敏感，情绪转变过快，可哪怕只是提出疾病合理的可能性，给予众人交代，也好过这样武断地说他没病。

律师也这么劝他，这是一个两全的方法，一旦认定谢必有病，再把案件处理成过失，这两个孩子都能暂时相安无事，包括人心惶惶的学校，先把这一关过了再说。

齐志国拒绝了，他站在所有人的对立面，坚持认定谢必没病。没有人理解他为什么这么固执，那个孩子没靠山，也没人给他塞钱。

这件事因为齐志国的坚定，拖了半年才结案，警方最终还是判了周茂自杀，但这起校园自杀案的主角周茂，早就消失在了案件本身里。案子的主角只有一个——谢必，再没有人探究周茂为何自杀。

谢必那一年没考上大学，高考当日，他被人堵在路上，错过了一天的考试。

案子虽然结了，愤怒却没有了结。

谢必是在第三年被录取的，一个不好不坏的大学，好像挺相称，他不被允许优秀。

他再一次出现在公众的视线下，是三年后，他们大学举办的校园马拉松赛，有一段航拍，一个腿部残疾的人，一瘸一拐地混在一群人里跑马拉松，稍微有点吸睛。为了歌颂体育精神，报道还提了他一嘴。

一个很小的校园马拉松赛，竟然引起了争议。赛半程时，有一人摔跤，引起了后续的四人摔跤，差一点酿成局部踩踏事故。好在伤情不大，后面几人是擦伤，最开始摔的人因为被踩了几脚，小腿骨折了。

本来只是一起意外事故，但摔跤的画面中，出现了谢必。当时正跑在那个最开始摔跤的人旁边，因为他一瘸一拐的姿态，很吸引注意，有人认出了他——那个快乐的杀人犯之子。

不知道第一个提出阴谋论的人是谁，"真相"逐渐变成了：是谢必推了那个人一下，才引起的摔跤。而本来完全没有提及这一点的摔跤者，也忽然改口，说感觉当时就是被推了一下，还意有所指地说了方向，就是谢必所在的方向。

一时间，舆论的狂欢又回来了，人们像咬住了勾的饥饿的鱼，欢天喜地地把他往下拽。这个之前逃过了法律制裁的校园嫌犯，这次又露出马脚了。而伤者本来只是骨折的伤势，忽然传出更严重的问题，可能会导致瘫痪。

齐志国再一次被请去给谢必做精神鉴定，没有谁说得清为什么又走到了这一步，好像这迂回的近六年，从未变过。人们的目的不变，高喊的旗帜不变，要打倒的敌人不变，变化的，只有谢必已经成年。

这次人们抱着必胜的姿态，热忱地，狂烈地，要把他彻底踩下去。

齐志国那时已经是院长了，本不需要自己出面做这个精神鉴定，但对象是谢必，这六年来，他都和谢必保持着联系，属于个人咨询师的关系，要做精神鉴定，他必须在场。没有人比他更了解谢必。

齐志国完整地把那段航拍录像看了，他自认是个修养很好的人，沉默了片刻，还是问了一句："你们瞎吗？"

谢必和这个人根本没有任何肢体接触，是在他摔了之后，才上前想拉他起来。

警方听了不太舒服，一个小警察当场生气道："纵火犯喜欢回到纵火之地，甚至冲进火场救人，变态杀人犯也喜欢回到凶杀之地，反复查看尸体，他完全可以推了之后，再去好心拉他。"

被警官瞪了一眼，小警察才缩了缩脖子说："不是我说的，网上说的。"

警官好声道："你先别动怒，录像不是绝对清晰，但现在出现了十多个目击者，都是当时参加马拉松的，都说是谢必推了人。"

齐志国觉得荒唐，一笑，道："哦？这些目击者，是不是在谢必的身份被公布之后，才忽如春笋般一下子冒出来的？"

警官不说话了。

对谢必做精神鉴定的，除了齐志国，还有另外一个医生，因为齐志国与谢必存在二重关系，所以只他一言不客观，必须有另外的鉴定者。

那名医生对谢必的鉴定和齐志国完全相反,认为他是功能较好的精神分裂症,甚至急不可耐地在网上发布了相关言论,还刻意提及了会关注他反社会人格的可能性。齐志国专业上比他的权威,而且他有更多人支持。经过了一番很激烈地争执,警方还是采纳了齐志国的判定,认为谢必没有精神障碍。

当时网上出现了一句话:你们越想保他,只会越把他往死里推。

一语成谶,谢必自杀了。

他死后,人们说,跟他父亲一样,他是畏罪自杀的,六年前的校园自杀案肯定也是他做的。很快,这起故意伤人案草草结案,一切烟消云散。

这件事的结束就和它的兴起一样快而荒诞,人们心里舒坦了,他们达成了内心的正义和平衡。

那天之后,齐志国成了齐素。

他那时已经是院长了,可即使是院长,他也没能救成谢必。他意识到,精神科医生,根本救不了精神病人;医生,根本救不了人。

齐素的精神干细胞计划彻底变了,他的治疗对象不再是患者,而是那些口若悬河的"正常人"。

以上,是我从刘医生那儿听来的谢必事件全过程,他说齐素辞去院长职务的那天,桌面上留了一张字条,字条上写:"什么都没发生,这个世界,只是少了一个快乐的人而已。"

这个快乐的人,是谢必,也是他。

我沉默了良久,问刘医生:"这件事现在怎么样了?"

刘医生说:"过去这么久了,那些人,早都忘了。"

狂欢过后,谁也不记得谢必,他们只会马不停蹄奔进下一场狂欢。

我说:"现在,你依然觉得齐素那时的选择是错的吗,应该判谢必有病?"

刘医生沉默片刻说:"那是个两全的方法,他没有必要那么固执,况且谢必确实有病疑。"

我问他:"如果当时将谢必诊断为精神病了,然后呢,律师是怎么计划的?"

刘医生一顿,说:"律师会为他辩护无刑事责任能力,不判刑。"

我点点头道:"不判刑,意思是他们已经决定将案件定性成杀人案了,谢必精神病发作推了周茂?"

刘医生说："这只是最坏的可能，就算证明谢必有病，也不能证明他杀人，警方还是偏向自杀。"

我笑了一下说："谢必没病的时候，那些人都能把他逼成这样，一旦他被精神权威确诊为有病，你真的觉得他们会放过他？他们一定会就这个走向，把杀人假说打到底的，其实你们都预想到这个结果了。"

刘医生皱眉道："当时的情况没办法，这已经是最优考虑了，高三有三分之一的学生都破例被放回家复习了，剩下的人跟监禁一样一步都不能出去，一出去就会被各种人跟上，那个班长更是被彻底孤立，被当作和谢必一样的"杀人犯"，周茂的母亲每天都来学校闹，还跪在校门外面，只要先过了这关，给大众交代，息事宁人，之后的事可以慢慢处理，谢必不会有实质损失。"

我看着他说："不会有实质损失，我问你，有哪一所大学，会接收一个有前科的精神病杀人犯？"

刘医生不说话了，半晌，他目光清冷道："所以呢，他被判了无病无罪，结果还是一样，他连那年的高考都没能参加。"

我呼吸一窒，半晌没回过神来，良久才道："你们早就知道谢必无论如何都没救了，所以你们，一早就打算牺牲他是吗？"

这件事的结果，其实只有两个，谢必被法律制裁，或者被众人的愤怒制裁。

我说："你们要保护学校，保护无辜的同学，保护班长，保护周茂痛苦的母亲，除了谢必，他是可以被牺牲的，多划算，牺牲一个无父无母满身仇恨的'精神病'，天下就太平了。"

刘医生脸上没有丝毫羞愧之色，说："那个宿管翻供了，说天台门锁就是谢必弄坏的，他亲眼看到的，还说怀疑他就是准备用天台做点什么，嫌疑很大。"

我嘲讽一笑，道："你是真的不知道他为什么翻供吗？他怕担责！这个宿管早就知道天台门锁坏了，只是懒得修。他见过无数次谢必上天台，都睁一只眼闭一只眼地让他过去了，学生从天台跳楼，他的疏忽无可抵赖！他敢担这个责吗？他当然要拉个顶罪的。不只是他，我给你还原你口中当时毫无办法的'最优考虑'。学校转走了几个学生，都是拔尖的，这所市重点眼看着升学率和口碑要完蛋了，他们必须赶紧把这件事了结，送一个人去监狱，何不就送那个家长最忧心最想赶走的人呢。律师是来为谢必辩护的吗？谢必连家都没了，他哪来的钱请律师。那律师是学校和家长一起花钱请来帮他们自己除去危险的，司法精神鉴定的程序都还没走，他们就已经拟好战略了，包括警方，他们能看不出那天台门锁是坏了多久的吗？就能任宿管胡言乱语地翻供，和谢必搭上关系，宿管为什么能说这种完全经不起推敲的证词？因为所有人都在对这个结局顺水推舟。会有经常上天台的男生为谢必做证明吗？会有真正弄坏了门锁的人出来自首吗？不会的，要不是天降一个莫名其妙的齐素，坚持判定他没病，把这些人的顺水推舟的路都堵死了，谢必啊，早就是杀人犯了。"

刘医生沉默片刻说："你怎么知道宿管见过无数次谢必上天台？"

我说："他跟我说的。"

刘医生眯起眼问："你和谢必到底是怎么认识的？"

我说："你就只好奇这个吗？"

刘医生不语，只是用惯常的像看个过分单纯到愚蠢的孩子的目光那样看着我说："我是医生，只站在诊断的立场，谢必确实有病疑，这和是否要顺水推舟无关。"

我不知该说什么，或许在这群掌握着多数真理的高知眼里，救一堆正常人，还是救一个谢必，根本不是什么值得考虑的问题。一样都是糟糕的结果，为什么不选那条轻松的路走？或许大部分医生、校方乃至警方，都无法理解齐素的选择，他无论怎么判都不算失德，明明有病论是呼声更高的，他为什么要选那条艰难的路走？

我却似乎能明白一点，因为他一步都不能退。特别是当舆论一边倒时，他一旦顺应人们认证谢必有精神病，就是在为之后留下"可证之例"，为"罹患精神病的杀人犯会故意伤人，精神病会遗传，所以罹患精神病的杀人犯之子也会携带犯罪基因故意伤人"这个三段论推理添砖加瓦。

他要捍卫的不只是谢必的人权，还有之后，每一个可能罹患精神病又可能置于不可预料的两难陷阱中的患者。

谢必若是没有被卷进那起校园自杀事件，他会这么被讨伐吗？

会的，只要有一个契机，除非他一辈子都寂寂无闻，什么事都不惹，一点水花波澜都不起，否则他迟早要被众人审判。就像那场马拉松，哪怕不是这么大范围的"众人"，也是他生活圈子中的"众人"。他的世界迟早会崩塌，一次，两次，无数次。

其他医生真的就不明白齐素的意思吗？也不见得，可能只是觉得没必要，没必要为了赌一口气，造成专业上的马失前蹄，精神病人这个群体，已经够遭诟病的了，他们没必要再去触大众的逆鳞，没必要非做一个刺头，这也是另一重意义上的保护精神病患者。

而即使齐素这么努力地试图捍卫什么，这世上也依然有纯粹的恶，依然有因为罹患精神病而杀人放火的人，依然有犯罪者被检查出高度的脑部缺损和精神障碍。"精神病"依然会和无穷无尽的罪恶和悲痛联系在一起，人们也依然需要防备这些可能犯罪的失格者。

那个三段论推理在谢必之前，早就有无数的人添砖加瓦，齐素一人之力，绵薄无用。

那么他这么努力是在做什么？为了什么？

他只是试图将"患者"送回"人类"这个大集合里，在犯罪中，罹患精神病的比例只占了极少数，为什么要把他们特别挑出来，为什么要像区分物种那样隔离他们？

他只是不想再看到，无论下一个是谁，再面临这种情况——当两个人里必须放弃一个时，那个人，一定是"有病"的那个。

我沉默了许久，思绪不知散去了哪，忽然问他："所以你是不是也无论如何都无法理解，齐素为什么最后会变得疯狂了？你觉得即使发生这样的事了，齐素也不该如此，是吗？"

刘医生反问："你理解？"

我沉默了更久，说："我不确定，但，谢必，是一个最典型的证明，精神治疗是无效的，无意义的证明。"

刘医生皱眉道："什么意思？"

我深吸口气说："哪怕我们将患者治疗到和常人无异了，他的心智和抗压力最多也就是常人的水平，面对旁人的眼光，面对曾是患者的身份，面对关系的压迫和畸形，依然会产生和常人一样的应激反应，甚至是远超的。我们都知道让患者恢复到正常水平已经是不可能的，而任何应激反应又都会促使精神病的复发，现在出现了一个最优解——谢必，一个常人中的超人。他的精神状态和心智是得天独厚的，他是最不会被旁人的眼光，被世俗的理解所压抑的人，他随时随地都能快乐，都能转换情绪，他是最能把自己从关系中解放出来的人。老天让他拥有了尽管特殊却能在人群中生活的能力，结果呢？这样一个得天独厚的人，也活不下去。齐素是在怨恨吗？不是，他是在对自己绝望，对这个世界绝望，对精神病这种关系类的疾病绝望，无论如何只要出院，患者就得回到人群中去，回到那个连谢必都扛不住的人群中去。"

刘医生哑口无言，尽管面色无恙，我却一下子觉得他老了许多岁，我从他的眼里看到了惘然和平静，死水一般的平静，他其实知道的，一直知道的。

我们站着，明明无声无泪，却似乎哭了很久。

良久，刘医生道："也不用这么绝望，谢必的情况特殊，并不是每个患者都会遭遇他这样的背景，而且事实是什么没人知道，也许那起校园案件真的不是自杀也说不定。"

我说："周茂是自杀的。"

刘医生一顿，问："你为什么这么肯定，警方都不肯定。"

我说："谢必说的，周茂留了遗书。"

刘医生讶异道："遗书？当年根本没搜到任何周茂留下的信息啊，在哪里？"

我说："监控拍到他被两人拉住在挣扎的那几秒钟，周茂让他们放手，说遗书写好了的，放在家里，他心意已决。"

刘医生蹙眉道："放在家里？那周茂的母亲为什么说没有遗书？"

我沉默片刻说："如果遗书里，写了她不能接受的自杀原因呢？她把那封遗书藏起来了，不希望真正的死因公布。"

这种怀疑不是毫无根据，周茂的母亲对于孩子不是自杀这一点有着超乎寻常的执着。我可以理解一个母亲对丧子之痛的不甘，现实点讲，这还是个培育了十八年的高材生，但她的一系列举动，包括一开始就严厉反对警方对现场做出的任何一项判断，提出了一个接一个的阴谋猜想，包括后来的煽动网友，她的目的性太强了。与其说是悲痛，不如说像是刻意在引导结果。

最可疑的，是她在悲痛欲绝地向警方申诉时，立刻就提到了周茂连遗书都没留一封，怎么会就这么不明不白地死了。这是在她当时接到通知刚赶来学校时，难道她出门前还没看到儿子的尸体，就已经有精力先把家里翻个底朝天知道没留遗书了？何况那时候连学校教室，寝室等地方都没有查，她怎么能肯定没留遗书？

刘医生的眉头更深了，说："那谢必和班长为什么不跟警方说这一点？"

我说："他说了，但根本找不到遗书，还有周茂母亲的自证，他的说辞才看起来更像欲盖弥彰，后续，警方可能将之作为周茂当时想摆脱他们而说的借口处理了。"

谢必和班长，这两个本来关系不对付的人，在这件事上口径一致，甚至是团结的，排除他们为彼此做了假证，是凶手，在他们都说了实话的基础上，也可能是他们因为知道了某些艰险的事实而被绑在了一条绳上。

刘医生说："你的意思是，谢必和周茂母亲之间，有一个在说谎？遗书里到底写了什么？"

我耸肩道："我不知道，没人知道。"

周茂死了，谢必死了，遗书消失了，这个世上，再没人会去追查这件事，再没人会去追问，一个豆蔻年华的少年，到底是因为什么，自杀了。

刘医生沉默片刻说："你相信谢必？"

我直视他道："警方也相信谢必，况且，人之将死其言也善，没人会在自己的遗书里说谎。"

刘医生一愣说："谢必是死前见的你，他也留遗书了？"

我摇摇头说："我就是他的遗书。"

我见到谢必，是在大三的时候。

那时我在学校的心理咨询中心兼职，只安排我处理登记和预约，不同意让我接咨询。本来有机会做电话咨询，只因为我反驳了中心里一个小有权威的咨询师，他们也不辞退我，就是不让我做咨询，还在我的兼职档案上写差评。

我一气之下，跑去楼下，在大学生活动中心竖了块牌子，写着接心理咨询，免费，聊到解决为止。

心里头负气的成分太多，我年轻时冲动任性，有一种谁压迫我弄死谁的劲头，那个举动主要也是想给活动中心抹黑，路过的人都觉得我有病似的。学校的活动中心有两个门，东门在校外，我是在东门举牌，路过的除了学生，还有很多路人，非常尴尬。为了掩饰尴尬，我反而把姿态做得更傲，尽管根本没人找我。

直到一个跛着脚的男生经过，他跛脚跛得特别难看，路过的人都会不由自主看他，然后再移开视线。我却直勾勾盯着他，盯到他回头看我。我当时也没想什么，甚至有些恶意地觉得，这样的人，心理肯定有问题吧，要不就盯到他来找我吧。

他真的过来了，和我想的不同，他面上挂着和善的笑，看看我的牌子，再看看我，唔了一声，说："聊到解决为止？"

我一顿，为自己眼神的冒犯感到羞愧，磕巴道："对，对的，多久都可以，您如果需要的话，可以给您做长期。"

男生笑了笑，是那种毫无阴影的笑，他说："长期恐怕不行，那我找你聊聊吧。"

不能去活动中心的心理咨询室，没闹这一通前他们都不让我做咨询，更别说我今天的举动了。

我只好带他去我学院，申请了一个小教室，学院保安看了他很久不肯放行，我们学院不让外人进,我只好谎称他是我的实验被试。保安问我什么实验,我说残疾人特殊心理研究。保安又向他确认了很多事情,扣压了他的身份证,问他怎么找的我,是否自愿参加这个实验,他都好脾气地答了,才放行的。

想来十分尴尬,那天,我的每句话每个举动都像在他伤口上撒盐,还如此不专业地让一个来访者折腾了这么久才进入"咨询室"。我觉得自己是荒唐的,先前的愤怒和冲动让我口不择言,明明做咨询是想治愈别人,还没做之前,已经把人冒犯了。

到了申请到的小教室,我先是跟他鞠躬道歉,这么做其实非常损坏咨询师的权威感,但我一向不在意这个。他倒也没介意,心情始终很好的样子。

一番寒暄,进入正题,咨询开始了,然后,我经历了人生中最漫长的四十五分钟。

他讲了一个骇人听闻的故事,而他是那个故事的主角,他的出生,家庭,杀人犯父亲,家暴的养父母,校园自杀案,网络狂欢,马拉松……

我听傻了,他的故事超出了我人生覆盖的范围,我甚至不知道要怎么反应,局促不已。那是一种对骇然的深渊般的人生的震惊,我立刻就知道,我搞不定。可他始终保持微笑的表情,轻快的语气,又让我觉得他根本不是来咨询的,他就是来碾压我的。

会有一些来访者,故意让自己的话语显得轻松,抗压力强,来获得咨询师的赞赏,但他不一样,他不在乎我,也不在乎这段经历。

我问了我最先该确定的事:"那你们两个人,到底有没有推周茂?"

谢必说没有,然后笑问:"你信吗?"

我说:"我信。"

可能是回答得过于斩钉截铁,他顿了片刻,才笑道:"谢谢。"

我问他周茂死后第二天早上,他为什么笑,就是那张笑的动图引发了后续一系列事。

他说:"当时窗台上停着一只蝴蝶,我觉得很漂亮。"

我不知该作何回答,他对快乐非常敏感,极其容易从任何不良情绪中抽身,把注意转移到快乐的事物上去,包括欣赏美。可让他大受折磨的这张笑容动图的原因,居然只是因为欣赏一只蝴蝶。我又一次感受到了自己的局促,这样的答案,被那些人知道,只会加深对他的厌恶吧。

他的下一句话是:"也许那只蝴蝶是周茂呢?"

我听着忽然想哭。

我问他对班长是什么想法。初听到这个故事时,我更怀疑的人是班长,不是周茂母亲,因为整件事情里,只有班长最后被摘了出去,甚至连名字都没被公布。我是从谢必那才知道,原来班长也要和他二人去同一个冬令营,但这件事,没有被任何人爆出来,为什么?班长的家境很好,那年顺利参加了高考,考了个好学校。我有理由怀疑这场网络狂欢最初是被有心人操控转移注意力的。

同一个案子的嫌疑人和目击者,这个痛苦王子却有着和谢必截然不同的人生。

谢必却笑了笑说:"班长啊,他是个好人,而且我们挺有缘的,都姓谢,我叫谢必,他叫谢行。"

谢行,我默念这个名字。

我问他为什么跟这班长关系这么差,谢行对他尤其厌恶,好像比寻常人还要厌恶。

他说他不讨厌谢行,是谢行讨厌他。因为谢行,是他父亲当年女童抛尸案的"受害者"。其中一个女童,是谢行亲手送上谢六刚的车的。

那天幼儿园放学,谢行和同班的一个女童在门卫等人接,来得比较晚,其他孩子都走得七七八八了,谢六刚的车先到,车梯有些高,谢行把那女童扶了上去,两人互道了再见。他看到了谢六刚,还喊了声叔叔再见,谢六刚摸了他的头。

三天后,这个女童的尸体在附近的游乐园被发现,警方知道谢行见到了凶手,对他一阵问询,但他吓傻了,只会哭,他看到警方给的照片里有谢六刚,也不敢指认,不知道为什么。再往后,又接连有两个女童出事了。老师对他的语气不好,说就是他的扭捏,导致警察抓坏人慢了,说他和凶手一样坏。

这件事让谢行自闭了,转了学也没用,直到长大,儿时的阴影和愧疚都一直在。他十多年来都是个痛苦王子,所以在知道那个杀人犯的儿子和自己同班时,他的厌恶是难以遏制的。

这种厌恶,在两人被卷进一个案子,在不得不连续几月被警方不断传讯的骚扰且与谢必朝夕相处中爆发了。他们被外界的恶意强行绑在一起,被迫体会对方的苦楚,被迫在身上蹭上对方的气味,被拖入彼此截然相反的精神世界里,冲撞,愤怒,撕扯,否定。

他们成了彼此唯一的宣泄口,再没有比那样的患难更能让两人共生了。谢行清楚意识到，这个杀人犯的儿子，和自己一样，是谢六刚一手造成的受害者，他们和解了。

我没想到还有这么曲折的经过，当下也明白了为何两人在周茂死后截然不同的反应，谢必一直是个快乐王子，而谢行，在曾经亲手把女童送向死神后，又经历了第二次，周茂从他手中失去生命。他本就是个痛苦王子，当这样的阴影再现，他如何能安然度过。

计时器响了，提示咨询时间结束，我都没回过神来。发生周茂校园自杀案的那年，我还在闷头苦读，别说上网了，我连手机都没有，当时的网络也不像如今这么发达，我完全错过了那场狂欢，却从当事人的嘴里，听到了一场灾难。

我甚至都不敢认为自己做到共情了，而这是最基础的。最后我只磕巴着说了一句话："这个快乐中枢，也许是你父亲留给你的礼物。"

他笑了笑说："有人也这么跟我说。"

"可是有时候，快乐在这个世上，是罪。"

他看着窗外，可能那里又飞过一只蝴蝶，他是笑着说这句话的。

离开时他跟我道谢，说跟我聊天很快乐，他跛着脚出去了，又狠狈地问保安要回身份证，签字，费劲地推开学院大门，顶着众人打探的目光，一瘸一拐地边看指示牌绕过大半个校园，出校门。我甚至不敢跟上去给他指路，更没勇气问他要不要做后续的咨询，我知道这是一场彻头彻尾失败的预检。

说实话，当时的我，根本无法理解他的快乐，我无法想象一个人过着这样的生活却是快乐的。这让我很沮丧，这样的人存在，似乎是在鞭挞我这种人的愚蠢。

然后，这个跟我说着谢谢，跟你聊天很快乐的人，下午就跳楼了。

谢必回到了自己的高中，在周茂自杀的那个宿舍天台，跳了下去。

我看到这条新闻时，以为是幻觉，算了下时间，从我学校到那所高中，刚好三个小时左右，意味着谢必从这里离开，就直奔死亡，我是他死前见的最后一个人。

为什么他朝我走来了？他本来就准备去死，路上看到一个蠢货在招揽痛苦，他想了下，那就在我这留下点东西，我就是他在这世上的一封遗书。

他把我拖入了黑暗，却说自己快乐。

我几乎快疯了，我无法理解他所谓的快乐。那天的咨询让我意识到自己的局限，什么共情力强大，什么对咨询有天赋，都是骗人的，这个世界上存在着这样我根本无法理解，让我手足无措的人。他的快乐我不懂，痛苦我也不懂，他给我劈开了地狱的大门，却把我孤零零地丢在门前，自己走进去了，让我无尽地对着这扇门的缝隙，重复他的背影，幻想门后的世界。

他只是在生命的尽头于我这里停顿了片刻，却让我的世界从此难有阳光。

所以吴向秋自杀时，我是极端恐惧的，那种恐怖又包围了我，我又是他死前见的最后一个人，又大言不惭地说着想解决，想治愈，却只是加速了他的死亡。我毫无作用，我蠢得无可救药。

一个人站在我面前，他想去死，我不只没拉住他，我甚至根本没发现。不作为的帮凶，和作为的凶手，某种程度上，承担着相似的痛苦，前者甚至更痛苦。如果说吴向秋的求救我没听见，那么谢必，他没有求救，没有诉求，他只是要把一部分东西拓印在我身上，面对这样的死志，我能做什么？我又算什么？

我轻便得像一张厕纸。

那段时间，我状态很差，旷课，弃考，不参加社团活动，对整个世界失去希望。韩依依来寝室把我揪出去，我以为她要安慰我，结果她让我写退社声明，她把我踢出了戏剧社。

她那时跟我讲了一句话："穆戈，你该考虑清楚，你是否适合这一行。你也许没发现，你有吸引痛苦的特质，那些人，那些活在深渊里的人，都会朝你走来，你无法拉上来所有的人，于是你就会被拉下去。事实上，你根本无法保护你自己，你并不强大，你孱弱极了，对痛苦这么敏感，一点点就能把你击碎。想想清楚吧，你不必要非得是个心理医生。"

"强撑，也是一种病。"

我哪里听得进去这种话，我当然知道我孱弱不堪，但我已经受够了这种自我厌弃，我不需要谁来当面让我更清楚。那天我和她吵得非常厉害，非常难看，我什么脏话都往外吐，韩依依只是对着我冷笑。那种笑又让我想到谢必，我和她打了一架，退社了。那之后，跟她就一直不对付，她始终不认可我继续做这一行。

刘医生听完，沉默了许久。

我并不像说了一个遥远的故事，那段时间发生的一切，我都很清晰，它们像生活在我牙缝间的微小生物，每一次咀嚼和吞咽，甚至说话，都与我共生。

是在很后来，我开始平静地思考谢必的快乐时，逐渐想明白了这个人。

他平静地面对了死亡。不是他挨不住被全民审判的痛苦，他只是做了一件众望所归的事，那就是，抹杀自己的存在，给世人行个方便。他连纵身一跃的那一刻，或许都是快乐的，他没有瞻前顾后的能力，他每时每刻，都活在当下，死的那一刻，和以往见到蝴蝶的每一刻，一样。

而自此，我看到的每只蝴蝶，都是谢必。

我问刘医生："你知道我是怎么走出来的吗？"

刘医生说："怎么走出来的？"

我说："极致共情，我走了一遍谢必死前经过的路线，发现时间对不上，他绕了路，从我学校出发到他的高中，只有两条路线，一条直达，一条需要换车，按实际时间来算，他没有坐直达车，而是换车了，绕了远路，这一步是多余的，他不是那种会因为死前对生留恋而故意多磨那无意义的半小时的人，我于是顺着他的路线换车，你猜我发现了什么，那辆换过的车，经过了一个游乐场，是他父亲当年抛尸的地方之一，那里有座非常高的楼，就在游乐场旁边，他曾经想过从那里跳下去。"

"可他最终还是没下车，为什么？那里的楼更高，人也更多，又是他父亲的罪恶发源地，更能满足他的仪式感，他为什么还要选择在高中去做这件事？"

"我当时就明白了，因为他要告诉世人，他的悲剧，不是起源于他的父亲，而是这里，是这场校园自杀，是你们。"

刘医生一僵。

当时这个认知让我非常崩溃，却彻底清醒了，即使是这样拥有得天独厚快乐的人，也有着天大的委屈，我看到了他人性的一面，他终于在我眼里从一个快乐而古怪的巨人，变成了一个叼着棒棒糖的孩子，纯粹而普通，可他甚至不识委屈，他只是求全了。

这个世界上的精神病症多种多样，同一种病在不同的人身上表现也不同，有的精神病会催化一个人行恶，也有的"病"，会让一个人得到纯粹而普通的快乐。

可即使连这样的"病"，世人也容不得它。

那次崩溃之后，我重塑了信念，还是要从事这一行，为的是，不要再有更多的谢必出现，我不想再成为任何人的遗书了。

所以我能理解齐素，我只是短暂地接触了谢必一会儿，已经阴影甚重，而齐素，努力了六年。

我难以想象，那六年他是怎么过来的，特别是，六年咨询的徒劳，最终等来了谢必的自杀。

我恍惚想起昨日，与齐素对峙时，我问他为什么要做这些，逆反的精神干细胞计划，疯化社会。他笑了笑，和蔼地告诉我，像教一个插班生："当犯罪者、当疯子，成为人群中的大多数，他们不得不承认自己基因里的恐怖，不得不承认自己是他们的同类，不得不承认即使他们骂得再多，但人与人之间的基因百分之九十九相似，他们只是那百分之一的不同，而很快，这百分之一的不同都要消失了。到那时，精神干细胞，才算去了对的地方，这个世界要治疗的，不是那些患者，而是所谓的正常人。"

我依然觉得这番话骇然，只是多了丝了然。

他从事这一行近三十年，以他极致共情的要求，本来就常年游走在深渊里，总有手伸上来拽他。他守着自己的心，抵御无数个地狱大门缝隙的诱惑，但依然有一脚踏空的时候，谢必跳下去的那刻，终于把他也拉下去了。

几日后，裘非不见了，他缺席了戏剧心理治疗小组，也联系不上人，裘非的母亲也不知道他去哪了。

同样缺席的，还有齐素，他不在病房，他也不见了。

医院急了，一个住院患者，和一个康复返院患者不见了，难不成逃了？可没有任何警报响起。而且齐素在少数知情者眼里，更是个危险人物。

在院的安保人员立马调派人手搜寻，医生们也查起了监控，终于从监控里找到了齐素。他是从护士台走的，重症二科有两个门，一个是病区大门，一个是医生的办公通道门，齐素从护士台进入医生的办公通道出去的，自然没有警报响。他不知怎么弄到了护士台的钥匙，当时护士台正巧没人。

齐素离开病区后，并没有出院，而是往上走了，我看着他的背影消失在楼梯间，心中一凛，知道了他要去哪，他走得极慢，淡定从容，似乎有意在被监控拍到。

我立刻出了病区，沿着楼梯向上疾奔，冲去天台。

天台的门留了条缝，他果然在那里，楼下传来脚步声，是刘医生，他追上来了，喊我停下。我先一步跑到了天台，拉开门，转身，在刘医生冲上来的当口，朝他笑了笑，然后在他惊恐的表情中关了门，上锁，任他在外面敲喊。

对不起，刘医生，这是我和齐素之间必须解决的事。

我转身，看向站在天台边的齐素，他背对着我说："来得晚了点。"

我说："裘非在哪。"

他没有回答我，俯瞰着天台外道："每次站在高处看，都会觉得玄妙，这一个个房屋的窗口，那么小那么普通，看着都一样，可里面的疮痍却千奇百怪，上帝就是这么看着我们的吧，人太多太小了，同情不够用了。"

我说："裘非在哪？"

齐素沉默片刻，转过身，温和道："在他该在的地方。"

我说："是哪里？"

齐素说："他很安全。"

我知道是问不出了，齐素没有直接给我答案，意味着此路不通。

我说："线索。"

齐素说："什么？"

我显出一丝不耐烦，说："这不就是你又一个功课？就像茉莉，落落，淑芬，乔郎，小翼，谢必一样。"

我面不改色地说出最后一个名字。

齐素一顿，没什么大反应，笑道："我看起来这么无聊吗？"

我说："那你为什么把他们的线索告诉我，为什么要给我机会了解你？"

"为了锻炼你。"

我说："锻炼我做什么，成为另一个你？"

他上次的话还在我耳边回荡，他找到了一个完美的人选替他做完这一切，是我。

齐素笑道："你已经想象过了。"

我一愣，掩饰了神色，道："我不会让裘非和乔郎这样的悲剧出现，不会在报复计划里制造崭新的牺牲者，这是我成不了你的原因。"

齐素轻抿唇，温和的笑意里显出轻蔑，说："你说它是报复，难道我高看你了。"

我说："我本来就很普通，你也是，我们都没什么特别的。"

齐素笑出了声，说："这么排斥啊，真可惜，我找了你好久呢，你想象不到有多久，有一个星球从诞生到爆炸那么久。"

爆炸这个词让我心生烦躁和惶恐。

齐素说："穆戈，你在害怕吗？每次你害怕，脸上都是兴奋的表情，你是怎么养成这个习惯的，我很好奇，骗过了很多人吧，而当你真的兴奋时，脸上却是害怕的表情，你猜你现在是什么表情？"

我努力控制着不露出窘迫，尽管知道在他面前我是赤裸的，他可以随意地蹂躏我的羞耻心，折磨我的言不由衷，赏玩我的尴尬。我越是不想让他得逞，结果只会背道而驰。我已习惯于此，所以每当想防御，我就松弛下来，向他投降，任他处置我的真实。

他看够了，才道："你知道心理咨询的秘诀吧。"

我说："共情力？"

他摇了摇头说："不，是对话，强大的是对话的能力，我有时会希望我的患者，听我说话的人，都不要信我说的，不要相信话语的虚伪。"

我点头，确实如此，话语的虚伪远超咨询师的虚伪，当我说"共情恶的人，会失去善的立场"时，我已经在共情恶了。

齐素说："口是心非，是每个咨询师的天赋，你该知道你越是排斥，就越是在对这个计划投诚，特别是你，穆戈，特别是我，我们这样的人，天生比常人多了一个器官，用于感受和贮藏残忍，你难道没有一刻想切了这个器官吗？当我这把刀递到你的面前，你会一点都不心动？它就应该在那，在人群里，让精神干细胞把这个器官送进所有人，他们无知太久了，该来我们的世界坐一坐了。"

"如果只是虚伪，我有足够的耐心等到你剥掉这层虚伪，可你总是让我惊喜，因为你对自己如此诚实。穆戈，你会一直崇拜我，因为我代表了所有你没有勇气实施的疯狂，我在你眼里，可能比太阳还惹眼吧。"

我不说话。

齐素张开双臂说："包括这里，这家医院，这无数的窗口，它们都好像是我冥冥中精心包装的礼物，盛大地迎接你来到这，见到我。可我什么都没对你做，你是被什么吸引来了？穆戈，你相信命运的手吗，它的拇指轻轻碰到你时，小指已经垫在你脚下了。"

我沉默了许久，舒了口气道："也许你是对的，我确实会一直崇拜你。"

他的笑容还来不及收敛，我继续道："但我崇拜这里的每个人，他们都代表了我无法舒展的疯狂，你不是唯一，也没什么特别的，齐素。"

他眯起了眼。

我说："命运说是最俗气最没意义的说法，我不喜欢，你也不喜欢，甚至是贬斥的。我们贬斥一切投机取巧理所当然的归因，这是骗那些信仰匮乏的懒人的，你用这套说辞对付我，也太敷衍了，师傅，我看起来这么好骗吗？"

齐素笑着，眼里却看不出悲喜。

我说:"别再说我有多特殊,别再高扬命运论,选中论,你只是身为患者在这家医院无能为力,陷入泥潭时,身边回光返照般地出现了一根勉强能用的枝丫,它是扁是黄,是粗是细,耐不耐抓,都不重要,关键是你只能抓住它。这里只有我这么好骗。我几斤几两自己有数,你也一样,你不过是在贬黜了这糟糕透顶的世界后,在你的最高价值失去价值后,把自己踢向了命运论,超人论。我们都不特殊,你远比我清楚,我们极度渺小,命运的手?它既不会碰到我们,也不会绕过我们,它看不见我们,我们也不过是那普通的寻常的窗口里,各自千奇百怪中的一个而已。"

我看着他说:"你要教我话语的虚伪,可我只希望你对我永远真诚,我们能坦白点吗,我不是你的对手,也没把你当成对手,我尊敬你,不是因为你厉害,你能掌控我,而是因为,你是齐素。"

一阵沉默,齐素笑了,拍了拍手,说:"好了,我们都结束试探吧,看来你上来前,已经找准今天的话语设定了,挺好的。"

我暗自握紧了拳头,憋住气,不能崩塌。

齐素说:"十年前,这种说法或许会对我奏效,现在,也有点敷衍了。"

我点点头说:"那不如你教我吧,你这样的人,什么最能击中你。"

齐素笑道:"你就可以。"

我耸肩道:"这好像不是什么好话。"

齐素大笑。

我说:"你这么自信一定能把我拖下去吗?"

齐素说:"我是对你有信心,我看到了,你心里已经在画我的十字架了。"

他说着,往后退了一步,那轻轻地一步,一声,像一个十字,他在加深我心里的东西。

我面无表情看着,他于是残忍地又退了一步,又一个十字,他像是迷上了这个游戏,迷上了凌迟我的平静。

他离天台边沿,不足两步了,这两步足够他把十字架涂得漆黑,遮天蔽日。

我依旧平静地说:"师傅,你是不是觉得我特别天真,不要命,很蠢,给个洞就会往下跳?"

齐素虚伪又温和道:"我以为这是优点。"

我点点头,然后笑了,说:"但其实我特别务实,特别惜命,特别要活着,得出这个结论时我也很惊讶，我最大的优点，不是你以为的那些，敏感，善良，共情，而是，耐受，这种耐受说直白点，就是自私——谁也别想把我拖下去。"

齐素不语，目光依旧。

我说："我若是想见黑暗，照镜子就可以，如果它真的奏效，我也活不到今天了，谁也别想拖我下去，我一直是这么过来的，你也不例外。"

"这里有什么吸引我的？我在患者身上投射自己啊，投射人类最底层最阴影的那部分东西，有的人，为了活下去，连黑暗都是养分，我是这样的人，我在穷尽世上所有的活法，给自己无数生的理由，增加生的概率。"

"你可能对我有误会，为了活下来，我非常非常耐扛。我的敏感，共情，善良，咨询天赋，比起我的耐扛性来说，真的不算什么，敏感的人，不只对痛苦敏感，对快乐也会敏感。"

我看着他说："你想见识一下我的自私吗？看看我能记你多久，就让自己快乐起来。"

一阵沉默，我和齐素隔着天台的空地，遥相望着，他不知何时脸上没了表情，气氛一时有些凝固。

突然飞过一只蝴蝶，这只灵巧自在又脆弱的生命，把先前玻璃碴般的对峙氛围冲散了。

我甚至怀疑它是我的幻觉，可齐素的目光也停在这只扑棱的蝴蝶身上，它飞得似乎有些辛苦，很慢，忽上忽下，有些跌撞。我们等了可能有一个世纪那么久，等它旁若无人地蹒跚过这片天台，消失不见。

而直到它消失不见，我依然无法确定它是真是假，无论是不是，我和齐素，都陷入了同一场幻觉。

回神时，先前的气氛已经变了，齐素看了我很久，目光显出柔和，他说："穆戈，这样，你会很辛苦的。"

我一愣，险些没绷住。

他垂下了眼帘，似乎卸下了什么，说："如果决定了，就不要露出破绽，真正勇敢的人，不会大声报告勇敢。"

我鼻子一酸。

他的目光飘去了天外，不知是在对谁说："有时候，我们会把精神病称为固执病，患者们都固执在自己光怪陆离的世界，不肯与旁人为伍，无法与大众相似，他们固执地折磨着自己。"

"可以说，这个世界上最不可能固执，最不可能患病的人，就是他。然而人们，把一个最不可能患病的人，逼死了。"

他就这么忽然提起了他。

齐素仰头看天道："到底什么，才是精神病呢？从我住院开始，一直在想这个问题，大概，我是想不到答案了，穆戈，你继续想吧。"

他的视线落回了我身上，是和往常一样眼神，那种让我沉迷的如蒙神泽的目光，此刻我却恐慌不已，想大声地喊，不要这么看我，不要托孤般看着我，不要又把这个糟糕的世界留给我一个人。

然而我始终平静地看着他。

"穆戈啊，一直走直线，是很累的。"

"我太累了。"

从他要我接班起，我就知道他撑不下去了。他做的一切，早已违背了初衷，他决定来医院，就证明他内心已经溃烂不堪了。

我曾以为他漏算了自己会在半途崩溃，可如今明白，从他计划的那一刻，他就知道结局了，知道自己会死在半途，区别只是能走多久。他比谁都清楚凭他一己之力，对抗人的浩瀚，什么都做不到。

他就像个打更的人，在浓重的黑夜里徒劳地敲一敲，喊一喊，看看吧，看看人的痛苦人的委屈吧，看看你们都做了什么，能有点羞耻心吗？能看看灯吗？

灯不够亮，不够响，那便把自己也投入火里，连肉带骨，烧得劈啪作响。他燃烧了自己，以痛醒世，开着这辆崩坏的身体，沿途留下焦烟和悲鸣，哪怕只能多引起一个人的注意，然后朝着悬崖，一截一截地坠去。

遇到我，是一个意外，一个不知道是好是坏，但并不会改变进程的意外。

他往后退，把那两步走完了，然后歪头看我，笑容里有不忍，却很坦然："害怕吗？"

我摇头，再摇头，然后大声报告："不怕。"

齐素笑出了声。

我说："我会睁大眼睛看着，一眨都不眨，每一个瞬间都记住，永远不会忘。"

齐素说："真记仇，你这是要报复我吧。"

我如言，睁大了眼睛。

我看着他的身体朝后倒去，消失，像蝴蝶扇了一下翅膀，落地的声音来得很快，"嘭"，像泡沫纸被捏碎的动静。

从此，我的世界，蝴蝶扇动翅膀，有了声音。

我不知道我是怎么下楼梯的，或许是滚下去的，但明明所有人看着我淡定地走回了办公区。

我要把"自私"贯彻到底，把这句话语的虚伪，做成现实，如他所说，没有破绽。

警方来了，是陈警官和小刻，带我去问话。我对答如流，神色如常，没有人问我，有没有拉他，为什么不拉。

我又一次，成了一个人的遗书。

但这一次，我无比清晰地知道，是我送他走的，我让他对我放心了。

我会和这片黑暗继续苟且下去。

齐素选择的路是爆炸，用自己在黑暗里炸开一把火，刺眼片刻，然后永恒消失。而我找到的路，是忍受和苟着，是在黑暗里发着羸弱的光，耐住，不让它熄灭，然后在浩瀚无尽里，孤独地走，穷尽方法地走，能走一点是一点。

两天后，我申请去收拾齐素的遗物，两天来也没人动，好像默认是留给我的。

我和往常一般走到他的床位，窗外的日光和寻常一样，好像他只是去上厕所了，我在等他回来。

非常齐整干净的床铺，和病房里其他床铺的随意和杂乱不同，他们的更有生活气，更像住户。齐素的床齐整得有些排外，也许他从进来的那天起，就没有对这有过归属感，连床铺都透着疏离。

他是整理过再离开的，他知道他不会再回来。

我坐了一会儿，开始收拾，掀开枕头时，看到一封信，信和床单一样白，黑黝黝的字像是直接写在床单上的：

致穆戈。

我愣了好一会儿，才敢打开它，是齐素的字，苍劲有力，纸张都有笔痕。

穆戈：

展信佳。

这封信很早就写好了，今天才补了开头，笔色不同，请见谅，护士不会每次给我同一支笔。

一直想送你点什么，作为慰藉也好，或是道歉。我不知道我算不算一个坏榜样，但我曾经真的非常优秀，虽然称不上桃李满天，想喊我师傅的人还是很多的。这封信当然不是为了自夸，只是希望你有一丝宽心，崇拜我并不是你有问题。

我和你聊过的命题太多了，如果有什么再值得放信里一提的，是从业的伦理，比如与患者的距离。这个我们每次聊都会吵架的话题，你总是指出我倚老卖老，说我像个坐拥空中花园的烟草暴发户在指责烟草，于是我会反驳你。我来说这个事，确实不太靠谱，但更像是个经商失败一屁股烂债的赌徒侃谈商机。这次也一样，你可以选择听，或者合上这封信，我对你的祝福已经写在前面了：无论何时，展信佳。

如果你读下去了，那么你已经犯了禁忌，在与患者的距离上，我和你之间一直都是危险的，我们回避了这个问题，因为那样更简单。与患者亲密，比疏离更简单，你可能又在生气，我把与你的关系定义成医患，可现在我没什么可顾虑的了。我终于不用再害怕你的恼怒和失望，你知道你对我有这样的影响力，每一个精神科医生都对患者有这样的影响力。

你想探究我，和我想探究你本质上的不同，是我不需要对你负责，而你对患者有责任，你更容易掉入一个陷阱：我需要你。一旦这个陷阱成立，那么我无论做什么，好与坏，恶劣与残暴，在你眼里都是可怜的。你总会为我预设理由，然后为精神预设自由的边界，这太危险了。你总是试图涂抹那条边界，如果这世上还有什么权威是你不得不遵守的，只有时间，可你连时间都想反抗，这或许是你能抵抗我的原因。你心中的权威感很低，思绪不受束缚，你在想象中已经能超度痛苦了，不必在现实中坠落，可相应的，代价是你得永远背着想象的痛苦。我无法判断，究竟是现实的坠落更痛，还是想象的坠落更痛。

我本想与你聊，"何时该对患者转身"这个伦理，细想一下，又觉得无话可说。你必然不会听，而我的"谆谆教导"也只会让我自己觉得虚伪。年轻时，若有人耳提面命，要我养成对痛苦视而不见的能力，我或许会朝他脸上吐痰。

在这件事上，我没有资格成为一个教导者，经验比我更会说话，但我未曾有过儿女，我不知此时的心情，是否像一个摔倒的父亲，想着刚走路的孩子，不能再发散了，你又该说我倚老卖老。

那就希望你记着，穆戈，你还年轻，你还能选择成为一个愚蠢却快乐的商人。当然这不是年轻的权利，十年后，二十年后，三十年后，任何时候，你都可以选择成为一个愚蠢却快乐的商人，没有谁能指责你，你自己也不可以。当你有一日想对痛苦转身了，或者终于麻木了，对自己厌弃了，请毫不犹豫地走开，去阳光下，残忍又骄傲。

但如果不幸，你始终在这里，始终带着这封信，那也许到时，你的想象已经庞大到从想象痛苦，变成了想象想象中的痛苦。如果你坚持要这么活着，坚持要对安逸视而不见，坚持要自找苦吃，那么我祝福你。你已明白，世上不存在真正的安逸，明白那些快乐的空虚，明白活着就会有使命，而你确认了你的使命，不用试图去找一条不危险的路，这片土地的精神贫瘠与你个人无关，你见过掰起一块石头，下面慌乱逃窜的虫子吧，慌乱一阵，它们会去找另一块石头。石头永远掰不完，这和你付出多大的意志无关，所以，轻松点，时间还长。

我此刻感到矛盾，我既希望你会把这封信带在身边，在任何撑不下去，感到迷惑的时候打开它，它是一封武林秘籍，可我同时又希望你将它永远压箱底，藏起来，或者和我的遗体一起处理掉，或者烧掉，撕掉。我害怕它变成潘多拉的魔盒，害怕你记得我这个先验者，而将所有不必要的苦难当成必然。

我好像说得过分了，其实没有这么可怕。我跌倒了，是我太孱弱了，你不是我，我一直都知道，你非常顽强，我还记得第一次见你，你在为某个病人头疼不已，我本来不想接近你，只是看着，想着这个孩子什么时候跌倒。可你一直就这么站着，雨天晴天，雷劈下来，也都这么站着，我也就一直这么看着，久了，我走向你了，只是像个普通的患者走向光那样走向你了。

所以穆戈，抬头，昂首挺胸，和以前一样，没有人能让你弯了膝盖，包括我。

你的师傅，齐素。

补充：如果可以，请让我穿着病服入殓，谢谢。

看完齐素的信，我静了好一会儿，然后开始哭，大哭，哭了好久，涕泪横流。这几天来都没有哭过，这一刻，自私的设定崩溃得一塌糊涂，就是觉得好累啊，真的好累啊。

他早就准备好赴死了。他最后要我上天台，还给我上了一课，让我学会盛放死亡，消解前两次作为遗书的阴影，还逼我说出顽强的话语设定，逼我把自己赶入这个设定。这可真是一个残忍又伟大的父亲，他若真能让我只是怨他就好了，偏偏字里行间又如此温柔，我真是太可怜了。

哭了不知多久，窗外的明光变得昏黄，我手麻脚麻地把那张蹭了鼻涕的信纸塞回信封里，却发现封底写着一个字，挺小的。犯了会儿难，那个字在角落，如果不撕开信封，我看不见，于是又悲上心头。齐素把字写在那，不就是要逼我撕信封，逼我毁掉心里的柔软，我好想赌气不看了，又耐不住诱惑，这是他最后给我留的东西了。

我还是撕开了信封，小心翼翼地沿着边缘，这才发现信封是齐素自己黏起来的，纸张还是康复科手工课的纸，他把字写在那后，再折了这信封。

一番折腾，我总算看到了那个小字：逃。

逃？什么意思，让我逃吗？逃去哪？是要逃什么？

没头没尾的一个字。

我收好了信，开始整理其他的遗物，齐素的抽屉也很干净，他好歹住了一年半，居然没留下什么，好像已经收拾走了一样，可护士说没动过这里的东西。

清理完，遗物加起来不足床单的十分之一，我有些怅然，从口袋里拿出了一只打火机，蓝色环形，细胞模样，上面刻着两个字母：XX。

这是那天从小翼手里得来的，齐素怂恿他为恶时，送给他的打火机，外形做成了细胞模样，应该是暗喻了精神干细胞计划，这也算是齐素的遗物了，我把它放进了遗物堆里，齐素死后，这个疯狂的计划也算消失了。

抽屉底还有一本书，《惶然录》，是我放在戏剧心理治疗室的书，不知何时被他拿来看了。我拿起这本书，封面已经有些陈旧了，看来经常被人翻阅，之前也成了齐素和裘非联络的媒介，裘非至今消息全无。齐素说他去了该去的地方，却到死都没有说出那个地方。

我翻开书，书自动停在有折页的地方，我一愣，翻开折页，折页下方留了一行字。

新的 β，我会来找你的。
——α

我顿住了，新的 β？什么意思，α 又是谁？

这不是齐素的字，也不是裘非的字，他们爱护这本书，联络向来用夹在书里的纸条，不会直接写在书上，是他们以外的人，这个字有力而冒犯，直接拓在书里，像是对前者的轻蔑。

我有些恍惚，齐素的代号是 β，现在又出现了一个 α。

α，β，我忽然有个荒唐的想法，会不会，精神干细胞计划，不是齐素一个人的疯狂想法。它是一个组织，背后还有人，齐素并不是唯一的成员，这就出现一个 α 了！

我再看了看这行字，"新的 β，我会来找你的"。齐素是 β，但 β 齐素死了，这个 α 是来找下一个 β 的，他锁定了 β 的继承者！

我一下子扔开了书，恐慌至极，想起了齐素在信封底写的那个"逃"字。

是这样吗，是这个意思吗？

我看向遗物堆里那只蓝色的干细胞打火机，它的外观如此美丽，在杂乱的遗物中，一眼就能吸引目光。它哪里像个遗物，它分明是活，越美丽，此刻在我眼里越恐怖。

我看回书中的字，看回那个 α，笔者的个性在这个字母上展露无遗，向上的尾巴尖延了很长，拉回来，像刀尖般扎入了中间的圆里，非常特别的写法。

我看着看着，忽然一阵头皮发麻，颤抖着把手伸进白大褂的口袋里，掏了几次，才掏出来，一张皱巴巴的演算纸，是那天国际精神卫生学术交流研讨会上，那个两次质疑了教授的男人落下的。我和他在门口撞到了，这张纸从他的包里掉出来。

我颤抖地打开纸，铺平，上面随意地记了些公式，是计算机精神模拟那块的内容，这就是一张寻常的会议记录随笔，我当时想追上去还掉，但他人已经走了。

我把纸移到书边，对比，纸中的很多公式，都出现了 α 这个字母，尾巴尖延长，拉回来，扎入中间的圈。

一样，一模一样，这个特殊的 α 的写法。

我忍住尖叫的冲动,所以我们已经见过面了,那天那个看起来与我年龄相仿,冒犯张扬又笑意盈盈的男人,就是α。

我呆愣了许久,目光重又回到那只蓝色打火机上,死死盯着那两个刻上去的XX,张扬有力,让人不确定,第一眼到底是被打火机的外形吸引的,还是这两个点缀的字母。它如果是人名的缩写的话……

一个不可思议的想法冲破压抑飘了上来。

XX,会不会是,谢行。

我想为这荒唐的想法笑一笑,却怎么都笑不出,我的思绪为什么会忽然跳脱到这,因为我在回忆那个α时,他笑意盈盈的样子,让我想起了谢必。

我这才恍然发觉,那几场灾难里,周茂死了,谢必死了,齐素死了,他们都在不同人的视角里"有始有终"了,除了一个人,谢行。他消失在了几乎所有的讨论中。

我对他仅剩的印象,是谢必说的,他是个好人,他们和解了。

于是谢必死后,谢行就成了谢必。这个曾经的痛苦王子,现在笑成了谢必的样子。

一旦这个假设冒出来,一切都在自动填充,齐素在那六年里,都和谢必这个快乐王子保持着咨询关系,那他怎么可能会漏掉谢行这个痛苦王子不管。所以谢行那六年里也极有可能一直跟在齐素身边,而在谢必死后,也开始接触齐素的精神干细胞计划。

他是当年那场校园自杀案天台上的三个孩子里,如今唯一活着的,如果真的还有谁可能知道关于周茂的遗书,他真正自杀的原因,除了周茂的母亲,那就是他了。

我忽然想到,迄今为止,我成为三个人的遗书,谢必、吴向秋,和齐素,同样成了三个人的遗书的,还有一个人,谢行——幼年时的女童,高中时的周茂,长大后的谢必,如今又多了一个齐素。

谢行,或许经历着远超我的黑暗和真相,他选择迈向了齐素,或者说迈向了精神干细胞计划。

寒意爬上脊背,我像被掐住了脖子,喘不上气来,还有多少人呢,多少人在这个计划里?齐素,真的是撑不下去了才选择死亡的吗?会不会是他想摆脱和消亡这个计划,唯一的路,就是死亡?他作为创始者,无法控制这个计划了吗……

我骇然地丢开纸张,像逃避天灾那样惊慌地跑了,这张床上的东西,不是我能接触的。

一个月后,我的实习期满了,离院。

刘医生问我考不考虑毕业后留院,做CDC的咨询师,我有些惊讶,我以为最巴不得我赶紧走的就是他。

我摇头说:"我想休息一阵子,顺便,找找裘非。"

我摸了摸口袋,里面有个蓝色的环状物,我没有把它上交为遗物,它不是齐素的,而是α谢行的。

裘非始终没有消息,他彻底失踪了,齐素说他去了该去的地方,我隐约意识到,他或许,是代替我成为β去了。

齐素到最后都在保护我。

韩依依给了我一张沉浸式戏剧的门票,是她的社团毕业后在坚持做戏剧的又一次创新,将心理剧与沉浸式戏剧结合,她们迈出了新的一步。

我有些愣怔,自从被她踢出社团,她再没有主动与我有过这方面的交流。

韩依依说:"别急着感动,让你过来做反面教材,给孩子们见识一下什么雷不该踩。"

我看着这个女人,很想拥抱一下她,但最后,我们还是和以往一样,互相骂了一句,掉头就走。来日方长。

小栗子哭了,他哭得越惨我笑得越大声。我把剩下没吃完的饭票都给了他,他才止住了泪,还嘬着嘴数了起来。我没好气地摸了摸他的栗子头,说有机会一定给他介绍母栗子,不要再做光棍栗子了。

离院那天,送我的只有刘医生,小栗子执拗地认为不要搞什么离别,我肯定还会回来的。他要我欠他一句再见,这样就一定会再见。

医院门口,我和刘医生都沉默了许久。

刘医生说:"他穿着病服入殓了。"

我说:"嗯。"

齐素的后事,我没有参与分毫。

我看着天,喃喃道:"他最讨厌病服了,这是他的赎罪吗。"

刘医生说:"你什么时候回来。"

我说:"不知道,我得去清空一些东西,养一下我的精神状态,我对她太不好了,万一她报复我。"

刘医生挂上招牌冷笑道:"她早在报复你了。"

我也笑。

刘医生说:"要清空他应该很难吧。"

我摇摇头说:"我清空阴影,不是要赶走他,而是为了给他腾地方,把他永远放在心里,烙在上面,一直记着。有些痛苦没必要遗忘,何况他带给我的远超痛苦,我要把他原原本本地留着,该是什么样,就是什么样。他的深渊,他的仁爱,我都要,人不必非得轻松地活着,也能自由。"

刘医生没说什么,很难得地笑了笑。

走出医院,看到几个工人在修理伸缩电动门,他们掀起了地上的一条工具铁皮,那里顿时空落落的,像是把院内和院外的一条界线拿掉了。工人们在门边来来回回,一只脚在院内,一只脚在院外,来看诊的人,和出院的人,都走边上的窄道,进进出出,擦肩谦让。

我不知为何就看了许久,到我离开时,铁皮已经全收起来了。我跨出院外都没有实感,再回头看,恍然发现,医院的建筑风格,和边上的小区建筑好像啊。

我走出了一阵,没来由地想起了茨维塔耶娃的诗句,"沉重的地球,永远不会从我们脚下消失"。

我不知不觉开始走直线,掉出去了,就再走回来,一直走,毫无缘由地,一步都不再迈出去。

他走不完的直线,我想替他走一走。

年轻时的齐志国

Extra story

是从一滴水开始的。

屋檐上漏下一滴水，持续的水，那水开始堆积，他仿佛在那屋檐下站了千年，看着滴水成淹，漫了这座寺庙。

他明明也在其中，但他是从外面看到的这一切，他看到寺庙被淹了，他被淹了，整座庙在下沉，他却浮了上来，身体是赤裸的，可他明明是穿了衣服的。

他看到那具裸体的自己顺着水飘出去，阳光能穿透他，脖子，身体，阳具，他赤裸得好干净，水就显得污秽了，他随着水飘，逐渐飘成了一条河，他流了出来，他是河，河水流到了自己脚下，他看到了他在河里的影子，没有脸。

齐志国醒了过来。

身上有些汗湿，他摸了摸脖子，汗凉了，究竟是这汗引起的梦，还是梦引起的汗。

天还未亮，齐志国起身了，来庙里，他没有随身带笔记本，本也没打算住下。

他调开灯，扯了张纸巾，随手写了几个梦里的意象：寺庙，水，自己，裸体，河，无脸。

寺庙，他就在庙里，是写实意象，水，水的解释太多了，如果象征生命力，梦里的水如此之多，意味他旺盛，可还要区分水的性质，那从屋檐上落下的是什么水，雨水？还是河水？滴水。晨露？滴了千年的晨露吗？

滴水成淹，水漫寺庙。

滴水，恒久之事，或许可释为他在做的职业，寺庙在水中下沉了，寺庙若不释为现实意象，做房屋想，可代表他的身体，他的身体下沉了，沉有个井的意象，代表他的潜意识，庙下沉了，他却浮了上来，或许释为有被他压抑的内容从潜意识浮出来了。

如果梦里的水干净，则表明深层情绪状态好，他记得梦中的水是挺清澈的，但因为裸体被阳光照得过于干净，那水相较之下就显得污秽，这是在提醒他的深层情绪有波动。

什么使得那水污秽了，阳光？还是裸体，还是寺庙？

齐志国想了想，在寺庙两个字上圈了一下，是寺庙，寺庙沉下去了。

而裸体，可释为真诚坦率，不欺骗，重要的是梦中对自己裸体的感受，如果感到局促和遮掩，可释为怕被看穿，但他并未感到不适或尴尬，是舒服的，说明他对自己坦诚，还有阳光做辅，裸体干净到透明，把水都衬托得污秽，是想说他对自己太诚实了，这并不是优点，他对阴影也过分坦诚了。

他的身体变成了河，河意为道路，水是新生，有新的阶段要展开，齐志国想了想，近期并没有什么新项目，难道是预言梦？

他又在无脸两个字上看了看，将灯熄了，纸揉作一团，扔进垃圾篓。

齐志国打开门，山中的空气清新，他深吸了口气，气里有浓重的焚香。

很久没记录了，他常给人解梦，但每到给自己解，总觉得不准。

他常做梦，曾也试过像荣格那样坚持不懈地记录分析梦境，努力构建原型和梦境意象之间的联系，找到那条通往祖先的神秘之路。

没多久，他就不再这么做了，发现对于梦和意象，他并不虔诚，他并非不肯定那些在一战开始前就看到或梦到了漫天血红的人的灵性，如果可以，他也希望能窥视一番，但毕竟神迹不会看人下饭，他虽愿做努力实践炼金术的徒劳者，而非那无意拾到了炼金石的幸运儿，但他的炼金术，不在梦途。

齐志国洗漱一番后，天微亮，他等了一会儿，什么都没等来，意识到在等待什么后，才恍然想到，这庙还没开张，半个和尚都没有，谁会去敲钟？

一阵失笑，索性也就出门逛逛了，庙里很安静，四千平的地，没什么人声，庙里也不是没人，有好些个修复工程师，但还没到点开工。

这寺庙的经营者是他的一位来访者，这次请他来庙里坐坐，是盘算着要开张了。

庙有六百四十年的历史，在一座不算偏远的小山上，但没什么知名度，政府拍卖这座寺庙三十年的经营权，这位来访者的父亲就买了下来，然后花了两年时间请了许多专业人士对寺庙进行修复，如今已经初成模样了。

齐志国逛完一圈，太阳已经兴盛起来，他坐到一处，闭目晒太阳。

约莫一小时后，一人朝他走来："齐师，起这么早。"

齐志国睁眼，笑笑："不早了，九点了。"

那人长着一张圆脸，额头偏高，该是有福相的，偏偏五官挨得紧，凑在一块占面小，似与额头在这脸上各执一半分庭抗礼，他还有只鹰鼻，竖在扁平的面上，翘破了福相，颧骨外开，嘴唇厚实，笑起来露出牙上的豁缝，据他说是儿时迷信，磕破了牙但不愿意补，就一直这样了，那豁缝像道牙眼子，齐志国时常有种错觉，和他对视的不是眼睛，而是那条豁缝。

这位就是他的来访者，叫马窦，三十七岁，是个商人，是他把他请来做客的，这庙是他父亲拍下的，而他父亲在前年去世了。

马窦头一回来找他咨询，就是为父亲离世的事情，他本人并不信这一套，是一个朋友介绍来的，进了他的办公室，点完头就坐下了，还点烟，完全没把他放在眼里，拒绝的姿态做得很明显。

咨询室是不能吸烟的，但齐志国没有提醒，随他的意什么话都没说，与他静静对坐，直到他抽完了一根烟。

然后说了那天唯一的一句话："我继承了一座寺庙。"

马窦伸着懒腰，走到他跟前："齐师精神气好，起得早，我就不行了，年纪越大越没精气儿。"

齐志国："这儿打理得这么好，说没精气，这庙恐怕不同意。"

马窦大笑了几声，拍了拍齐志国："齐师别埋汰我了，这哪是我弄的，都是我爸生前请的好师傅，一个个都是匠人，钻里头弄呢。"

齐志国："你父亲是艺术家。"

马窦撇嘴："他要是听到该笑活了，一辈子被套了个附庸风雅的名头，谁肯承认他真懂这些。"

齐志国没再说什么，马窦带他去吃早茶，与他说今日会来一个行家，给他规划这寺庙要怎么经营，如果能规划得妥当，他希望今年就开业。

早茶吃了斋菜和馒头，是助理下山买来的，吃时已经凉了，钵盂筷子的摆放挺有讲究，马窦边吃，边给他比划寺里的行餐礼仪，持碗要如龙含珠，持筷要如凤点头，食前要颂念供养偈，还会行出食礼，捧少许馒头渣去外面的施食台，意为体恤饥困，施舍给众生和野鬼众神。

马窦没有这么做，只是说了一下，供养偈也没有念，说不记得，这些都是父亲做过的事，小时候还会强迫他学和看，父亲离世前的一个月，天天住在这庙里，和那群修复古庙的匠人们同吃同睡，他当时不理解，后来细想，莫不是他早就知道自己命不久矣。

马窦父亲的遗体就埋在这寺庙的后山，这也是他要求的，还不准立碑，他说要做只孤魂野鬼，守着这庙，来日盼来个成心求子的，看得顺眼，就投进去。

马窦觉得他这父亲简直荒谬，有病，他们家世代从商，家大业大，就到他父亲这代出了个奇葩，是家族的笑柄，终日和出家人为伴，终日折腾那些附庸风雅的古物，生意虽说没有折腾得一败涂地，但也业绩平平，他不明白这寺庙到底有什么好的，埋在里头有什么意思，能长金子不成？

拍下了寺庙也不好好经营，整整两年，光是修复花掉了多少钱，再加上拍的经营权，他根本没想着这玩意是能赚钱的，毫无远见，每次他试图跟他提提关于这庙的经营法子，怎么回本，怎么生钱，他们是生意人，没有道理做亏本买卖，父亲也不拒绝，但根本不认真听，就当他是小孩，什么都不懂。

马窦刚来找齐志国咨询时，是他父亲去世的第三个月，他闭口不谈父亲的离世，只说不想继承这间寺庙，他有其他生意，没心思管这赔钱的破地方。

齐志国也不谈他父亲的离世，顺着他道："寺庙赚不了钱吗？你找行家问过吗？"

马窦顿了一会儿："没有。"

齐志国："我以前游历，去过不少寺庙，也听过些经营的法子，经营得好，香火旺的寺庙，能赚不少。"

马窦蹙眉："可他前期败了这么多钱，我现在光是养那些匠人和维修费就要开支一大堆，还买了众多耗钱的古玩废物，这都赔了多少了，回本就要多久？"

齐志国没有提醒他重心偏了，只是道："去找个行家问问吧，把这些都算进去，算笔账，看多久能回本。"

马窦再来时，脸更臭了，往椅子上一躺，什么话都不说，这脸色看了，任谁都以为是问过之后知道彻底赔本了。

齐志国任他沉默，没有搭话，半晌，马窦气焰起来了："你为什么不问我？"

齐志国："你在气什么，我忽略了你？还是问了的结果？"

马窦沉默良久，道："行家说，只要经营得妥当，十五年内必回本，稳赚不赔，这庙不收税，日常成本也不会高。"

齐志国点头："你父亲经营权买了三十年，那么这个寺庙起码有十五年能让你生财，哦，去掉过去的两年，十三年。"

马窦又不说话了。

齐志国："能赚钱，你不高兴吗？"

马窦沉默。

齐志国："知道父亲的投入并不是沉没成本，所以不高兴？"

马窦看他，又听他道："这不是什么大事，该的，你父亲也是个生意人，不做赔本买卖是本分，并不值得你推翻他过往的"离谱"，没什么好担心的。"

马窦瞪大了眼，似有些心虚，两侧的颧骨上升，牙齿的豁缝漏了出来，这是他第一次对他露出这种表情：好奇下文的表情。

齐志国笑了笑："没人逼你认可他，你朋友把你介绍来，也不是要给你们父子俩和解，不用这么警惕我。"

马窦沉默了很久，点点头，没再说什么，腿却缓缓并拢了，坐得老实，像个学生。

这个坐姿，是小时候，父亲一鞭子一鞭子打出来的，要他面对他时，永远得这么坐，永远得低着头，听话，永远得忍受他的喜怒无常，一边残忍，一边又对天道虔诚。

恍惚间，想到那个说一不二，训狗一样训他的父亲，如今已经离开了，而在他离开前，他甚至已经掌控不了自己了，那只曾经拿鞭子的手，现在只能举起佛珠和钵盂。

咨询结束前，齐志国对他道："下次来，或许可以跟我聊聊你的父亲。"

再来时，马窦确实聊起了父亲，继承寺庙只是他父亲众多事迹中一项很小的典型，他现在的妻子，也是父亲指给他的，他并不喜欢，虽然也不反对商业联姻，但这个女人是父亲指给他的，他就打心眼里抗拒，结婚快十年了，孩子都没有。

他躺在躺椅上，暖光照得舒服，他并不那么喜欢这种姿势，这种讲述，但像他所不喜欢的一切，都还是推着他往前走了。

他继续说，学业，事业，高考志愿，专业，都是父亲给他指的，他小时候想养狗，父亲不让，说家里只能有一条狗。

齐志国："你觉得他说的是你？"

马窦看着光，目光弥散："不然呢。"

齐志国："会不会他说的是自己？"

马窦一顿："不可能。"

齐志国："你爷爷是怎么对你父亲的？"

马窦沉默了，再没开口。

齐志国："他修佛问道，痴迷于此，在家族看来是个叛逆的人，他的叛逆会不会也有方向呢？"

马窦皱眉："齐师，你还说不是劝我和他和解的，你们这些人，一个个都是糊弄人的骗子。"

这话并没有侮辱人的意思，反而带点狎昵的抱怨意味，齐志国知道这是他与他亲近了些的表现。

齐志国笑了笑："和不和解并不重要，一条破裤子，你就是把它翻过来，窟窿还是那么多。"

马窦一愣，露出牙齿的豁缝："你这话还挺有意思。"

齐志国："不是我说的，是肖洛霍夫。"

他走到书架前，把那本《静静的顿河》取下来，递给马窦。

马窦一顿，从躺椅上起身，没接："我是个商人。"

齐志国："你读它，或者不读它，你都是个商人。"

马窦犹豫了一会儿，接了。

下回他来时，居然正儿八经地做了读书笔记。

当问到感想时，马窦只说了一句："它太庞大了，与我无关，我甚至无法每个字都看懂，不是看不懂，而是连在一起，太费劲了，我不想这么费劲。"

齐志国："你总是不想费劲。父亲在时不想费劲，父亲走了，也不想费劲，于是你来找我，让我替你费劲。"

马窦抿嘴，鹰鼻子严肃了起来，豁缝消失了，他的颧骨像两颗高尔夫球，鹰鼻子是球杆，这是他思考的模样，为数不多的，思考的模样。

齐志国曾经做过一个项目，联系了摄影师，和来访者沟通之后，同意在咨询过程中，允许摄影师在场，并在任何时候，经他授意按下快门。

齐志国让摄影师拍下了咨询室中，来访者最耐人寻味的一刻，让他看那张照片，看那个陌生的自己，有些来访者惊讶，有些流下了泪，说从未见过这样的自己。

马窦此刻的表情，他独特的思考的表情，齐志国就很想拍下来。

可惜那个项目已经废除了，当时的咨询机构认为这个项目违反伦理。

天知道咨询机构为何总能在伦理这件事上无下限地新增禁条。

但这与他无关，他依然乐忠于在禁条后新增项目，领导说他在和禁条赛跑，他不以为然，是禁条非要与他赛跑，他并不在乎禁条，他只忠于他应做的人间事。

良久，马窦的高尔夫球杆鼻子决定了它的方向，向一侧的颧骨击出了球，他耸肩道："好的，我会回去认真用力地读完它，我是说每个字。"

再来时，他们相谈甚欢，马窦说他有决定了："他指给我的东西，我决定只继承一样，女人和寺庙，只继承一样。"

马窦和妻子离婚了，马窦继承了寺庙。

之后，他还做了件事，把他父亲本来已经入土的家族墓地给掘了，连人带棺搬到了那座寺庙的后山，埋了，真的没有给他立碑。

那天起，他也成了家族的笑柄。

马窦前后在他那做了一年的咨询，至今结束已有几月，他们没怎么再联系，寺庙经过近三年的修复，即将竣工，马窦邀请他上山看看，他便去了，本来只打算看一下就走，被马窦劝着又住了一晚，这里确实修得很好，足见他父亲的用心。

吃过早斋，马窦请的那位行家就来了，一见他二人，就递名片，热络地说话，齐志国暗叹口气，本来打算趁机离开的，看这场面，又走不了了。

马窦带着他和行家又走了一遍寺庙，听行家给出的经营意见，庙有六百四十多年的历史，但他对外宣称的是七百年，也没人会去认真考究那六十年的缩水。

行家是个专营寺庙生意的，他来前就知道这地方搁在犄角旮旯，没什么人知道，没名望，但经营者是个有钱人，把这修复出了点名堂，寺名叫"无佛寺"，说是这寺里不供佛，没有像。

跑经验多年，无佛寺他也见过几个，并不稀罕，稀罕的是这庙里，说是不供佛，却又塑了座无佛像。

什么叫无佛像，行家好奇地去看了一眼，一愣，这不就是个泥塑的胚胎么，没脸没型的,就上了一层白乎乎的釉,看着是个不站不坐的姿势,什么都瞧不出来,这就是无佛像?

真是个故弄玄虚的,他见过的无相佛,虽没有脸,好歹身姿上是个佛样,这玩意儿却连个身姿都没有。

行家没好意思直说,只惭笑道:"这佛像有玄机,有玄机。"

齐志国在一旁有些尴尬,昨日他刚见着时,也是一愣,这哪是什么无佛像,这是他摆在咨询办公室里的瓷雕,是他做坏了的陶艺,拿回来,就摆上了。

马窦后几回来时,还问了这白釉无形像一嘴,他随口扯了个"无佛像",马窦问为何供这样一尊像,齐志国道:"因为该有信仰,但不确定信什么,那便什么都信,什么都可,无需具体的形,无需具体的神,或佛,或鬼,或人。"

马窦一副大受指导的样子,对着那小小的无形白釉塑看了许久。

他是真没想到马窦会把它供成寺庙里的佛,一时有些堂皇。

连他那白釉塑腰封上的一道剐蹭口都原封不动地搬来了,这是他有回不小心碰掉了它,手忙脚乱接住时,剐蹭到了桌角,碎了一小块。

他记得马窦当时也问了,这道口子是什么,他随口诌了一句:"主的创口。"

马窦一愣,问道:"主有创口啊。"

齐志国又诌了一句:"随便想想罢,兴许这尘世,都是从神的创口流出来的,你我,众生,皆是疼痛的原因,我们是神的疼痛。"

马窦又一副受教样,又看了那白釉塑良久。

行家果然也问了一句,那道剐蹭在白釉塑做成了三米的大塑像后,也变得显眼起来。

马窦照搬道:"这叫主的创口。"

齐志国心中叹一气,现在该叫佛的创口才对。他心里无佛无神,随口诌了个主,在这庙里是水土不服的呀。

转念一想,他随口邹的那句尘世是从神的创口流出来的,与印度三相神毗湿奴的典故有点形似,佛陀有时也被称为毗湿奴的化身,虽说诸天二十中并没有列入毗湿奴,但到底和佛家是有关系的,这乱了套的一圈邹,最后居然误打误撞地殊途同归了。

齐志国在心里荒唐一笑。

那无佛像的边上还竖了个讲解碑,抄了一段关于无相佛的碑文:

佛本无相，一切归于大自在，心中无佛，佛何在？心中有佛，佛何在？佛本是一执念，我心既我佛，佛者，自然也。佛本无相，因众生生佛相心而有佛相。佛本无相，以众生相为其相。

齐志国跟着行家上前看完，又有些哭笑不得。

马窦还在等他的反馈，有点求表扬的意思，齐志国只好顺了一句："佛有八万四千相，本意即为无相，是个好寓意。"

马窦笑了，似乎放了心，跟行家聊起来更得劲了。

齐志国却看了那无佛像好一阵，无相佛，他捏出那玩意儿摆在办公室，有想佛吗？没有，想神了吗，没有，那像非佛非神，非人非鬼，不过是他心念的一缕杂思，具象化以讨恕，如果非要说那尊不足一尺的无形白釉塑有什么象征，也不过是他的业障，他从未拜过，只在咨询陷入苦顿时会望上一会儿，那会儿，这塑就有脸了，是来访者的脸，患者的脸，他的脸，众生业障之脸。

佛又何止八万四千相。

一旁的行家还在说道："那这无佛像的故事呢？故事很重要，求财的求子的求姻缘的求健康的，您这庙的特色要打出去，这尊无佛像的名头，比如摸一下能生子，拜一下能敛财，害，您这可是七百年的古庙！四舍五入一下那就是座千年古刹啊，可不得发挥它历史悠久的长处，庙吧，越是久，人越信，故事一上来，其余就都妥了，门票吧，不用多，我建议六十就行，门票你定得再少都有人嫌贵，关键是香油钱，只要门客他信，几百几千的香油钱不会手软，嘿，再找一大和尚镇宅，要有点名望的，没名望你也得堆上去了，再找一大施主，给他在门口刻一功德碑，捐了多少都榜上，最好还能找几个会营销的明星，他们上这一拜，人还不得赶着来，租出去当拍摄场地也行啊，等香油钱上来了，用品买卖跟上，卖开了光的茶叶，玉雕，纸人纸马，糕点之类的，再想想和旅行社的合作，毕竟七百年，卖点足啊，我刚上来时看了，依山傍水的景色也不错……"

行家越说越兴奋，马窦也和颜悦色的，应和几句后，转过身忽然问他："齐师，要不您给这无佛像说个故事吧。"

齐志国一愣，这怎么行，他哪里配。

马窦却觉得这主意不错，跟他拗上了，齐志国脑门一摸黑，觉得昨晚就该走。

拗不过，他便当真讲了个故事，马窦听了会儿，蹙眉，道："故事是好故事，可这不是佛的故事呀。"

齐志国笑而不语，本来，这尊"无佛像"，在他那也不是佛，佛只是个介词。

寺庙开业了，马窦再次邀请齐志国过去，他带上了两个学生，当是社会实践了，每年，他总会抽出三五次时间，带学生上山修行。

马窦一见他就笑得见牙不见眼，一旁的女学生小声说了一句："这豁缝真像他的眼睛。"

马窦听见，豁缝露得更大了，笑问这两个背着大小包的孩子，齐志国道："我的学生，带他们来长见识。"

又转头朝一男一女两个学生道："这位是马老师，寺庙的经营者。"

马窦："我哪是什么马老师，齐师又折煞我，喊我马叔就行。"

两学生恭声喊道："马老师好。"

马窦一脸无奈相，齐志国笑着给指他介绍："韩依依，刘祀。"

四人又去了主殿，有零星的三两个人，不多，毕竟才开业第一天，无佛像旁的讲解碑上多了段传说，不是他讲的那个故事，马窦还是没有用。

齐志国没有任何不满，反倒有些轻松，没让他担了大事。

是一个新的故事。

齐志国看了会儿，还挺津津有味，便问了马窦："这是谁想的故事？"

马窦似乎为没用他的故事显得不好意思："买来的，一小孩写的。"

齐志国："小孩？"

马窦的豁缝又露了出来，也不想多说："一个高中生，花了点钱征集了一下，觉得这个故事不错。"

齐志国点点头，没再问什么。这个新故事里，也有关于创口的故事。

之后用餐，讲法，庙里真的来了个大和尚，是位方丈，齐志国和他聊了几句，觉得不是徒有虚名的，也就放心把那俩学生丢给这大和尚了。

马窦逮着他一顿热络，齐志国却婉拒了马窦希望他再住下来的请求，并称自己应该有段时间不会来了，若要做咨询，还是来咨询室，他们这样频繁地保持联系，不利于马窦的复建。

马窦皱起了眉，显然不满意，可能是觉得齐志国不识抬举。

齐志国没吭声，等着他自己想通，他知道马窦现在这样，多数是移情的后果，他心理上无法和自己断联，还贪图于求助他的能量，接受他的肯定。

良久，马窦点了点头："齐师忙，我是不该耽误你这么久，但若是之后，不经常地邀请你，逢年过节之类的，你可别拒绝我，你知道的，我真的非常尊敬你，你对我的帮助很大。"

齐志国点头："一定。"

离开前，经过主殿，齐志国又望了望那尊无佛像。

忽听一人问道这无佛像是个什么名堂，一旁传来一道哈欠声："能有什么名堂，指不定就是个做坏的雕塑，拿来故弄玄虚了。"

齐志国忍俊不禁了一下，看过去，是个女孩，高中生，来寺庙还穿着校服，扎着马尾，露着大额头，鼻尖上冒着小痘。

寺庙才刚开业，怎么就有高中生知道了？马窦够可以的。

那女孩长着张半开化的脸，佛灯打下去，半边脸在光亮里，绒毛似羽化，半边脸在阴影里，和眼睛一起通向原始，这或许是一张但丁笔下的脸，不知在第几层，不知正在下还是上，光影微调后，那脸又普通起来，笑时五官揉开，严肃时稚气间或老成，眉宇像寺外一棵老槐树上的褶皱，有种虔诚。

可她没有对任何事物发表观感，她只是望着，只是发呆，连发呆都是虔诚的。

边上的女生拉她去看讲解碑，她兴趣缺缺，瞟了一眼，就撤开了视线，走去一旁，要了纸和毛笔，写了一段静心帖，挂在那。

临走时，一旁的女生问她高考想填什么志愿，只见她望着那无佛像，囫囵说了一句："心理学吧。"

哦，所以无相佛于她们，是考神。

待人离开后，齐志国顺路上前，看了看那女生写的静心帖，被那"笔走龙蛇"的字迹给逗到了，一看就是没练过的，再看内容，是一段摘录：

他从来没有像人类一样做过梦，也从来没有像马一样做过梦。当人和马都醒着时，很少能够相安无事。但是，是人的梦和马的梦一共构成了半人马的梦。

——《半人马》

齐志国看了良久，下意识回头想找人，那女孩早就不见踪影了。

马窦将他们送到寺门口，表达了依依不舍之情，齐志国看了看门匾上的三个大字：无佛寺，对马窦道："以后不做这一行了，或许我会来这无佛寺住，这儿是个不错的归宿。"

马窦笑了，开心了，再没有什么话比这句更能肯定他了。

又聊了会儿，齐素收到一条短信，请他去做一个精神鉴定。

俗间事来了，还是得去俗间做。

齐志国告别了马窦，带着两个学生下山去了。

走着下山的路，他忽而想到了传教上帝之死的查拉图斯特拉，如果今日他下山也能撞见一位劝他回头的老圣者，他会说什么呢？

大概也和查先生一样吧，他会说："上帝死了，但无相佛在，我要下山啦，我爱世人，我淌火去啦。"

被这轻快的念头逗趣到，齐志国又一转念，想到之前在这庙里做过的那个梦，最后在河中见到的无脸的自己，就是这无佛像，他见无相佛是自己。

End

后记

大家好，我是穆戈，《疯人说》完结啦！

这个系列，可能是我今年费力费心最多的事情，我总是对它有诸多不满，对亲手孕育它的自己有诸多不满。我给自己布置了许多任务，虽然完成得都不怎么样，但我尽力了。在写作上，遗憾是永久的，无止境的，必然的，我接受。

记得写完齐素跳楼那段时，是早上，大概五点多，我推开阳台门，站在外面，祈求老天这时再送我一只蝴蝶，幻觉也好。我从盼望变成祈求，从祈求变成哀求，蝴蝶始终没有出现。于是我继续等，等日出，可那天是个阴天，没有日出。我在冷风里站了一个小时，无法说清那一个小时里我在求什么，非常不讲理，非常莫名。

《疯人说》，读起来不轻松。我写的时候不敢崩溃，怕卸掉了情绪，就憋着，延长那个感受，把情绪放到文里。写作真是项苦差，不是吗？

今年，也不是个轻松的年，人类的生活摇摇欲坠。在不轻松的日子里看不轻松的东西，会不会有负负得正的奇效，哈哈！人类就算没有天灾，也常常处于人祸中，灾难是生活的本质啊。所以，继续"不择手段"地活下去吧，我们其实远比想象的要坚强多了。

还有好多想说的，又好像都在文里了，我最真挚的时刻，是用文字面对你们的时刻。它要告一段落了，但笔不会，就像文里说的，我想用我的方法，替他走一走直线，精神病的题材，我还会一直写下去。

非常爱你们，非常爱人。

最后，还是用我的人生座右铭作为结尾啦：

我爱人胜过爱原则，我爱没原则的人胜过世间一切。

——王尔德

穆戈

二〇二〇年十月二十六日晚上九点二十七分

《我要如何诉说自己》，是为纪念。

我要如何诉说自己
一位自海底来的不良民
混入人群，装成大地的子嗣
我总是诚惶诚恐
生怕被大地发现我这个异乡者
再被流放去海里

我要如何诉说自己
我的毛发长在不该长的地方
于是随着我的咒骂脱落
我光滑了，也失去庇护了
我羞耻地敞着腿，走在孤魂野鬼间
找我的毛发

我要如何诉说自己
如果有人愿意托我的足
他会不会满手疮疤，直至面目全非
他是否愿意去舔一柄铁锚
在官能睡下后，清洗齿间的恐怖
他能否接受这位海底的骗子，借他的爱意
伪装成人
亲吻时，呕出海底的腥泥

我要如何诉说自己
我没有器官，它们乡愁犯了
回家去了

我只能胆怯地望着海

呼唤我的眼睛，鼻子，嘴巴和内脏

可我没有嘴巴，海里的耳朵听不见

我要如何诉说自己

我可以是一道下酒菜

一块斩板，一个马凳，或一只痰盂

随便如何使用我，用烂我

我毫无尊严，或者其他阻抗

只要让我留在大地

我要如何诉说自己

海底给我判的罪是异乡罪

斥责我这个骗子伪装成海民，对它演得

多么深情

海底驱逐了我，让我滚回大地

我对大地重复了我对海底的深情

它从故乡变成他乡

又从他乡变成故乡

我该如何诉说自己

我永远惶恐，永远流浪

一位乡愁永远在出轨的，不良民

穆戈